Überreicht vom Verfasser

ABHANDLUNGEN DER SÄCHSISCHEN AKADEMIE
DER WISSENSCHAFTEN ZU LEIPZIG

Mathematisch-naturwissenschaftliche Klasse
Band 56 · Heft 4

KLAUS DÖRTER und KARL-FRANZ BUSCH

PROBLEME DER PEDOLOGISCH-HYDROLOGISCHEN REGIONALFORSCHUNG UND IHRE UMSETZUNG IN DIE PRAXIS

Mit 32 Abbildungen und 15 Tabellen

AKADEMIE-VERLAG BERLIN
1989

ABHANDLUNGEN DER SÄCHSISCHEN AKADEMIE DER WISSENSCHAFTEN ZU LEIPZIG

Mathematisch-naturwissenschaftliche Klasse

Band 50

Heft 1 Prof. Dr. Peter Friedrich Matzen, **Probleme der operativen Skoliosenbehandlung**
1968. 26 Seiten — 29 Abbildungen — 4° — M 9,50

Heft 2 Dr. Oskar Intrau, **Kompositionstafeln quaternärer quadratischer Formen**
1970. XXIV, 121 Seiten — 4° — M 16,20

Heft 3 Felix Lampadius, **Der Burkhardtswald bei Aue als klassisches Beispiel waldbaulicher Rauchschadenabwehr**
1969. 24 Seiten — 1 Faltkarte — 6 Tabellen — 4° — M 4,50

Heft 4 Dr. habil. Günter Sachse, **Die Reinigung radioaktiv kontaminierter Abwässer durch Kontaktenthärtung und Ionenaustausch**
1971. 132 Seiten — 91 Abbildungen, davon 60 auf 23 Kunstdrucktafeln — 67 Tabellen — 4° — M 26,—

Band 51

Heft 1 **Beiträge zur Chemie und Technologie der Brennstoffe**
Gedenkschrift für Prof. Dr. techn. habil. Anton Lissner
Herausgegeben von Prof. Dr.-Ing. Dr. Ing. eh. Erich Rammler
1971. 146 Seiten — 1 Titelbild — 57 Textabbildungen, davon 6 auf 3 Tafeln — 35 Tabellen — 4° — M 26,—

Heft 2 Dr. Günter Herrmann, **Beiträge zur Bestimmung von Schwefeldioxid in der Atmosphäre und Herstellung von Schwefeldioxid-Luft-Gemischen**
1971. 179 Seiten — 74 Abbildungen, davon 13 auf 10 Kunstdrucktafeln — 41 Tabellen — 4° — M 29,—

Heft 3 Prof. Dr. med. Georg Merrem, **Die parasagittalen Meningiome**
Zum Gedächtnis des Begründers der deutschen Neurochirurgie Prof. Dr. Fedor Krause 1857—1937
1971. 38 Seiten — 20 Abbildungen — 1 Tabelle — M 10,—

Heft 4 Prof. Dr. Maximilian Klinkowski, **Epidemien und Pandemien pflanzenpathogener Krankheitserreger in ihrer Beziehung zum Menschen**
1971. 54 Seiten — 41 Abbildungen — 4 Tabellen — 4° — M 10,70

Heft 5 Prof. Dr. Gustav E. R. Schulze und Dr. Peter Paufler, **Die plastische Verformung „spröder" intermetallischer Verbindungen und ihre Elementarprozesse**
1972. 24 Seiten — 14 Abbildungen — 11 Tabellen — 4° — M 5,40

Band 52

Heft 1 Prof. Dr. Kurt Mothes, **Über sekundäre Pflanzenstoffe**
1972. 29 Seiten — 18 Abbildungen — 4° — M 5,50

Heft 2 Prof. Dr. Dietrich Uhlmann, **Störungen des biologischen Gleichgewichts in Gewässern**
1973. 17 Seiten — 16 Abbildungen — 4° — M 4,50

ABHANDLUNGEN DER SÄCHSISCHEN AKADEMIE
DER WISSENSCHAFTEN ZU LEIPZIG

Mathematisch-naturwissenschaftliche Klasse
Band 56 · Heft 4

KLAUS DÖRTER und KARL-FRANZ BUSCH

PROBLEME DER PEDOLOGISCH-HYDROLOGISCHEN REGIONALFORSCHUNG UND IHRE UMSETZUNG IN DIE PRAXIS

Mit 32 Abbildungen und 15 Tabellen

AKADEMIE-VERLAG BERLIN
1989

Die Vorträge wurden gehalten auf der wissenschaftlichen Tagung vom 10. bis 12. September 1985
in Masserberg (Thüringen)
Manuskript vorgelegt in der öffentlichen Sitzung am 14. Februar 1986
Manuskript eingereicht am 10. April 1986
Druckfertig erklärt am 2. November 1988

ISBN 3-05-500507-4
ISSN 0365-6470

Erschienen im Akademie-Verlag Berlin, Leipziger Straße 3—4, Berlin, DDR-1086

Lizenznummer: 202 · 100/376/89
Printed in the German Democratic Republic
Gesamtherstellung: VEB Druckhaus „Maxim Gorki“, 7400 Altenburg
LSV 4045
Bestellnummer: 763 832 7 (2025/56/4)

03000

ABHANDLUNGEN DER SÄCHSISCHEN AKADEMIE
DER WISSENSCHAFTEN ZU LEIPZIG

BAND 56

MATHEMATISCH-NATURWISSENSCHAFTLICHE KLASSE

AKADEMIE-VERLAG · BERLIN

1984—1989

Lizenznummer: 202 · 100/376/88
Printed in the German Democratic Republic
Satz und Druck: VEB Druckhaus „Maxim Gorki", Altenburg, DDR - 7400

INHALT

Heft 1 *Egerter, H.-G.; G. Plötner; J. Dvořak und H. Jordan:* Geochemische Beziehungen in vogtländisch-westböhmischen Mineralwässern. 1984. 60 S. — 12 Abb. — 11 Tab.

Heft 2 *Horlbeck, Wolfgang,* und *Hans-Heinz Emons:* Spektroskopische Methoden zur Charakterisierung geschmolzener Salze. 1985. 66 S. — 26 Abb. — 24 Tab.

Heft 3 *Pollmer, Kirsten,* und *Hans-Heinz Emons:* Ein Beitrag zur Koordinationschemie konzentrierter Elektrolytlösungen. 1986. 107 S. — 28 Abb. — 28 Tab.

Heft 4 *Dörter, Klaus,* und *Karl-Franz Busch:* Probleme der pedologisch-hydrologischen Regionalforschung und ihre Umsetzung in die Praxis. 1988. 191 S. — 32 Abb. — 15 Tab.

VORWORT

Die Sächsische Akademie der Wissenschaften zu Leipzig veranstaltete durch ihre Kommission für spezielle Umweltprobleme vom 10. bis 12. September 1985 in Masserberg/Thüringen eine wissenschaftliche Tagung zum Thema: „Probleme der pedologisch-hydrologischen Regionalforschung und ihre Umsetzung in die Praxis".

Der Erfahrungsaustausch diente der Sichtung und weiteren Durchdringung bestehender Probleme im Rahmen von Ökosystemen mit dem Ziel, Denkanstöße für langfristige Maßnahmen und interdisziplinäre Zusammenarbeit zu geben sowie Lösungsansätze für zukünftige Forschungsaufgaben zu finden. 47 Tagungsteilnehmer aus zahlreichen Universitäten und Akademien der DDR, die verschiedene sich tangierende Wissenschaftsdisziplinen vertraten, beteiligten sich mit Referaten sowie vorbereiteten und freien Diskussionsbeiträgen an den behandelten 3 Themenkomplexen

- Effektive Wassernutzung in Regionalmaßstäben sowie Schutz der Gewässer
- Effektive Bodennutzung unter Berücksichtigung pedologisch-hydrologischer Zusammenhänge
- Landschaftsökologische Erforschung von regionalen Einheiten.

In der vorliegenden Abhandlung werden eine Reihe von Beiträgen zu den angeführten Themenkomplexen in gekürzter Fassung wiedergegeben.

K. Dörter

INHALT

I. Effektive Wassernutzung in Regionalmaßstäben sowie Schutz der Gewässer

II. Effektive Bodennutzung unter Berücksichtigung pedologisch-hydrologischer Zusammenhänge

I. Effektive Wassernutzung in Regionalmaßstäben sowie Schutz der Gewässer

STAND DER NUTZUNG DES WASSERDARGEBOTS IN DER DDR UND DARAUS ABGELEITETE PROBLEME DER WASSERBEREITSTELLUNG UND FÜR DEN SCHUTZ DER GEWÄSSER

Dieter Lauterbach

1. Generelle Zielstellung, abgeleitet aus dem Verhältnis von Natur und Gesellschaft

Zur Befriedigung der weiter wachsenden Bedürfnisse der menschlichen Gesellschaft wurde und wird die industrielle und landwirtschaftliche Großproduktion geschaffen, in deren Gefolge es zu komplexen und komplizierten Wechselwirkungen zwischen Gesellschaft, Technik und Natur kommt. Dabei gewinnt die Frage, was im besten Interesse der Gesellschaft ist, eine wachsende Bedeutung.

Da Wasser eine unersetzliche Grundlage des Lebens und des gesellschaftlichen Reproduktionsprozesses ist, wie es im neuen Wassergesetz vom 2. Juli 1982 ausgewiesen wird, fußt die langfristige Strategie bei der Nutzung der Wasserressourcen, ausgehend von der gesamtgesellschaftlichen Bedeutung des Wassers als Naturressource, auf dem Programm der SED, in dem es heißt:

„Die Natur als Quelle des Lebens, des materiellen Reichtums, der Gesundheit und der Freude der Menschen zu erhalten, rationell auf wissenschaftlicher Grundlage zu nutzen, ist notwendig, damit sie dem gesicherten und glücklichen Leben kommender Generationen in der kommunistischen Gesellschaft dienen kann".

So treten Fragen der Sicherung der natürlichen Reproduktion der Wasser- und Bodenressourcen, ihres Schutzes vor Erschöpfung und Degradierung sowie Fragen der Stabilität und Empfindlichkeit natürlicher, künstlich beeinflußter Systeme immer stärker in den Mittelpunkt. Besondere Beachtung erfordern die vielfältigen Stoff- und Energieflüsse, insbesondere die Art und Weise und die Folgen der Rückführung der in der Produktion verbrauchten oder benutzten natürlichen Stoffe und Energieträger in natürliche Kreisläufe. Eine zentrale Bedeutung erlangen die an den Wasserkreislauf gebundenen Stoffströme. Die in diesem Kreislauf eingebauten Reinigungsmechanismen

- die Destillation in den atmosphärischen Phasen,
- die physico-chemische und biologische Selbstreinigung in der Bodenphase,
- die mechanische und chemisch-biologische Selbstreinigung in der Gewässersphäre

müssen voll funktionsfähig bleiben [2].

So gesehen erfordert eine rationelle Regelung des Stoffwechselprozesses zwischen der menschlichen Gesellschaft und der Natur unter den Bedingungen der Gestaltung der entwickelten sozialistischen Gesellschaft insbesondere:

- die Natursubstanz maximal in gesamtnützliche Gebrauchswerte umzuwandeln, die Produktivität der Arbeit und die Effektivität der Produktion zu erhöhen,
- die gegenständlichen Faktoren des Arbeitsprozesses und den Inhalt der Arbeit persönlichkeitsfördernd zu gestalten,

- die Naturbedingungen planmäßig, entsprechend den natürlichen Gesetzen der Biosphäre, zu reproduzieren,
- die Produktion in immer stärkerem Maße als ökologisch geschlossenen Kreislauf zu vollziehen, so daß die Abprodukte wieder genutzt und die Naturgrundlagen verbessert werden.

Die Lösung des Widerspruchs von wachsenden gesellschaftlichen Anforderungen und begrenzt verfügbaren Ressourcen, erfordert wesentlich tiefgreifendere Untersuchungen und Kenntnisse über die Leistungsfähigkeit von Geosystemen, im besonderen auch von Wasserwirtschaftssystemen.

2. Einschätzung der wasserwirtschaftlichen Nutzungsprozesse und Begründung der rationellen Wasserverwendung

Auch wenn wasserwirtschaftliche Tätigkeit schon immer davon bestimmt war, eine sparsame und pflegliche Nutzung des Wassers zu organisieren, so darf nicht übersehen werden, daß primär noch bis vor 10 bis 15 Jahren das Hauptaugenmerk darauf gerichtet war, das Dargebot nach Raum und Zeit so umzuverteilen, wie es die Bedarfsansprüche erforderten. Auf zukünftige Zeithorizonte bezogene Bilanzen offenbarten jedoch sehr bald, daß diesem Vorgehen Grenzen gesetzt sind und daß die dafür einzusetzenden Mittel eine beträchtliche Inanspruchnahme des Nationaleinkommens bedeutet hätten. Unter Zugrundelegung der Steigerungsraten der industriellen Produktion bei gleichbleibendem spezifischen Wassereinsatz je Einheit hergestellter Produkte, hätte sich für den durchschnittlichen Nutzungsgrad auf dem Territorium der DDR eine progressive Steigerungsrate ergeben (1960 ca. 33%, 1970 ca. 42%, 1975 ca. 47%, 1980 ca. 55%, 1990 ca. 77%). Eine zusammengefaßte Abschätzung der Dargebotssituation kennzeichnet die Unmöglichkeit einer derartig extensiven Wasserwirtschaft [3].

1. Die Möglichkeiten zur zeitlichen Umverteilung des Dargebots, d. h. eine Aufhöhung des stabilen Dargebots von etwa 9 Milliarden m^3/a über eine verstärkte Einbeziehung des ungenutzt oder nur teilweise genutzt abfließenden Anteils (50% des potentiellen Dargebots von 17,7 Milliarden m^3/a) sind nur noch sehr begrenzt möglich.

   Von einem aus den Naturgegebenheiten abgeleiteten maximal möglichen Stauraum von ca. 3 Milliarden m^3 sind reichlich 50% bereits ausgebaut. Hinzu kommt bis 1990 etwa eine Kapazität der Tagebaurestlöcher von etwa 300 Millionen m^3, die jedoch nur teilweise bewirtschaftbar ist und damit nur begrenzt für eine Durchflußerhöhung in Frage kommt. Von dem potentiell noch ausbaubaren Speichervolumen entfallen nur ca. 35% auf sehr wenige Mehrzweckspeicher mit überregionaler Bedeutung (Überjahresausgleich).
2. Eine räumliche Umverteilung des Wassers, das zeigen die Flußgebietsbilanzen, wird, sieht man von Trinkwasserverbundsystemen ab, die Ausnahme sein, da nennenswerte Reserven in Form von „Überschußgebieten“ nicht verfügbar sind. Darüber hinaus sind größere „Rohwasserüberleitungen“ in „Mangelgebiete“ auch aus ökonomischen (Investitionen, Betriebskosten, Energiebedarf) und ökologischen (Gewässerqualität) Gründen kaum vertretbar. (Das gilt z. B. für die Nutzung des Fremdzuflusses der Elbe von etwa 9,9 Milliarden m^3/a).

3. Bezüglich der z. Z. erst etwa zu einem Viertel *direkt* genutzten Grubenwassermengen von insgesamt mehr als 1,5 Milliarden m^3/a ist zu beachten, daß die in die Vorfluter eingeleiteten Grubenwassermengen in den stark beanspruchten Flußgebieten integraler Bestandteil in der Längsschnittbilanz des jeweiligen Wasserlaufes sind, d. h. sie werden unterhalb der Einleitungen für die Folgenutzungen bereits bilanziert. (So liegt, bezogen auf den Bilanzmonat August, die durchschnittliche „Aufhöhungswirkung" aus Grubenwassereinleitungen bezogen auf den natürlichen Durchfluß im DDR-Maßstab bei etwa 20% und demzufolge in Schwerpunktflußgebieten wesentlich darüber).
4. Bezüglich einer evtl. verstärkten Nutzung „tiefliegender Süßwasservorräte" ist festzustellen, daß in der DDR infolge der verbreitet bereits in 100 bis 200 m Tiefe liegenden Süß-/Salzwassergrenze, überwiegend nur die oberen Grundwasserstockwerke, die je nach den hydrogeologischen Bedingungen mit zeitlicher Verzögerung am Wasserkreislauf teilnehmen, in eine Nutzung einbezogen werden können. Daraus ist zu folgern, daß vorrangig nur regional und zeitweilig (z. B. zur Überbrückung von Extremsituationen) eine „zusätzliche Reserve" erschlossen werden kann. Das heißt, es handelt sich nicht um zusätzliche Reserven zur kontinuierlichen Bedarfsdeckung im Landesmaßstab [4]
5. Die „ökologische Flächenbelastung" bei der nach Dyck [1] die DDR einen vorderen Platz einnimmt, führt dazu, daß die Gewässerbelastung infolge

   - Saprobisierung, bedingt durch organische Abwasser-Inhaltsstoffe,
   - Eutrophierung, bedingt durch anorganische Pflanzennährstoffe,
   - Kontaminierung, bedingt durch Biozide, Schwermetalle, Mineralöle, Kohlenwasserstoffe u. a.

   zu einem begrenzenden Faktor der unbedingt erforderlichen Mehrfachnutzung werden kann. Hervorhebenswert ist dabei insbesondere der Umstand einer zunehmenden Grundlast aus diffusen (indirekten) Quellen und die Gefahr der Belastung des bisher weitgehend als kontaminationsgeschützt und zu etwa 80% für die Trinkwasserversorgung der Bevölkerung eingesetzten Grundwassers.

Diese sehr kurze Situationseinschätzung charakterisiert noch einmal mit Nachdruck die Bedeutung der in der Präambel zum Wassergesetz getroffenen Feststellung, wonach der *Hauptweg* zur Erfüllung der langfristigen Anforderungen an

- eine qualitätsgerechte und stabile Trinkwasserversorgung der Bevölkerung,
- die erforderliche Wasserbereitstellung zur Sicherung eines hohen Wachstums der industriellen Produktion und zur weiteren Intensivierung der Landwirtschaft und
- die Verbesserung der natürlichen Umweltbedingungen

nur die *rationelle Wasserverwendung* (RWV) sein kann.

Die große Bedeutung der RWV und eines damit untrennbar verbundenen Gewässerschutzes durch intensive Abwasserbehandlung bei gleichzeitig beschleunigter Entwicklung der Wertstoffrückgewinnung, leitet sich zum einen aus den Erfordernissen der gesamtvolkswirtschaftlichen ökonomischen Strategie der SED und zum anderen aus dem erreichten Stand der Gewässernutzung, bei Zugrundelegung des verfügbaren Dargebots in der DDR, ab.

3. Die Erhöhung des Niveaus der Leitung und Planung der Wasserbewirtschaftung

3.1. Forderungen an die Leitung und Planung

Aus der Stellung der Ressource Wasser im gesellschaftlichen Reproduktionsprozeß abgeleitet, ergibt sich, daß sich sowohl aus der Sicht der Wasserwirtschaft (zweigorientiert), als auch aus der Sicht des Territoriums und der gesamten Volkswirtschaft die *Komplexität* der Prozesse erhöht und damit die Entscheidungen alle Entscheidungsebenen (Anlagen, Betriebe, Versorgungsgebiete, Flußgebiete, Verbundsysteme, gesamtstaatliches System) durchdringen. Besonders relevant werden erkennbare strategische Entscheidungen, die zunehmend Einfluß auf die territoriale und auch gesamtvolkswirtschaftliche Entwicklung nehmen. Dabei beeinflußt die wachsende *Verflechtung* die Entscheidungsproblematik. Sie zwingt zur Suche nach geeigneten Mitteln und Wegen, um den Entscheidungsprozeß zu objektivieren und ihn in stärkerem Maße zukunftsbezogen zu gestalten.

REICHELT [5] stellte deshalb fest: „Der Hauptweg zur Erfüllung der wasserwirtschaftlichen Aufgaben ist die rationelle Wasserverwendung. Sie ist auf die komplexe sozialistische Intensivierung in der Wasserwirtschaft *aller Bereiche der Gesellschaft und Zweige der Volkswirtschaft* gerichtet.“ Die Ausrichtung von Leitung und Planung auf die stärkere Einbeziehung der Gewässernutzer präzisierte REICHELT auf der Intensivierungskonferenz des MfUW im Februar 1985 unter Verweis auf die bestehenden rechtlichen Regelungen, wie folgt:

„Selbstverständlich müssen alle Aufgaben entsprechend der jeweiligen Lage der wasserwirtschaftlichen Verhältnisse und künftigen Anforderungen, *differenziert für die Flußeinzugsgebiete und die jeweiligen Gewässernutzer* festgelegt werden. Dazu müssen die *staatlichen Normative für den Brauchwassereinsatz und -verbrauch, die Abwasserlast und Wertstoffrückgewinnung* präzisiert bzw. an weitere Betriebe erteilt, die *Nutzungsgenehmigungen für Wasserentnahme und Abwassereinleitung sowie die Grenzwerte für die Abwasserlast und Abwasserinhaltsstoffe* überprüft und neu festgelegt werden. Gemeinsam mit den Nutzern sind *Sanierungsprogramme* für entscheidende Flußeinzugs- oder -teileinzugsgebiete zu erarbeiten und zu verwirklichen.“

Das heißt, es ist eine wissenschaftlich weiterentwickelte, straff organisierte, kontinuierliche Bewirtschaftung nach Menge und Beschaffenheit zu gewährleisten, bei der Dargebot *und* Bedarf, als durch entsprechende Regelungen oder Steuerung zu beeinflussende Größen gelten. Dazu ist es notwendig, die wichtigsten Natur- und Nutzungsprozesse einer mathematischen Modellierung zum Zwecke einer vorausschauenden Abschätzung der Auswirkungen und Wechselbeziehungen zugängig zu machen.

3.2. Beispielsuntersuchungen zur rechnergestützten Wasserbewirtschaftung auf Flußgebietsebene

Gemäß einer vom MfUW bestätigten Konzeption zum schrittweisen Aufbau „automatisierter Systeme der Leitung und Planung (ASU)“ ist die Wasserbewirtschaftung ein spezifisches funktionelles Teilsystem (ASU-TP), das die vier gewährleistenden Teilsysteme

— Informationssystem
— System der Datenverarbeitung bis zur Entscheidungsvorbereitung
— Organisationssystem und
— technisches System

integriert und in sich arbeitsfähig, mit anderen funktionellen Teilsystemen kompatibel sein muß und die informationelle Versorgungsbasis für das übergeordnete staatliche System sichern muß.

Zum Zwecke der Ausgliederung und Analyse von den die Wasserbewirtschaftung bestimmenden Prozessen wird definiert:

- „Wasserbewirtschaftung vereint in sich die Gesamtheit aller *Bedingungen* und *Mittel* zur rationellen Nutzung und zum Schutz der Wasserressourcen im Interesse der Gesellschaft und ihrer Entwicklung."

Das heißt die *bestimmenden Prozesse* sind *gekennzeichnet* durch:

1. die *Zielstellung* mit den Hauptfunktionen
   - Versorgung der Gesellschaft mit Wasser
   - Schutz der Gesellschaft vor Schäden durch das Wasser
   - Schutz der Wasserressourcen vor Erschöpfung und Schädigung;
2. die *Zukunftsbezogenheit*, indem das Handeln der für die Bewirtschaftung verantwortlichen in der näheren und weiteren Zukunft durch Wahrnehmung von operativen und langfristigen Aufgaben festgelegt wird;
3. die *Bedingungen*, die charakterisiert sind durch die
   - das Wasserdargebot beschreibenden Naturprozesse,
   - Anforderungen der Gesellschaft an das Wasser (Bedarf), abgeleitet aus den gesellschaftspolitischen Gegebenheiten und Zielstellungen;
   - die Naturprozesse (nach Raum, Zeit und stofflich) und den Bedarf (RWV, Gewässerschutz) beeinflussenden Rückwirkungen der eingesetzten Mittel;
4. die Mittel, die sich zusammenfassen lassen in
   - juristische und ökonomische Regelungen,
   - bauliche Anlagen und technisch-technologische Maßnahmen zur gezielten Beeinflussung des Nutzungsprozesses.

Da die für ein ASU-TP vorgegebene Untersuchungsebene das Flußgebiet ist und in der sozialistischen Gesellschaft die juristischen und ökonomischen Regelungen gesamtstaatlichen Charakter tragen, ergibt sich für die Analyse maßgebender Prozesse folgende Zielstellung:

1. Analyse der Bedingungen, d. h. der die Bewirtschaftung maßgeblich beeinflussenden Naturprozesse und der durch die Nutzungsprozesse bedingten Auswirkungen (bei Gewährleistung der gesamtstaatlichen juristischen und ökonomischen Regelungen).
2. Ableitung von Anforderungen an die Gestaltung der Nutzungsprozesse, d. h. der dafür einzusetzenden Mittel.
3. Rationelle Gestaltung der Leitungs- und Planungsprozesse unter Nutzung und zur Durchsetzung der unter 1. und 2. genannten Aufgaben.

Die Komplexität einer für das Spreegebiet zu schaffenden Beispielslösung erforderte ein schrittweises Vorgehen und die Auswahl von Schwerpunkten. Diese Auswahl erfolgte unter den nachgenannten Prämissen:

- Infolge der die Entscheidungsprozesse zunehmend beeinflussenden *Komplexität* und der *Verflechtung* mit anderen Bereichen sind rechnergestützte Methoden zu entwickeln, die den Prozeß *überschaubarer* gestalten, ihn stärker *objektivieren* und *zukunftsbezogen* ausrichten, ohne die subjektive Erfahrung völlig auszuklammern.

— Die im Rahmen von Leitungs- und Planungsprozessen sich oftmals *wiederholenden Teilprozesse und -funktionen* sollen dort, wo sie *formalisierbar* und *algorithmierbar* sind, durch einen verstärkten Einsatz der EDV *rationeller* gestaltet werden.

Abgeleitet aus diesen Grundsätzen hat es sich, der internationalen Literatur folgend, als zweckmäßig erwiesen die nachfolgend genannten, der subjektiven Entscheidung vorgelagerten Prozesse zu untersuchen:

— *Informationsgewinnung* (einschl. -übertragung und -speicherung)
— Informationsverarbeitung (Transformation der Primärinformationen in entscheidungsrelevante Aussagen)
— *Entscheidungsvorbereitung* (das Bereitstellen von Entscheidungsalternativen über Szenarioanalysen oder Variantenrechnungen, einschließlich von Kriterien zu deren Beurteilung)

Entsprechend den durch Gesetze und daraus abgeleiteten Rechtsvorschriften fixierten Aufgaben erwies es sich, wegen der Unterschiedlichkeit der zu entwickelnden Instrumentarien, als zweckmäßig, eine Zweiteilung vorzunehmen: Zum einen in Aufgaben der *langfristig ausgerichteten konzeptionellen Arbeit* und zum anderen in *Aufgaben der aktuellen Lageeinschätzung, -vorhersage und* teilweise *operativen Steuerung.*

3.3. Erste Ergebnisse der rechnergestützten Wasserbewirtschaftung im Spreegebiet

3.3.1. Langfristbewirtschaftung

Das rechnergestützte, für die BESM-6 entwickelte Langfristbewirtschaftungsmodell GRM Spree/Havel berücksichtigt die insgesamt vorhandenen 15 Steuerglieder in Form von Speichern und Seen sowie 62 Nutzer und faßt diese zu 43 Bilanzprofilen zusammen. Damit sind über Variantenrechnungen

— die Ableitung notwendiger Vorgaben zur RWV bei den Nutzern,
— die Ermittlung optimaler Bewirtschaftungsregeln für die bestehenden Speicher und Seen,
— die Abschätzung der Bilanzwirksamkeit von zeitlich veränderlichen Grubenwassereinleitungen,
— der Nachweis über die notwendige zeitliche Einordnung neuer Wasserbereitstellungsmaßnahmen und
— der Ausweis der Bereitstellungssicherheiten zur Bedarfsdeckung bei den Nutzern

möglich.

Wegen des insgesamt sehr bedeutenden Einflusses der Grubenwassereinleitungen waren dazu folgende Probleme zu lösen:

— Berücksichtigung der zeitlich und örtlich variablen Tagebauentwicklung und damit der Grubenwassereinleitungen sowie der Austauschprozesse zwischen Vorfluter und Absenkungstrichter.
— Entwicklung eines mit der GRM- (bzw. LBM-) Technik koppelbaren Einzugsgebietsmodells, das meteorologische Eingangsgrößen in Abflüsse transformiert, so daß die Größe und das Schwankungsverhalten der „natürlichen“ Durchflüsse entkoppelt von der anthropogenen Beeinflussung ermittelt werden können.

— Entwicklung einer speicherwirtschaftlichen Berechnungsmethodik für Tagebaurestlöcher, die im Grundwasserabsenkungsbereich von noch betriebenen Tagebauen liegen.

Außerdem waren Regeln der Verbundbewirtschaftung der Speicher im oberen und mittleren Spreegebiet zu berücksichtigen. Erstmals entwickelt wurden 2 Rechenprogramme mit denen für

— das obere und mittlere Spreegebiet die Berechnung der Selbstreinigungsleistung,
— das untere Spreegebiet die Berechnung der Eutrophierung und Biomasseentwicklung

unter Belastungsschwankungen und/oder Sanierungsmaßnahmen vorausschauend möglich ist.

3.3.2. Operative Analyse, Vorhersage und Steuerung hydrologischer Prozesse

Die Hauptaufgabe bestand darin, für das Spreegebiet, für den Bürocomputereinsatz geeignete, weiterentwickelte Durchflußberechnungen und Vorhersagen für hydrologische Extremsituationen zu realisieren. Während dabei im oberen Spreegebiet den Hochwassererscheinungen primäre Aufmerksamkeit zu schenken ist, gewinnt im Mittel- und Unterlauf die kontinuierliche und Niedrigwasservorhersage sowie Durchflußberechnung wegen der Störungen des Grubenwassereinflusses sowie der Versorgungsansprüche im Berliner Raum besondere Bedeutung. Mit dieser Software-Entwicklung einher verlief der Aufbau und die Inbetriebnahme eines mikrorechner- und bildschirmgestützten Arbeitsplatzes „Wasserbewirtschaftung" in der Oberflußmeisterei (OFM) Berlin. Die 1. Ausbaustufe, die gegenwärtig weiterentwickelt wird, umfaßt:

— den Aufbau der Meßwertempfangszentrale für das automatisierte Meßnetz
— die Kopplung der Datenauswertung von automatischen Stationen und Labordaten
— die Implementierung der Programme zur Durchflußberechnung und -vorhersage von Lübben bis Berlin sowie zur Berechnung maximaler Grundwasserstände im Berliner Raum
— den Aufbau eines Operativdatenspeichers zur direkten Kopplung von Meßwertempfang und Einsatz der Modelle zur Durchflußberechnung und -vorhersage.

Entwickelt und erprobt wurden außerdem Programme zur Hochwassersteuerung der Talsperre Bautzen, auf der Grundlage von Variantenuntersuchungen und verschiedenen Steuerstrategien, zur dreidimensionalen Berechnung von durchfluß- und windinduzierten Strömungsprozessen in Seen und Talsperren, die Einfluß auf Stoffaustausch- und -umwandlungsprozesse haben und zur operativen Vorhersage des Algenwachstums in der Stadtspree.

3.3.3. Meß- und Informationssystem (MIFOS)

Die Entwicklung des MIFOS wurde ausgehend von folgenden Prämissen konzipiert:

1. Die Informationsversorgung und Entscheidungsvorbereitung im operativen Dienst muß die Durchsetzung einer einheitlichen Bewirtschaftungsstrategie für das Gesamteinzugsgebiet gestatten.
2. Das in der Vergangenheit entstandene Meßsystem ist wegen der Bewahrung des Informationsgehaltes über das natürliche System und die Auswirkungen früherer Eingriffe soweit wie möglich in das MIFOS zu integrieren.

3. Die Automatisierung ist schrittweise so vorzunehmen, daß die Zwischenetappen arbeitsfähig sind.

Ausgehend davon wurde die Konzeption für die künftige Struktur der Informationsgewinnung, -übertragung und -verarbeitung sowie die Informationsversorgung der regionalen und zentralen Organe der Wasserwirtschaft und der örtlichen Räte ausgearbeitet. Im Ergebnis der Konzeption sind etwa 10% des derzeit bestehenden Meßnetzes in das MIFOS zu integrieren, von denen wiederum 23% zu automatisieren sind.

Literatur

[1] DYCK, S.: Zur wachsenden Bedeutung der Hydrometeorologie und Klimatologie. In: Zeitschr. Meteor. **32** (1982) 1, 5–10

[2] DYCK, S.: Hydrologische Forschung für die Wasserbewirtschaftung. In: Ber. der ADW der DDR, Math. Naturwiss.-Techn. 1983, 11/N

[3] LAUTERBACH, D.: Rationelle Wasserverwendung – wesentliches Element der Wasserbewirtschaftung. In: Rationelle Wasserverwendung in Industriebetrieben, 1982, 4, 17–25

[4] LUCKNER, L.: Stand und Entwicklungstendenzen der Modellbildung und Simulation der Migrationsprozesse in der Boden- und Grundwasserzone der DDR. In: Wiss.-Konf., TU Dresden Bd II (1979) 62–94

[5] REICHELT, H.: Wasserwirtschaft heute und morgen. Der soz. Staat, Theorie, Leitung, Planung Staatsverlag der DDR, Berlin 1984

Prof. Dr. sc. Dieter LAUTERBACH
Institut für Wasserwirtschaft
Schnellerstraße 140
Berlin
1190

AKTUELLE AUFGABEN DER UMWELTHYGIENE BEI DER LANGFRISTIGEN SICHERUNG DER TRINKWASSERVERSORGUNG

Hans-Joachim Dobberkau, Eberhard Schulze

Der Wasserhaushalt der DDR gehört zu den angespanntesten der Welt. Dies bringt natürlich Probleme für die Trinkwasserversorgung der Bevölkerung mit sich, da sich der Trinkwasserbedarf ständig weiter erhöht, während die Belastung der Umwelt und damit auch die der Rohwasservorkommen angestiegen ist.

Als Rohwasser für die Trinkwassergewinnung können Grundwasser und Oberflächenwasser genutzt werden. Mehr als 70% der Bevölkerung der DDR werden aus Grundwasser versorgt. Damit ist die leicht erschließbare und meist problemlos aufbereitbare Ressource Grundwasser weitgehend ausgelastet. Um mehr Trinkwasser zu gewinnen, muß man auf Oberflächenwasser zurückgreifen. Dies Problem wurde nach dem 2. Weltkrieg durch den Bau vieler Trinkwassertalsperren gelöst. 1945 gab es in unserem Land insgesamt nur 40 Speicherbecken mit 550 Mill. m^3 Fassungsvermögen. Seit dem Bestehen der DDR wurden mehr als 90 Talsperren, Speicher- und Rückhaltebecken mit einem Stauraum von mehr als 1400 Mill. m^3 neu errichtet.

Den Trinkwassertalsperren wird ein sauberes Oberflächenwasser zur Aufbereitung entnommen. Sie stellen eine hygienisch einwandfreie Lösung dar. Durch ein System von Schutzzonen und differenzierten Verboten und Beschränkungen rund um die Talsperren und ihre Zuflüsse wird sichergestellt, daß die Qualität des Wassers im allgemeinen den hygienischen Anforderungen genügt. Planktonmassenentwicklungen, die gelegentlich (in Extremsituationen) auftreten können, führen mitunter zu Geschmacks- und Geruchsbeeinträchtigungen und erschweren den Filtrationsprozeß. Diese Gefahr kann wohl nicht völlig ausgeschlossen werden, ist aber bei zweckentsprechender Bewirtschaftung minimal zu halten.

In späteren Jahren wurde — besonders von Dresden ausgehend — aus ökonomischen Gründen die Aufbereitung von Oberflächenwasser der Beschaffenheitsklasse IV (bis unbegrenzt verschmutzt) durch „Wasserfabriken" zu Trinkwasser am Orte des Verbrauchs der Versorgung aus Trinkwassertalsperren vorgezogen.

In jüngster Zeit ist man wieder zu der alten Erkenntnis zurückgekehrt, daß die Wasserwirtschaft auf zwei Beinen steht: Wassermenge und Wassergüte, und es werden deshalb Überlegungen angestellt, die Erweiterung der Trinkwasserversorgung doch auf der Basis einer weiteren Grundwassergewinnung vorzunehmen. Weil aber die problemlos nutzbaren Grundwasservorräte weitgehend genutzt sind, ist man gezwungen, tiefere und schwerer aufbereitbare Grundwässer zu gewinnen. Hygienisch ist das natürlich zu begrüßen, doch ist hier darauf aufmerksam zu machen, daß bei uns die Wässer mit zunehmender Tiefe salzhaltiger werden. Die Natriumaufnahme durch Trinkwasser ist jedoch nicht unbedenklich und sollte beispielsweise aus gesundheitlichen Erwägungen nicht gesteigert werden.

Nach dieser kurzen, summarischen Situationsschilderung wollen wir uns nun einigen ausgewählten Problemen der Trinkwasserhygiene zuwenden.

1. Nitrat

Mit der Intensivierung der Pflanzenproduktion wurde auch die auf die Felder aufgebrachte Stickstoffmenge, insbesondere nach 1970, gesteigert. Im Jahre 1955 wurden 32,4 kg Rein-N je Hektar landwirtschaftlicher Nutzfläche ausgebracht; 1965 waren es 65,1 kg, 1975 107,7 kg, 1978 124,8 kg. Seither ist ein leichter Rückgang festzustellen: 1983 111,0 kg.

In welcher Form Stickstoffdünger auch immer ausgebracht wird, der nicht von den Pflanzen aufgenommene Teil wird letztlich zu Nitrat aufoxidiert. Das Nitration ist im Boden genauso mobil wie das Bodenwasser. In trockenen Jahreszeiten reichert es sich in der oberen Bodenschicht an. Fallen reichliche Niederschläge, wird es mit diesen entweder in die Oberflächengewässer abgeschwemmt oder mit dem oberen Bodenwasserstrom horizontal abgeführt und vor allem aber auch mit dem vertikalen Teilstrom dem Grundwasser zugeführt, worin es dann allmählich zur Anreicherung kommt. Auf diese Weise steigt die Nitratkonzentration im Grundwasser langsam an.

Die gesundheitsschädigende Wirkung des Nitrats ist unbestritten. Die erste bekannte Schadwirkung durch Nitrat war die Methämoglobinämie der Säuglinge. Die giftige Noxe ist hierbei das toxische Nitrit, das im Darm des Menschen durch nitratreduzierende Bakterien oder im Körper aus dem Nitrat gebildet wird und das Hämoglobin zu Methämoglobin umgewandelt, welches zum Transport des Sauerstoffes im Blut unfähig ist. Während beim Kind und Erwachsenen das Ferment Diaphorase das Methämoglobin wieder zu Hämoglobin spaltet, kann das fetale Hämoglobin, das in den ersten 4 (—6) Lebensmonaten im Säugling noch überwiegend vorhanden ist, nicht regeneriert werden. Beim Säugling führt daher die Nitritvergiftung schnell zur inneren Erstickung (Blausucht). Bei Bereitung künstlicher Säuglingsnahrung aus nitratreichem Wasser kann es beim Aufbewahren des Nahrungsbreies bereits zur Nitratreduktion kommen. Heute ist durch entsprechende Aufklärungsmaßnahmen (Schwangerenberatung) und gegebenenfalls durch Versorgung des Säuglings mit nitratarmen Wasser die manifeste Methämoglobinämie zur Seltenheit geworden.

Ernster ist die Gefahr der Nitrosaminbildung einzuschätzen. Im Magen reagiert Nitrit mit Aminen zu Nitrosaminen. Unter ihnen sind einige als stark kanzerogen bekannt. Amine nehmen wir mit der Nahrung auf, auch mit Medikamenten, oder sie werden bei der Verdauung im Magen frei. Nitrit ist auch im Speichel, wenn wir viel Nitrat aufgenommen haben. Bei anazider Gastritis ist die Gefahr der bakteriellen Nitritbildung im Magen besonders groß.

In unserem Institut konnte ein direkter Nitrateffekt nachgewiesen werden, der sich als Zusammenhang zwischen Nitrataufnahme und „Kropf" darstellt.

Die Wasserwirtschaft der DDR unternimmt z. Z. große Anstrengungen, um den Nitratgehalt im Trinkwasser zu senken. Anfangserfolge beruhten darauf, daß man nitratreiches mit nitratarmen Trinkwasser verschnitt. Eigentliche Nitrateliminierungsverfahren sind aber noch in der Entwicklungsphase. Es scheint jedoch der Schluß zulässig, daß die effektive Lösung des Problemes letztlich nur in einer sinnvoll gesteuerten, begrenzten Stickstoffbelastung des Bodens zu sehen ist.

2. Natrium

Eine hohe Natriumaufnahme durch reichlichen Kochsalzverzehr ist eine der wesentlichen Ursachen für das Auftreten von Bluthochdruckerkrankungen in den Industrieländern. Sie befällt 15—20% der erwachsenen Bevölkerung bzw. 30—40% der älteren

Menschen. Folgen sind Häufung von Schlaganfällen, Herzinfarkten, Nieren- und Netzhautschäden u. a.

Der Kochsalzbedarf eines erwachsenen Menschen beträgt ca. 0,3 g/d. Als physiologisch tolerierbare Menge kann man 5 g (3—8 g)/d ansehen. Der Durchschnittsverbrauch der europäischen und nordamerikanischen Bevölkerung liegt aber bei 8—15 g NaCl täglich, d. h. er ist etwa 2—3fach zu hoch.

Gesunde Erwachsene scheiden das zuviel aufgenommene Kochsalz ohne erkennbare Gesundheitsschäden über die Nieren wieder aus. Anders ist das schon bei Kleinkindern, deren Nierenfunktion noch nicht voll entwickelt ist. Bei ihnen beträgt die letale Dosis 1 g NaCl/kg Körpergewicht.

Erwachsene mit schweren Herz- und Nierenschäden dürfen bekanntlich nur wenig Kochsalz aufnehmen. Im Hinblick auf diese Risikogruppe in der Bevölkerung hat die American Heart Association 20 mg Na/l als Grenzwert im Trinkwasser vorgeschlagen. In den meisten Trinkwasserstandards — so auch in der DDR — wird derzeit noch ein Grenzwert von 150 mg Na/l angegeben. Er entspricht etwa der geschmacklich wahrnehmbaren Grenze.

Im Hinblick auf Kleinkinder sowie Herz- und Nierenkranke sollte dieser Grenzwert keinesfalls überschritten und vielmehr der Richtwert (80 mg/l) angestrebt werden. Eine Analyse der Na-Gehalte der Trinkwässer der DDR zeigt, daß man diese bei Aufstellung der Na-Bilanz für die Bevölkerung der DDR nicht vernachlässigen darf.

3. Bakterien und Viren

Trinkwasser muß frei sein von Krankheitserregern. Da diese Forderung direkt nicht kontrollierbar ist, wird sie indirekt über den Nachweis von Indikatorbakterien überwacht. Danach gilt Trinkwasser als frei von Krankheitserregern, wenn in 100 ml keine koliformen Bakterien nachweisbar sind und die Keimzahl den Wert 100 in einem ml nicht übersteigt. Ein gutes Grundwasser aus größerer Tiefe erfüllt diese Bedingung von vornherein.

Besonders im Mittelgebirgsraum haben wir aber häufig wasserloses Festgestein, auf dem eine wenig mächtige Schicht Lockergestein liegt. In dieser wird Wasser durch Flachschürfe gewonnen. Seine Menge und Qualität hängt stark von den Niederschlägen ab, und es muß nicht selten desinfiziert werden. Für Oberflächenwässer, Uferfiltrat, Bodenfiltrat gilt die Forderung nach Desinfektion generell.

Die Desinfektion wird durch Chlorgas- oder Natriumhypochlorit-Zugabe erreicht. 0,3 bis 0,5 mg freies Cl_2/l desinfizieren ein einwandfrei aufbereitetes Trinkwasser in 30 Minuten. War das Rohwasser aber stark kontaminiert (Flußwasser, Uferfiltrat), wird die Desinfektion problematisch. Organische Spurenstoffe bewirken eine Chlorzehrung, indem sie mit dem Chlor reagieren; entweder werden sie durch das Chlor oxidiert oder das Chlor wird in das Molekül eingebaut (Chlorierung) und es entstehen so chlororganische Verbindungen, die als Haloforme bekannt sind. Die Chlorzehrung bewirkt ein zu schnelles Verschwinden des freien Chlors bevor es seine Desinfektionswirkung voll entfalten konnte: Es muß daher mit höheren Chlorkonzentrationen gearbeitet werden (Hochchlorung), was wieder zu verstärkter Haloformenbildung führt. Ein weiterer Nachteil dieser Rohwässer ist, daß sie hohe Ammoniumkonzentrationen enthalten (bis zu 5 mg/l). Ammonium und freies Chlor reagieren sofort zu Chloramin. Dieses ist etwa 100fach weniger bakterizid als freies Chlor. Die Konsequenz daraus heißt: höhere Chlordosis und längere Einwirkungszeit, das wiederum führt zu stärkerer Haloformenbildung.

Hier tut sich ein Teufelskreis auf. Ungeeignetes, stark kontaminiertes Rohwasser erfordert intensive Chlorung damit es keine Krankheitserreger überträgt. Dadurch aber werden gesundheitlich sehr bedenkliche Stoffe in nicht unerheblicher Menge gebildet. Auf eine sachgemäße effektive Desinfektion kann aber nicht verzichtet werden. Dies würde vermutlich ein Ansteigen der Zahlen an Durchfallerkrankungen zur Folge haben.

4. Organische Spurenstoffe

Gelöste organische Stoffe kommen im Grundwasser meist als Huminstoffe vor. Gesundheitsschädigende Wirkungen sind dadurch nicht bekannt. Jedoch sind sie auf jedem Fall die bei der Chlorung unerwünschten Vorstufen der Haloformenbildung. Anders ist das im Oberflächenwasser und Uferfiltrat sowie in anthropogen stark beeinflußtem Grundwasser. Hier kann eine Vielzahl von Schadstoffen vorkommen, die nur schwer eliminierbar sind. Viele dieser Stoffe sind kanzerogen, tetratogen oder mutagen. Wichtige Indikatorfunktion für das Vorliegen dieser Kontaminanten haben die Kriterien TOC (total organic carbon) und TOCl (total organic chlorine). Besonders die chlorierten organischen Kohlenstoffverbindungen gelten als gesundheitsschädigend. Dazu gehören z. B. die chlororganischen Pestizide (DDT, Lindan, HCH), die bereits mehrfach erwähnten Haloforme (Chloroform u. a.) und eine Reihe von Lösungsmitteln, die in der chemischen Industrie in großen Mengen angewendet werden und eine ubiquitäre Verbreitung erlangt haben.

Um derartige Stoffe bei der Trinkwasseraufbereitung aus dem Wasser zu entfernen, bedarf es komplizierter weitergehender Aufbereitungsverfahren. Hier sind besonders Ozonisierung und Aktivkohle-Behandlung zu nennen. Die Uferfiltration bzw. Bodenpassage entfalten bzgl. dieser Stoffe in der Regel nur eine unzureichende Reinigungswirkung. Weitestgehende Eliminierung bewirkt nur die Grundwasseranreicherung, bei der vorgereinigtes Oberflächenwasser versenkt wird, sich mit dem Grundwasser mischt und allmählich dessen Eigenschaften annimmt. Im intensiven Kontakt mit den Bodenpartikeln kommt es dann im Verlauf von 1—2 Jahren zur Eliminierung der Schadstoffe. Bei uns wurde in der Letzlinger Heide ein solches Beispiel geschaffen.

5. Hygienische Forschungsschwerpunkte

Das Forschungsinstitut für Hygiene und Mikrobiologie ist die Leiteinrichtung für das Forschungsprojekt „Medizinische Aspekte des Umweltschutzes“, an dem sich mehr als 20 Institute und Einrichtungen der DDR beteiligen.

Eine der Schwerpunktaufgaben befaßt sich mit dem Erkennen, Erfassen und Bewerten von Risiken für die menschliche Gesundheit, die durch chemische und mikrobielle Kontaminationen des Trinkwassers gegeben sind, sowie mit der Ableitung präventiver Maßnahmen.

In den letzten Jahren wurde im Rahmen der Umwelttoxikologie die Weiterentwicklung der Nachweisverfahren für gesundheitlich besonders relevante organische Spurenstoffe im Wasser und deren Überführung in die Hygienepraxis intensiv bearbeitet. Das betrifft vor allem leichtflüchtige Halogenkohlenwasserstoffe wie Haloforme, die bei der Trinkwasserchlorung entstehen können, Lösungsmittel wie Trichlorethylen und Perchlorethylen, weiterhin polyzyklische aromatische Kohlenwasserstoffe, Chlorphenole und Phenole, aromatische Amine, Triazine und chlorierte Phenoxyalkansäuren mit

2,4-D/2,4,5-T Herbiziden als Hauptvertreter, monozyklische Aromate wie Chlorbenzen, Benzen und Toluen.

Parallel zu den analytischen Arbeiten erfolgte die experimentell toxikologische Bewertung verschiedener Wasserinhaltsstoffe mit besonderer gesundheitlicher Bedeutung. Hierzu zählt in erster Linie Nitrat in Verbindung mit organischen Spurenstoffen aus den genannten Gruppen.

Die Untersuchungen ergaben beispielsweise deutliche Hinweise darauf, daß bereits bei Nitratwerten von 40 mg/l des Trinkwassers, also dem gültigen Grenzwert, im Tierexperiment morphologisch meßbare, statistisch signifikante Veränderungen der Follikelepithelhöhen der Schilddrüse auftreten. Nitrat erwies sich als strumigene Substanz mit einer weiten Verbreitung in der Umwelt. Diese Ergebnisse haben für die immer wieder gestellte Frage nach der Höhe des Grenzwertes für Nitrat im Trinkwasser eine besondere Bedeutung.

Gegenwärtig wird dieser tierexperimentell verifizierte Effekt in einer epidemiologischen Studie zur Strumainzidenz und Nitratbelastung von Schulkindern untersucht. Diese Studie ist Teil einer interdisziplinären Arbeit und steht in Zusammenhang mit dem Nachweis der Wirkung der Kochsalzjodierung auf die Strumainzidenz bei Kindern. Kropf ist eine Jodmangelkrankheit. Nitrat und andere strumigene Faktoren bewirken eine Hemmung der Jodaufnahme durch die Schilddrüse. Sie erzeugen einen künstlichen Jodmangel, was sich in Jodmangelgebieten wie besonders in den Südbezirken der DDR auf die Kropfinzidenz auswirken dürfte. Durch zusätzliche Jodzufuhr, z. B. in Form des jodierten Kochsalzes, läßt sich dieser Effekt kompensieren.

Als einen weiteren Schwerpunkt möchte ich die begonnenen Arbeiten zur Erfassung und Bewertung von Stoffgemischen im Wasser erwähnen. Diese Thematik ist deshalb so wichtig und wird international verstärkt bearbeitet, weil sie neben der Erfassung und Bewertung von Einzelstoffen nunmehr die real existierenden Stoffgemische berücksichtigt, die als Konzentrate von Wasserproben gewonnen werden. In diesen findet sich beispielsweise eine Reihe unterschwelliger, für sich allein unwirksamer Komponenten, die jedoch synergistisch potenzierend, aber glücklicherweise auch antagonistisch wirken können. Es finden sich darin auch eine Reihe der uns bekannten und analytisch zugänglichen Verbindungen.

Hinsichtlich der toxikologischen Bewertung solcher Stoffgemische liegen international bisher wenig Resultate vor. Am besten ist die Situation bei der Erkennung gentoxischer Wirkungen von Wasserkonzentraten. Wir haben ein anspruchsvolles, darauf ausgerichtetes Testsystem aufgebaut und konnten in unserem Mutagenitätstestlabor bereits eine erste Übersicht über mutagene Aktivitäten ausgewählter Rohwässer zusammenstellen.

Aus vielen Detailkenntnissen, von der Analytik über quantitative Struktur-Wirkungs-Analogie-Modelle und Pattern recognition bis zur toxikologischen und epidemiologischen Bewertung ergeben sich umfangreiche Informationen, die uns immer besser befähigen, Risikobewertungen für Wasserinhaltsstoffe durchzuführen und qualifizierte präventive Maßnahmen, z. B. in Form von Grenzwertfestlegungen, sowohl für Einzelstoffe als auch für Stoffgemische, abzuleiten.

In der Wassermikrobiologie wurden in der Vergangenheit Methoden zum Nachweis von Salmonella, Pseudomonas aeruginosa, Klebsiella, Aeromonas und Koliphagen entwickelt. Es ist jetzt erforderlich, diese Palette um weitere Methoden zu ergänzen, insbesondere zum Nachweis von Yersinia, Campylobacter und Anaerobier. Darüber hinaus erlangen die plasmidcodierten Eigenschaften von Mikroorganismen eine zunehmende Bedeutung. Die verbreitete und oft unkritische Anwendung von Antibiotika hat zu einer starken Zunahme resistenter Stämme auch im Wasser geführt. Diese Resistenzen werden überwiegend von besonderen genetischen Elementen, den Plasmiden gesteuert. Der Nachweis, die Übertragung und das Verhalten der plasmidtragenden Bakterien in der Umwelt war bisher Gegenstand unserer Forschungsarbeit. Diese Untersuchungen werden weiter ausgedehnt, und es soll die Stabilität typischer Plasmidmuster in der Umwelt untersucht werden. Dies hat für die Aufklärung epidemiologischer Zusammenhänge einen besonderen Wert.

Schlußfolgerungen

Die jüngste Entwicklung auf dem Gebiet der Trinkwasserversorgung hat deutlich gemacht, daß die Hygiene vor allem für die Qualitätssicherung einen entscheidenden Beitrag leisten muß, will sie ihren Auftrag zum Schutz der menschlichen Gesundheit gerecht werden. Die internationalen Erfahrungen zeigen, daß gerade auch die Zahl wasserbedingter Erkrankungshäufungen laufend zunimmt, während aber die Aufklärungsrate über die Ursachen dafür ständig sinkt. Das hat seinen Grund in der Kompliziertheit der Erfassung und der hygienischen Bewertung der vielen Risikofaktoren.

Mit Fug und Recht kann behauptet werden, daß unser Staat große Anstrengungen unternimmt, um die Trinkwasserversorgung langfristig zu sichern. Wir haben einige Maßnahmen genannt. Auf dem Gebiet des Gesundheitswesens wurde eigens ein Referenzlaboratorium für Wasserhygiene am Forschungsinstitut für Hygiene und Mikrobiologie gebildet.

Wir sind optimistisch darin, daß der eingeschlagene Weg einer wirksameren interdisziplinären Zusammenarbeit des Fachgebietes Hygiene mit den Organen des Ministeriums für Umweltschutz und Wasserwirtschaft und anderen Volkswirtschaftsbereichen und besonders auch mit den Kooperationspartnern der Forschung jetzt günstigere Bedingungen für die langfristige hygienische Sicherung der Trinkwasserversorgung in unserem Staat geschaffen hat. Es gilt nun, diesen Weg qualifiziert weiter zu gehen.

OMR Prof. Dr. med. habil. Hans-Joachim Dobberkau,
Dr. rer. nat. Eberhard Schulze
Forschungsinstitut für Hygiene und Mikrobiologie
Heinrich-Heine-Straße 12
Bad Elster
9933

SCHUTZ DER UNTERIRDISCHEN WASSERRESSOURCEN UND MÖGLICHKEITEN ZU IHRER SANIERUNG

LUDWIG LUCKNER

Vorbemerkungen

Unter Wasserressourcen versteht man in Anlehnung an [7] Wasser, das an einem bestimmten Standort erschlossen und gegenwärtig oder in absehbarer Zukunft mit volkswirtschaftlich vertretbarem Aufwand genutzt werden kann, gekennzeichnet durch seine *Menge* (= Liefervermögen), seine *Beschaffenheit* sowie seine *Fassungs-, Transport-* und *Aufbereitungsbedingungen.*

Das Wesen dieser Definition besteht in der Verkopplung der Merkmale

- *Menge* bzw. *Liefervermögen,* charakterisiert durch die Angabe von $Q_x = \dot{V}_x$ (Q_7-Wassermenge in m³/s, die die Ressource 7 Tage lang im Mittel zu liefern vermag),
- *Beschaffenheit,* vorwiegend charakterisiert durch Konzentrationsangaben ausgewählter Wasserinhaltsstoffe, die in unmittelbarem Bezug zu den Grenzwerten der vorgesehenen Wassernutzung stehen (z. B. Trinkwassergrenzwerte)
- und *Fassungs-, Transport-* und *Aufbereitungsbedingungen,* charakterisiert durch den *technisch/ökonomischen Aufwand,* der zur Versorgung eines konkreten *Nutzers* mit dem dargebotenen Wasser (gekennzeichnet durch Menge und Beschaffenheit) zu realisieren ist (Investitions- und Betriebskosten je m³ Wasser).

Die Kennwerte einer Wasserressource zur Charakterisierung

- des Liefervermögens (in m³/s)
- der Beschaffenheit (im allgemeinen in mg/l) und
- der Versorgungskosten (in M/m³)

sind keine Fixgrößen. Die potentiellen und realen Änderungen sind für den Nutzer meist von enormer Bedeutung.

Der *Wert der Ressource* steht für den Nutzer stets in enger Wechselbeziehung zu potentiellen Änderungen der Versorgungskosten bzw. in enger Beziehung zu alternativen Lösungen. Basierend auf einem so definierten Wert der Wasserressourcen lassen sich

- die Aufwendungen für die Überwachung und den *Schutz* einer bestimmten Wasserressource zur Vermeidung einer Verringerung von Q_x und einer Verschlechterung der Beschaffenheit sowie
- die Aufwendungen für eine Erhöhung der dargebotenen Wassermenge (des Liefervermögens) und der Verbesserung der dargebotenen Wasserbeschaffenheit (*Sanierung*)

unmittelbar ableiten.

1. Bedeutung der Boden- und Grundwasserressourcen

Bodenwasser

Bodenwasser ist für die Wasser- und Nährstoffversorgung der Pflanzen eine unerläßliche Grundlage. Zugleich ist aber die Bodenwasserzone im natürlichen Wasserkreislauf auch das entscheidende Transformationsglied der Niederschläge in den oberirdischen, hypodermischen und in den unterirdischen Abfluß [13]. Der Output aus der ungesättigten Bodenwasserzone ist somit zugleich der Input (Speisung) in die Grundwasserzone. Dies betrifft auch die Speisung des Grundwassers durch das Infiltrat aus Fließgewässern, Standgewässern und technischen Systemen, wie Sickerbecken, Sickergräben u. a. m. Stets gilt es dabei, die Strömungsprozesse und die mit ihnen gekoppelten physikochemischen und biochemischen Prozesse als Einheit zu betrachten [5, 14].

Grundwasser

Die Grundwasserneubildung wird in der DDR auf etwa 9 Mrd. m^3 pro Jahr (= stabiles Wasserdargebot) geschätzt. Als sich erneuernde Grundwasserressource (sich erneuernder Grundwasservorrat) werden hiervon z. Z. 3 bis 4 Mrd. m^3/a erachtet. Grundwasser wird gegenwärtig in der DDR zu etwa 60% durch die Bevölkerung, 15% durch die Industrie und zu etwa 20% durch die Landwirtschaft genutzt. Primär sind in der DDR Grundwasserressourcen Trinkwasserressourcen. Hierzu gibt es heute und künftig keine sinnvolle Alternative [6].

Mir erscheint es wichtig, allen Menschen immer wieder einmal in das Bewußtsein zu rufen, daß unser Trinkwasser das wichtigste Lebensmittel ist. Deshalb verbietet sich aber auch jedwede effektheischende Aufmachung potentieller und realer Gefahren und Probleme. Vielmehr gilt es, die Probleme sauber auszugrenzen, effektive Lösungen vorzuschlagen und die erforderlichen Maßnahmen konsequent durchzuführen. Wissenschaft, Technik, Medizin und Gesetzgebung müssen hierzu ihren Beitrag leisten.

Gegenwärtig erfolgt die Trinkwasserversorgung in unserem Lande zu etwa

- 3/5 aus echt gebildetem Grundwasser,
- 1/5 aus Uferfiltrat und künstlich angereichertem Grundwasser und zu
- 1/5 aus Oberflächenwasser (Talsperren, Seen, Fließgewässern).

Investitionen zur Erschließung von natürlich oder künstlich gebildeten Grundwasserressourcen sind in unserem Land nur dann möglich, wenn die Staatliche Vorratskommission der DDR diese Ressourcen als Bilanzvorräte bestätigt hat.

Zugleich basiert die Bedeutung des Grundwassers aber auch auf der Tatsache, daß Grundwässer bzw. Grundwasserleiter [1]

- ein wichtiges Element des Wasserkreislaufes (Formierung des Niedrigwasserabflusses der Fließgewässer; Selbstreinigungsvermögen des Wasserkreislaufes),
- ein bedeutender ökologischer Faktor in der Pflanzenproduktion, Forstwirtschaft und Landschaftsprägung [12],
- ein Produktionsfaktor bei der Industriewasserversorgung, der landwirtschaftlichen Be- und Entwässerung sowie als Wärmespeicher und als Schadstoffspeicher und

– eine Schadensquelle im Tiefbau (Bergbau, Tagebaue, Baugruben) und Landsenkung

sind.

In der DDR hat es sich in zunehmendem Maße als notwendig erwiesen, Wasserbewirtschaftung bei einem hohen Nutzungsgrad der Wasserressourcen nur unter Beachtung der untrennbaren Einheit der terrestrischen Wasserressourcen (der ober- und unterirdischen Wasserressourcen) und der simultanen Betrachtung der Mengen- und Beschaffenheitsaspekte zu betreiben.

Spezifische Bedeutung des Grundwassers für die DDR

Die spezifische Bedeutung des Grundwassers für die Volkswirtschaft der DDR ergibt sich vor allem,

– weil die Trinkwasserversorgung der Bevölkerung zu mehr als 80% aus natürlich und künstlich gebildetem Grundwasser erfolgt und hierfür auch künftig keine vernünftige Alternative gesehen wird,
– weil die bereits in 100 bis 200 m Tiefe liegende Süßwasser/Salzwassergrenze im größten Teil der DDR die Nutzung der Grundwasserressourcen im langjährigen Mittel nur in dem Maße ermöglicht, wie sich diese natürlich oder künstlich wieder regenerieren,
– weil die Nutzung der Grundwasser-Ressourcen bereits heute einen sehr hohen Grad erreicht hat, der Trinkwasserbedarf weiter um 2–3% jährlich steigt und die weitere Erschließung bisher ungenutzter Grundwasser-Ressourcen technisch immer komplizierter und teurer geworden ist,
– weil die Grundwasser-Ressourcen durch die technologisch bedingten Entwässerungsmaßnahmen des Braunkohlenbergbaus in sehr hohem Maße beansprucht werden; mit der Förderung von 1,8 Mrd. m^3/a Grubenwasser (ein Fünftel des stabilen Wasserdargebotes der DDR) übersteigt diese Entnahme schon heute die für die kommunale Wasserversorgung genutzte Menge bei weitem,
– weil die Gefahr der Verunreinigung der Grundwasser-Ressourcen lokal und regional wächst und dabei die Trinkwasseraufbereitung vor immer schwierigere Probleme stellt und
– weil letztlich die intensiv genutzten flachliegenden, mit den weitgehend verunreinigten Oberflächengewässern im allgemeinen direkt korrespondierenden Grundwasser-Ressourcen bei einer überlagerten sehr intensiven land- und forstwirtschaftlichen Bodennutzung (mit hohem Mineraldünger- und Agrochemikalieneinsatz), bei sehr intensiver Bergbautätigkeit, bei einem hohen Urbanisierungsgrad und bei einer sehr intensiven industriellen Tätigkeit erfolgen muß; eine territoriale Entflechtung ist in der DDR kaum erreichbar.

2. Aktuelle Probleme des Schutzes der unterirdischen Wasserressourcen

Dem Schutz der Boden- und Grundwasserressourcen wurde weltweit lange Zeit keine allzu große Bedeutung beigemessen. Vor allem durch die stürmische Entwicklung der Chemisierung der Landwirtschaft sowie die zunehmende Belastung der Atmosphäre und der damit verbundenen Erhöhung der Naß- und Trockendeposition von Nähr- und Schadstoffen rückte die Notwendigkeit des Schutzes der unterirdischen Wasserressourcen immer mehr in den Mittelpunkt des Interesses.

Maßnahmen

Maßnahmen zur Verringerung der Luftverunreinigung, das Anlegen von Trinkwasserschutz- und Trinkwasservorbehaltsgebieten, die Senkung der Abwasserlast in den Oberflächengewässern sowie der kontrollierte Umgang mit Wasserschadstoffen in allen Wirtschaftsbereichen sind aktuelle Aufgaben von größter Bedeutung.

• Aufbau von Überwachungssystemen

Als informationelle Basis des Schutzes der unterirdischen Wasserressourcen wird ein leistungsfähiges *Überwachungssystem* benötigt. Der landesweite Aufbau von *Grundwasserüberwachungssystemen* ist heute ein besonders aktuelles Problem. Immer mehr hat sich gezeigt, daß solch ein System *ressourcenorientiert* aufzubauen ist. Die verfügbare Hardware, Software, das eingesetzte Personal und die Organisation entscheiden als einheitliches Ganzes über das Leistungsvermögen solch eines Systems.

Der Begriff der Überwachung (= Monitoring) geht dabei weit über den der Beobachtung hinaus [8, 9, 14]. Man versteht heute im allgemeinen unter Überwachung:

— ein wissenschaftlich begründetes Programm zur *Beobachtung* wichtiger dynamischer Systemzustandsgrößen,
— die Analyse und wissenschaftlich begründete Erklärung der aus der Vergangenheit bekannt gewordenen Änderungen dieser Größen (*Epignose*) und
— die wissenschaftlich begründete *Prognose* ihrer künftig zu erwartenden Änderungen.

Überwachung der unterirdischen Wasserressourcen bedeutet somit vor allem

— die Überwachung der Grundwasserressourcen,
— die Überwachung des Bodens und des Bodenwassers,
— die Überwachung potentieller Kontaminationsquellen für die Boden- und Grundwasserressourcen sowie
— die Überwachung der Nutzungen der Boden- und Grundwasserressourcen.

Kernstück der Überwachung ist die *Beobachtung*. Die Realisierung wissenschaftlich begründeter Beobachtungsprogramme (Meßprogramme) auf der Grundlage von Modellbildung und Simulation der zu überwachenden Prozesse ist heute eine Aufgabenstellung erstrangiger Bedeutung.

Die wissenschaftlich begründete *Epignose* zielt vor allem auf die Überprüfung der Modellkonzeption und damit der phänomenologischen Prozeßerklärung, einschließlich der Quantifizierung der Modellparameter, ab. Sie ist sowohl eine unabdingbare Voraussetzung für die Fixierung eines wissenschaftlich begründeten Meßprogramms als auch für eine wissenschaftlich begründete Prognose der Zustandsänderungen des zu überwachenden Systems.

Die *Prognose* bildet letztlich die entscheidende Grundlage für die zu treffenden Entscheidungen, die bewußte Einflußnahme (Steuerung) und die optimale Prozeßführung (Optimierung). Epignose und Prognose flankieren somit die Beobachtung.

- Trinkwasserschutz- und Trinkwasservorbehaltsgebiete

Die Durchsetzung von Trinkwasserschutz- und Trinkwasservorbehaltsgebieten ist neben der Realisierung von Maßnahmen zur weltweiten Senkung der Luftverunreinigung und der Abwasserlast der Oberflächengewässer die wichtigste Möglichkeit zum *prophylaktischen Grundwasserschutz*. Hierbei gilt es, zwei grundsätzliche Aufgaben zu lösen, und zwar:

— Schutz- bzw. Vorbehaltsgebiete einer bestimmten Grundwasserressource auszugrenzen und
— optimale Nutzungsmöglichkeiten des Schutzgebietes konkret auszuweisen und rechtlich durchzusetzen.

Zur Lösung ersterer Aufgabe hat sich in der DDR das Isochronenkonzept weitestgehen durchgesetzt [15]. Die Lösung der zweiten Aufgabe ist von Land zu Land sehr unterschiedlich.

In der DDR unterliegen die fast 15000 km^2 der Schutzgebiete zumindest einer Doppelnutzung. Fast 2/3 der zu schützenden Gebiete sind landwirtschaftlich genutzt und bilden etwa 1/7 der gesamten landwirtschaftlichen Nutzfläche. Die Art und Weise der landwirtschaftlichen Bodennutzung ist deshalb von entscheidendem Einfluß auf die Formierung der Beschaffenheit der darunterliegenden Grundwasserressourcen.

Da heute unter den industriemäßigen Bedingungen der land- und künftig wohl auch forstwirtschaftlichen Produktion das Abwasser aus dem Produktionsraum Boden mit seinen *Schadstofffrachten* an Düngemitteln (z. B. Pestiziden) den Wert der Grundwasserressourcen entscheidend beeinflußt, ist für die landwirtschaftliche und wasserwirtschaftliche Tätigkeit ein integrales ökonomisches Konzept zu finden. Das von Kramer begründete Konzept der Bildung von Hydro-Agrar-Kooperationen zur Gestaltung wasserwirtschaftlich-landwirtschaftlicher Produktionssysteme (WALAP) wird als ein sehr wirksames Instrument zur volkswirtschaftlichen Optimierung wasserwirtschaftlicher und landwirtschaftlicher Produktion in einem Territorium betrachtet und von mir unterstützt. Die noch heute geltende Praxis, daß von der Land- und Forstwirtschaft kein Entgelt für das in die Grundwasserressourcen über die Versickerung eingetragene Abwasser erhoben wird, widerspricht dem Verursacherprinzip und führt zu einer falschen Bewertung der realen Aufwendungen für die land- und forstwirtschaftliche Produktion. Auch der Einsatz von Wasserbeauftragten in der Landwirtschaft und die Einführung einer Erklärungspflicht landwirtschaftlicher Betriebe über die von ihnen verursachte Belastung des Sickerwassers mit Schadstoffen erscheinen mir als wirksame Mittel, die Beschaffenheitsentwicklung der Grundwasserressourcen wirksam zu steuern.

Bewertung der Grundwasserressourcen

Immer klarer wird der Gesellschaft bewußt, welch enormer Wert den Grundwasserressourcen — charakterisiert durch ihre sich zeitlich ändernden Kennziffern

— Menge bzw. Liefervermögen mit der Gefahr der Verringerung,
— Beschaffenheit mit der Gefahr der Verschlechterung und den
— technisch/ökonomisch bedingten Versorgungskosten und der Gefahr ihrer Erhöhung bis hin zur Gefahr der Nichtgewährleistung der gestellten Versorgungsaufgabe nach Menge und Beschaffenheit und des Auffindens einer Alternativlösung

beizumessen ist.

Basierend auf dem Wert eines konkreten Objektes für seinen Nutzer, vielmehr aber noch von der möglichen Wertänderung desselben in Abhängigkeit vom realen Gefährdungspotential gilt es stets, die Quantität und die Qualität der Schutzmaßnahmen abzuleiten. Dies gilt natürlich auch für den Schutz der Boden- und Grundwasserressourcen.

Grundwasserschutz als Gegenstand ökonomischer Betrachtungen ist jedoch erst in allerjüngster Zeit in den Blickpunkt geraten. Da aber immer offensichtlicher wird, daß der gesellschaftliche Reichtum neben der menschlichen Arbeit aus den natürlichen Ressourcen entspringt, diese aber heute nicht mehr unbegrenzt und anthropogen ungeschädigt verfügbar und nur beschränkt substituierbar sind, müssen heute und künftig Anstrengungen zur Reproduktion der Naturressourcen in neuen Größenordnungen unternommen werden.

Hemmend auf die Gewährleistung eines wirksamen Grundwasserschutzes wirkte und wirkt es sich natürlich aus,

- daß man Grundwasser nicht sieht und hört, d. h. daß es nur der instrumentellen Dedektion, nicht aber der unmittelbaren sinnlichen Wahrnehmung zugänglich ist,
- daß man Grundwasser viel zu lange als kontaminationsgeschützt und seine Aufbereitung zu Trinkwasser als problemlos erachtet hat
- und daß Grundwasser über ein sehr großes Puffervermögen verfügen kann, so daß Überbeanspruchungen und Kontaminationen oftmals erst Jahrzehnte später wirksam werden und damit „Schuld und Sühne“ (Verantwortlichkeit für die begangene Straftat) ihren normalen Regulationsmechanismus verlieren.

Der wirksame Schutz der unterirdischen Wasserressourcen setzt daher stets komplexes Wissen über die Strömungsprozesse [2] und die Beschaffenheitsprozesse [14] des Wassers im Untergrund voraus. Dieses Wissen wurde weltweit aber erst in den letzten zwei Jahrzehnten erarbeitet.

3. Aktuelle Probleme der Sanierung der unterirdischen Wasserressourcen

Vorsorgen ist besser als Heilen

Das unverändert auch heute gültige Grundprinzip

> „Vorsorgen (prophylaktischer Ressourcenschutz) ist besser als Heilen (Ressourcensanierung)“

entbindet uns jedoch nicht von der Pflicht, auch wirksame Technik und Verfahren zur Sanierung geschädigter Böden und Grundwasserleiter zu entwickeln. Die vielerorts durch saure Niederschläge bereits bewirkte Versauerung von Böden oder die bereits eingetretene Kontamination von Böden mit Schwermetallen aus der Atmosphäre, dem Abwasser (z. B. unter Rieselfeldern, durch Abwasserlandbehandlung) oder durch Abwasserschlämme [3] erfordert genau wie die immer häufiger bekannt werdende Kontamination von Grundwasserleitern mit Mineralölprodukten und chlorierten Kohlenwasserstoffen dringend wirksame, technisch realisierbare und finanzierbare Sanierungslösungen. Grundwasserleiter in Industrieballungsgebieten, wie beispielsweise im Raum Halle/Leipzig/Merseburg, oder unter urbanisierten Flächen, wie beispielsweise im

Oberen Elbtal, sind heute einfach solch einem Gefährdungspotential ausgesetzt, daß die Vernachlässigung des Aufbaus eines leistungsfähigen Havariebekämpfungs- und Sanierungssystems unverantwortlich wäre (vgl. z. B. auch die Relation zwischen Brandschutz und Brandbekämpfung).

Hauptformen der Sanierung

• Bodenaustausch

Die primitivste Sanierungsform ist der Aushub des kontaminierten Untergrundes und seine geordnete Deponie. In einigen Fällen lassen sich die Erdstoffe, jedoch auch über Tage dekontaminieren, so z. B. bei Mineralölhavarien durch Rösten der Erdstoffe in Drehrohröfen. Immer mehr an Bedeutung gewinnt aber z. B. auch durch die raschen Fortschritte der Biotechnologie das „Leaching" schwermetallkontaminierter Böden über Tage mit speziell ausgewählten oder gezüchteten Mikroorganismen, so daß eine Deponie entfällt.

• Gesteuerte Migration

Unter den Migrationsprozessen im Boden- und Grundwasserbereich versteht man die mit der unterirdischen Wasserbewegung untrennbar verbundenen Transport-, Speicher-, Austausch- und Umwandlungsprozesse von Wärme und Stoffen im Untergrund. Die bewußte Steuerung der Migrationsprozesse ist zweifellos das wichtigste Sanierungsverfahren der unterirdischen Wasserressourcen. Es nutzt durch technischen Eintrag von Wasser in den Untergrund mit speziell zudosierten gelösten bzw. dispergierten Migranten (Gasen, Flüssigkeiten, Feststoffen, Mikroorganismen, Enzymen u. a. m.) die unterschiedlichsten Möglichkeiten zur bewußten Beeinflussung der Transport-, Speicher-, Austausch- und Umwandlungsprozesse bei der Untergrundpassage des Infiltrates und damit zur Dekontamination der Böden und Grundwasserleiter vor Ort. Wichtige Formen der bewußten Migrationssteuerung sind

— die Transportmanipulation, so z. B.
  - die hydraulische Fixierung von Schadherden
  - das Abdrängen von Schadherden
  - die Verdünnung der Kontamination durch bewußte Nutzung der Mechanismen der hydrodynamischen Dispersion
  - das Auswaschen von Schadstoffen

— die Speichermanipulation, so z. B.
  - die Erhöhung der Austauschkapazität, z. B. der Kationenaustauschkapazität durch Ausfällung von Eisenhydroxid
  - die Umladung (Regenerierung) der Speicher, z. B. durch Ionenaustausch oder Ionenwandlung (z. B. Fe^{2+} in Fe^{3+} bzw. NH^+ in NO_3^- und nachfolgender Ablösung vom Kationenaustauscher)
  - die Beladung des Bodens mit basischen Kationen, z. B. zur Pufferung gegenüber sauren Niederschlägen

— die Austauschmanipulation, so z. B.
  - das Lösen von Schadstoffen (z. B. von Mineralölprodukten oder chlorierten Kohlenwasserstoffen) im Boden- oder Grundwasser

  - das Lösen immobiler Schwermetalle, z. B. durch geeignete Komplexbildner im unterirdischen Wasser
  - die Fällung und Mitfällung
- und die Umwandlungsmanipulation, so z. B.
  - die pH-Wertmanipulation, z. B. zur Verhinderung der Bildung von saurem Grubenwasser
  - die pE-Wertmanipulation (O_2, O_3, Cl_2), z. B. zum Abbau organischer Wasserinhaltsstoffe
  - die C-Manipulation zur Steuerung der Mikroorganismentätigkeit, z. B. zur Denitrifikation NO_3^- in N_2
  - die Manipulation von Mikroorganismen bzw. die enzymatische Steuerung der Umwandlungsprozesse.

Aktuelle Aufgaben

Die Gewährleistung einer erfolgreichen Sanierung unterirdischer Wasserressourcen bedarf dringender weiterer Forschungs- und Entwicklungsarbeiten. Der sehr komplexe Charakter der erforderlichen Grundlagen erschwert die Schaffung notwendigen wissenschaftlichen Vorlaufes und seiner gezielten Applikation.

Insbesondere gilt es, in den kommenden Jahren die Arbeiten zu einer leicht handhabbaren Feld(Expreß)-Analytik und Laboranalytik zu intensivieren. Aber auch die Entwicklung einer anspruchsvollen Feldtechnik ist eine hochaktuelle Aufgabe. So geht es hierbei sowohl um die Entwicklung bzw. Weiterentwicklung leistungsfähiger und robuster Stoffeintragselemente (Dosieranlagen, Injektoren, ...) und Stoffaustragselemente (Entgasungselemente, Strippelemente, mobile Wasseraufbereitungsanlagen, ...) als auch um die Vervollkommnung der Infiltrationselemente (Brunnen, Schlitze, Dräne, Gräben, Becken, Regner, Naturraumverrieselung, Rieselfelder usw.). Auch der Weiterentwicklung geeigneter Meß- und Überwachungstechnik gilt es größte Aufmerksamkeit zu schenken. Ganz besondere Aufmerksamkeit gilt es nicht zuletzt der Spezifik der hydrogeologischen Erkundung zu widmen. Es kann nicht ausdrücklich genug immer wieder betont werden, daß ohne ausreichende Kenntnis des Untergrundes und seines Aufbaus keine erfolgversprechende Sanierung einleitbar wäre.

Wir schlagen deshalb immer wieder vor, die Forschungs- und Entwicklungsarbeiten in drei Säulen simultan voranzutreiben:

(1) • Durchführung physikochemischer und biochemischer Grundlagenarbeiten unter Nutzung neuerer Erkenntnisse und Verfahren der Biotechnologie
  • Durchführung geologisch-mineralogischer Grundlagenarbeiten und der Weiterentwicklung geophysikalischer Erkundungsverfahren
  • Weiterentwicklung der Labortestverfahren und Labormeßtechnik und ihre Applikation in mobilen Feldtestlaboren.

(2) • Vervollkommnung der Methodik der mathematischen Prozeßbeschreibung (mathematische Modellbildung) und analogen und digitalen Simulation
  • Entwicklung einer leistungsfähigen Meß- und Überwachungstechnik für die Bau- und Betriebsphase von Sanierungsanlagen
  • Weiterentwicklung halbtechnischer Versuche

(3) • Bau produktionswirksamer Versuchsanlagen und gezielte Testung einzelner Elemente der entwickelten Sanierungstechnik und -verfahren.

Literatur

[1] Busch, K.-F.: Bedeutung der Grundwasserforschung für die Volkswirtschaft der DDR. In: Proc. der Wiss. Konferenz zur Simulation gekoppelter Transport-, Austausch- und Umwandlungsprozesse im Boden- und Grundwasser. Band *II* (TU Dresden 1979) S. 1–6

[2] Busch, K.-F., Luckner, L.: Geohydraulik. Leipzig 1972. S. 372

[3] Dölling, M.: Über die Auswirkung der landwirtschaftlichen Verwertung schwermetallbelasteter kommunaler Abwasserschlämme auf Boden und Pflanze. In: Wiss. Zeitschrift der TU Dresden **32** (1983)

[4] Dölling, M.: Einfluß schwermetallbelasteter Klärschlämme auf landwirtschaftliche Kulturpflanzen unter besonderer Beachtung der Elemente Kupfer und Zink. In: Technik und Umweltschutz, Leipzig 1986 [in Vorbereitung]

[5] Gutt, B., Luckner, L., Reissig, H. und Uhlmann, D.: Gekoppelte Mengen-Güte-Modelle des unterirdischen Wassers. In: Acta Hydrophysica, Bd XXIII (Berlin 1978) S. 291–305

[6] Lauterbach, D.: Bedeutung der Migrationsforschung für den Schutz und die intensive Nutzung der Grundwasserressourcen der DDR. In: Proc. der Wiss. Konferenz zur Simulation gekoppelter Transport-, Austausch- und Umwandlungsprozesse im Boden- und Grundwasser. Band II (TU Dresden 1979) S. 40–55

[7] Lauterbach, D., Luckner, L.: Wasserressourcen — was sind das? In: WWT Berlin [geplant 1986]

[8] Luckner, L.: Aktuelle Probleme der Grundwasserbeschaffenheit und der Bemessung von Trinkwasserschutz- und -vorbehaltsgebieten. In: WWT Berlin Jg **35** (1985) 4, S. 74–75

[9] Luckner, L.: Aktuelle Aufgaben des Schutzes der Grundwasserressourcen der DDR bei ihrer intensivierten Nutzung. In: WWT Berlin Jg **32** (1982) 1, S. 20–23

[10] Luckner, L.: Die Entwicklung der technischen Möglichkeiten zur Simulation der Bodenwasserbewegung und der mit ihr gekoppelten Transportprozesse an der Sektion Wasserwesen der TU Dresden. In: Arch. Acker- und Pflanzenbau und Bodenkunde. **24** (Berlin 1980) 12, S. 745–754

[11] Luckner, L.: Forschung und Lehre auf dem Gebiet des unterirdischen Wassers an der Sektion Wasserwesen der TU Dresden. In: Wiss. Zeitschrift der TU Dresden **30** (1981) 5, S. 199–204

[12] Luckner, L., Niemann, E.: Vorhersage der langfristigen Änderungen des Grundwasserspiegels und der landeskulturellen Folgen. In: Busch, K.-F., Uhlmann, D. und Weise, G.: Ingenieurökologie Jena 1983

[13] Luckner, L., Peschke, G., Schreiber, G.: Digitale Simulation der Strömungsvorgänge in der Aerationszone — Stand und Entwicklungstendenzen in der DDR. In: Acta Hydrophysica, Bd XXIII (Berlin 1978) H. 4, S. 249–289

[14] Luckner, L., Schestakow, W. M.: Migrationsprozesse im Boden- und Grundwasserbereich. Leipzig und Moskau 1986

[15] Mansel, H., Müller, G., Schimmel, B.: Grundlagen einer neuen Schutzzonenkonzeption für Trinkwassernutzungen aus Lockergesteinsgrundwasserleitern. WWT Berlin, Jg **36** (1986) [in Vorbereitung]

[16] Zwirnmann, K.-H.: Problems of groundwater quality management. In: Proc. der Wiss. Konferenz zur Simulation gekoppelter Transport-, Austausch- und Umwandlungsprozesse im Boden- und Grundwasser. In: TU Dresden Band *II* (1979) S. 18–38

Prof. Dr. sc. techn. Ludwig Luckner
TU Dresden
Sektion Wasserwesen
Mommsenstraße 13
Dresden
8027

BEITRAG DER SYSTEMANALYSE ZUR OBJEKTIVIERUNG VON INGENIEURTECHNISCHEN ALTERNATIVENTSCHEIDUNGEN BEI DER BEWIRTSCHAFTUNG AQUATISCHER ÖKOSYSTEME

Frieder Recknagel

1. Systemanalyse, Entscheidungsfindung, Wassergütebewirtschaftung

Im Prozeß der Entscheidungsfindung wird ein Entscheidungsträger stets mit einer Investitions- und einer Innovationsschwelle konfrontiert.

Die Systemanalyse ist eine sich rasch entwickelnde interdisziplinäre Wissenschaft. Sie verfolgt das Ziel, den Prozeß der Entscheidungsfindung zu objektivieren. Dabei bedient sie sich geeigneter Methoden und Instrumente zur Optimierung der Investitionsschwelle und zur Minimierung der Innovationsschwelle des Entscheidungsträgers.

Eine objektive Entscheidungsfindung in der Wassergütebewirtschaftung von aquatischen Ökosystemen stellt ein außerordentlich kompliziertes Problem dar, das nur durch die Einbeziehung der Systemanalyse lösbar ist. Zunächst trägt die Bewirtschaftung stets mehrkriteriellen Charakter, da mindestens zwei Ziele verfolgt werden müssen: die Maximierung der Wassergüte und die Minimierung der Kosten. Diese Ziele können nicht losgelöst voneinander betrachtet werden, sondern sie stehen miteinander im Konflikt, so daß im Verlauf der Entscheidungsfindung ein Kompromiß zwischen ihnen gefunden werden muß. Gleichzeitig muß die Entscheidungsfindung den spezifischen Eigenschaften aquatischer Ökosysteme Rechnung tragen, die durch Komplexität, Heterogenität, Nichtlinearität und Dynamik geprägt sind.

Jedes Gewässer ist in der Regel Mehrfachbelastungen ausgesetzt, die primär aus Mehrfachnutzungen des Einzugsgebietes herrühren, aber auch durch Nutzungen des Gewässers selbst (intensive Fischerei, Erholung) verursacht werden können. Diese Belastungen beeinträchtigen in starkem Maße die Wassergüte und damit die gesellschaftlich notwendigen Mehrfachnutzungen des Gewässers. In Abb. 1 sind die Belastungs-/Nutzungsrelationen zwischen dem Einzugsgebiet, dem Gewässer und potentiellen Nutzungen von Standgewässern dargestellt.

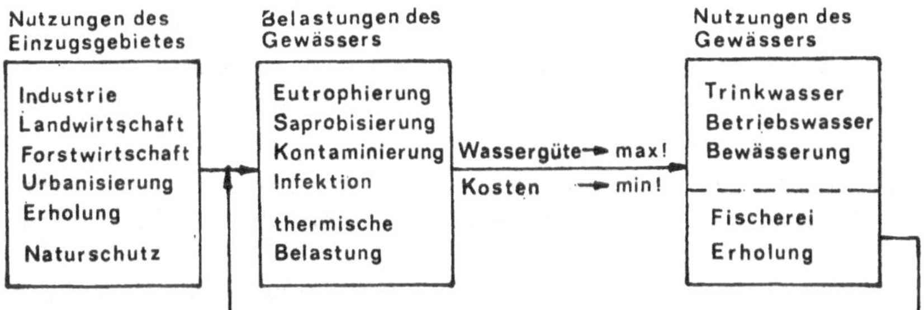

Abb. 1. Belastungs-/Nutzungsrelationen von Standgewässern.
Im mittleren Feld gehört hinter „Infektion" noch der Begriff „Versauerung".

Die Systemanalyse unterscheidet drei Konzepte zur Objektivierung der Entscheidungsfindung: die intuitive, die modellgestützte und die informationssystemgestützte Entscheidungsfindung. Am Beispiel der modellgestützten Wassergütesteuerung von Abwasserteichen, Talsperren und Seen sollen Möglichkeiten und Richtungen der Systemanalyse aufgezeigt werden.

2. Modellgestützte Steuerung von Standgewässern

Im Rahmen der modellgestützten Wassergütesteuerung werden Planungs- und operative Modelle unterschieden, die für verschiedene Zeithorizonte angewendet werden können. Die Planungsmodelle werden im „off-line"-Betrieb über die inter- bzw. extrapolierende Computersimulation in den Steuerungsprozeß einbezogen, wobei historische oder synthetische Eingangsdaten zugrunde gelegt werden. Die operativen Modelle werden im „on-line"-Betrieb über die simultane Computersimulation bzw. Zustandsschätzung in den Steuerungsprozeß einbezogen, wobei „Echtzeit"-Eingangsdaten vorausgesetzt werden. Beide Anwendungsformen bedingen Modelle mit prediktiver Gültigkeit, die primär nach den Kriterien Realitätsnähe und Allgemeingültigkeit bestimmt wird [1]. Während für Planungsmodelle die prediktive Gültigkeit bereits die hinreichende Bedingung ist, müssen operative Modelle zusätzlich einer Eichung unterzogen werden, die eine hohe quantitative Genauigkeit der Zustandsschätzungen für die betrachteten Gewässer gewährleistet. Der Schritt der Eichung wird gegenwärtig durch die Hardware begrenzt, da die kontinuierlichen automatischen Meß- und Telemetriesysteme fehlen, die auch unter Freilandbedingungen zuverlässig funktionieren [2].

Es kann eingeschätzt werden, daß gegenwärtig im internationalen Maßstab nur sehr wenige Planungsmodelle zur Wassergütesteuerung von Standgewässern zur Verfügung stehen, die prediktive Gültigkeit besitzen und routinemäßig im Steuerungsprozeß zum Einsatz kommen. Operative Modelle befinden sich aus den o. g. Gründen ausschließlich im Entwicklungs- bzw. Erprobungsstadium.

Ein Forschungsschwerpunkt des Bereichs Hydrobiologie der Sektion Wasserwesen war in den zurückliegenden Jahren die Entwicklung des Substratabbaumodells für Abwasserteiche und des Eutrophierungsmodells SALMO für Talsperren und Seen zu Planungsmodellen, die routinemäßig von wasserwirtschaftlichen Praxiseinrichtungen als Entscheidungsinstrumente benutzt werden können. Es wurde die Zielstellung verfolgt, zunächst die prediktive Gültigkeit der Modelle abzusichern und mit Hilfe geeigneter Simulations- und Optimierungstechniken die Voraussetzung zur Generierung optimaler Steuertrajektorien für spezifische Gewässer zu schaffen.

2.1 Steuerung der Substratabbauleistung von Abwasserteichen

Abwasserteiche sind künstliche Gewässer, die durch die bewußte Ausnutzung von biologischen Selbstreinigungsmechanismen als Reaktoren zur biochemischen Abwasserbehandlung eingesetzt werden. Die Leistung von Abwasserteichen wird am biochemischen Abbau von organischen Substanzen gemessen. Als Steuervariablen zur Maximierung der Abbauleistung dienen die optimale Anzahl n von „in-Reihe"-geschalteten Abwasserteichen und die Gesamtverweilzeit $\bar{t}$ des Wassers im Teichsystem.

Die Modellierung der Substratabbauleistung erfolgte über die Eingangs-/Ausgangsbeschreibung, da sich die Simulation des jahreszeitlichen „steady-state"-Verhaltens von Abwasserteichen a priori als hinreichend genau erwies. Es wurde die Annahme zugrunde gelegt, daß ein Teichsystem als Kaskade aus n Mischreaktoren betrachtet werden kann. Unter der Bedingung des „steady-state"-Verhaltens konnte somit aus der allgemeinen Massebilanzgleichung die folgende modifizierte Gleichung abgeleitet werden [3]:

$$\frac{S}{S_0} = \frac{1}{\left(1 + \frac{k_1 \cdot \bar{t}}{n}\right)^n} \tag{1}$$

mit

S Substratablaufkonzentration [mg BSB_5/l]
S_0 Substratzulaufkonzentration [mg BSB_5/l]
k_1 biochemische Substratabbaurate [1/d]
$\bar{t}$ mittlere Gesamtverweilzeit des Abwassers im Teichsystem [d]
n Anzahl der Teiche.

Für die optimale Steuerung der Substratabbauleistung S/S_0 nach Gleichung (1) ist die spezifische Substratabbaurate k_1 von entscheidender Bedeutung. Auf der Grundlage einer repräsentativen experimentellen Datenbasis wurde mit der multiplen Regressionsanalyse die folgende Gleichung bestimmt:

$$k_1 = \bar{t}\uparrow[-1/(1.39 + 1.3/T + (0.06 + 0.05T)/L)]/ \\ [0.32 + 10.27/T + 1/(0.25 + 0.47/T)/L] \tag{2}$$

mit

L Substratbelastung [g BSB_5/l · d]
T mittlere Wassertemperatur [°C].

Für das so gewonnene Substratabbaumodell konnte die prediktive Gültigkeit nachgewiesen werden, wobei sowohl eine Sensitivitätsanalyse als auch der Vergleich zwischen gemessenen und simulierten Abbauleistungen für reale Abwasserteichsysteme in der DDR und unter tropischen Bedingungen zugrunde gelegt wurden [4].

In Abb. 2 ist der prinzipielle Ablauf der Anwendung des Modells zur Steuerung der Substratabbauleistung von beliebigen Abwasserteichsystemen dargestellt. Unter der

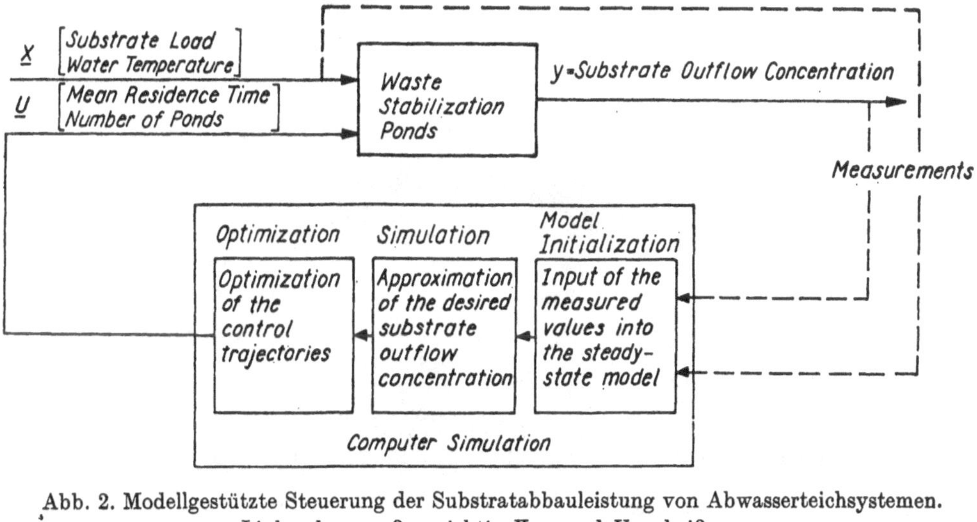

Abb. 2. Modellgestützte Steuerung der Substratabbauleistung von Abwasserteichsystemen. Links oben muß es richtig $\underline{X}$ = und $\underline{U}$ = heißen

Voraussetzung der Verfügbarkeit der Eingangsgrößen $\underline{X}$ können die optimalen Steuertrajektorien der Größen $\underline{U}$ determiniert werden. Die Optimierung besitzt dabei die folgende Zielfunktion:

$$abs\big(S_G - S(S_0, T, \bar{t}, n)\big) \to \min_{(\bar{t}, n)}$$

mit $0 < S_0/\bar{t} \leqq 5$, $n = 1(1)\,5$,

S_G jahreszeitlicher Grenzwert der zulässigen Substratablaufkonzentration nach TGL 28722/01 [mg BSB_5/l].

Als Orientierung für die im Steuerraum zu erwartende Systemdynamik können jahreszeitliche Steuerdiagramme für ein fiktives Abwasserteichsystem mit zwei oder drei Becken dienen (siehe Abb. 3). Sie enthalten das mittlere simulierte Systemverhalten in einem relevanten Steuerraum mit Wassertemperaturen im Bereich von 4—40 °C und Zulaufkonzentrationen im Bereich von 200—400 mg BSB_5/l für den jahreszeitlich spezifischen Grenzwert S_G. In Abb. 3 sind die Steuerdiagramme für den Frühjahrs- bzw.

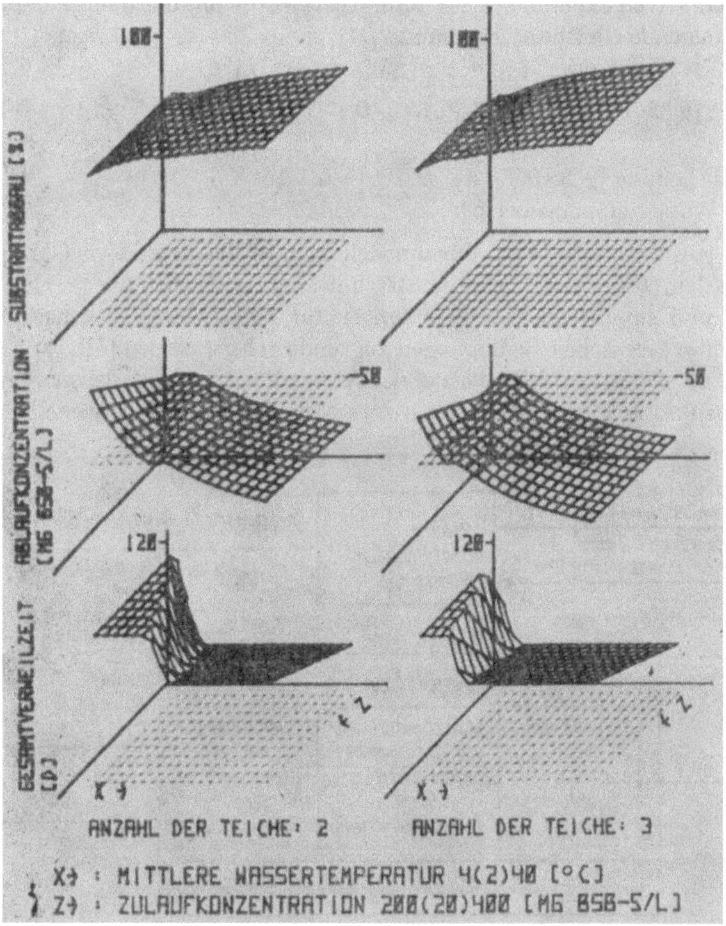

Abb. 3. Steuerdiagramm eines fiktiven Abwasserteichsystems für den Frühjahrs- bzw. Herbstgrenzwert der Substratablaufkonzentration $S_G = 50$ [mg BSB_5/l]

Herbstaspekt dargestellt. Es ist zu sehen, daß die Temperaturgrenze für eine stabile Grenzwerteinhaltung bzw. -unterschreitung für zwei Teiche bei $T = 16\,°C$ (Bild links, Mitte) und für drei Teiche bei $T = 10\,°C$ (Bild rechts, Mitte) liegt. Oberhalb dieser Temperaturen kann das System mit minimalen Verweilzeiten von $\bar{t} = S_0/5$ [d] gesteuert werden. Der Substratabbau liegt hier im Bereich von 72 bis 98% (Bild oben).

In Abb. 4 ist die mit dem Modell optimierte Substratablaufkonzentration (Bild oben) und die zugehörige Steuertrajektorie der mittleren Verweilzeit (Bild unten) für das stark belastete Abwasserteichsystem Anklam dargestellt. Dabei wurden monatliche Steuerperioden unter Verwendung mehrjähriger Monatsmittelwerte der Eingangsgrößen zugrunde gelegt.

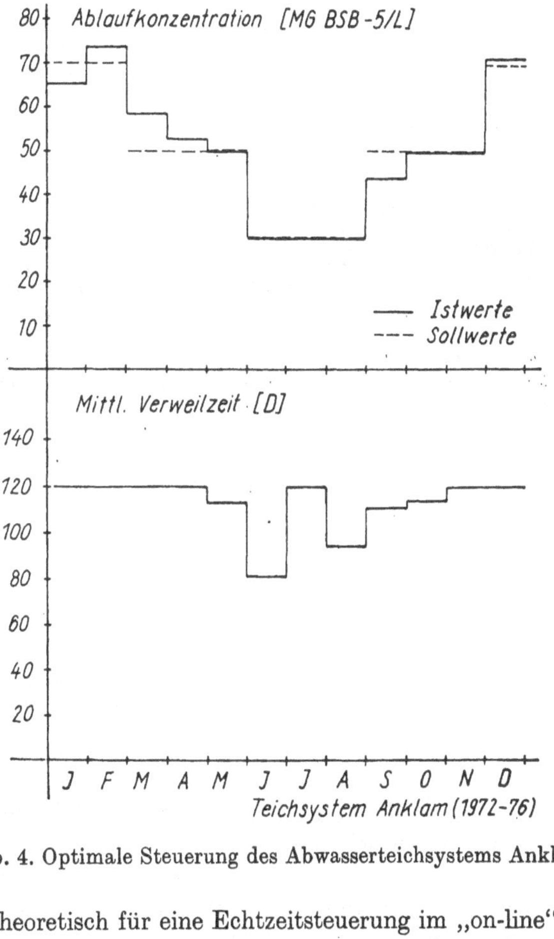

Abb. 4. Optimale Steuerung des Abwasserteichsystems Anklam

Das Modell ist theoretisch für eine Echtzeitsteuerung im „on-line"-Betrieb geeignet. Praktische Voraussetzungen dafür müßten die kontinuierliche oder periodische Bereitstellung der Eingangsdaten über ein automatisches Meßsystem und entsprechend empfindlich auslegbare Steuerungstechnologien sein. In diesem Fall würde ein Mikroprozessor vor Ort die Schritte der Computersimulation ausführen (siehe Abb. 2).

Gegenwärtig wird das Modell in den Praxiseinrichtungen der Wasserwirtschaft der DDR routinemäßig als Entscheidungsinstrument zur optimalen Bemessung von Abwasserteichsystemen verwendet.

2.2 Eutrophierungssteuerung von Talsperren und Seen

Das dynamische Modell SALMO [5, 6] gestattet die Simulation des Übergangsverhaltens von aquatischen Ökosystemen. Es dient als Grundlage für die Konzeption zur modellgestützten Eutrophierungssteuerung von Talsperren und Seen (Abb. 5). Das Modell umfaßt die folgenden Zustandsgrößen: zwei funktionelle Gruppen des Phytoplanktons, das herbivore Zooplankton, gelöstes Orthophosphat, gelösten anorganischen Stickstoff und Sauerstoff sowie Detritus. Die Zustandsgrößen werden über externe Antriebsgrößen wie Nährstoffimport, Licht und Wassertemperatur sowie über eine

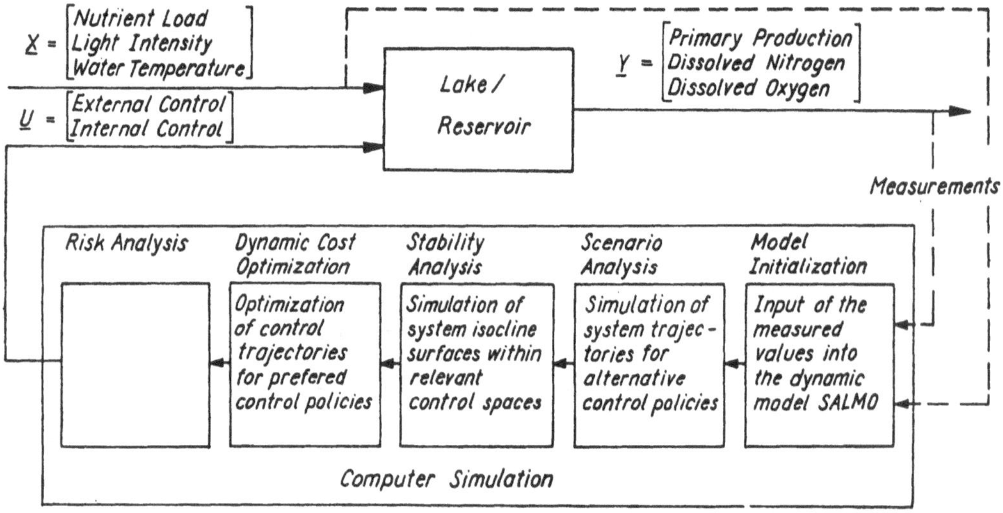

Abb. 5. Modellgestützte Eutrophierungssteuerung von Talsperren und Seen.
Im linken freien Feld muß es richtig heißen: Probabilistic evaluation of potential risk factors

Vielzahl intern gesteuerter Austauschprozesse zwischen den Zustandsgrößen determiniert. Das Modell kann auf beliebige Standgewässer angewendet werden, sofern die dekadenweise Diskretisierung der gewässer- und jahresspezifischen Eingangsdaten vorliegt. Die Gültigkeitsprüfung des Modells erfolgt in zwei Phasen:

1. Quantifizierung von Ungenauigkeiten des Modells mit Hilfe einer umfassenden Sensitivitätsanalyse bezüglich der Anfangswerte, der Parameter, der Eingangsdatendiskretisierung, der numerischen Lösungsverfahren der Differentialgleichungen und pseudozufälliger endogener Störungen [7].
2. Prüfung der Allgemeingültigkeit des Modells, indem es auf eine Vielzahl von Gewässern mit unterschiedlicher Trophie und Morphometrie angewendet wurde [1, 8].

Im Ergebnis der Gültigkeitsprüfung konnte die prediktive Gültigkeit des Modells SALMO nachgewiesen werden.

In Abb. 5 ist der prinzipielle Ablauf der Anwendung des Modells zur Eutrophierungssteuerung beliebiger Talsperren und Seen dargestellt. Unter der Voraussetzung der Verfügbarkeit der Eingangsgrößen X können im Rahmen der Computersimulation verschiedene Methoden der Systemanalyse in integrierter Form einbezogen werden. Mit Hilfe der Scenarioanalyse kann eine Bewertung alternativer Steuerstrategien vorgenommen werden [1]. Die Stabilitätsanalyse gestattet die Untersuchung des qualitativen Systemverhaltens anhand von Isoklinenflächen in relevanten Steuerräumen [9]. Im Ergebnis der dynamischen Kostenoptimierung können optimale Steuertrajektorien der Größen U bezüglich der Kosten und der Wassergüte gewonnen werden [1]. Im Rahmen der Risikoanalyse werden mit Hilfe oder Monte-Carlo-Simulation Wahrscheinlichkeitsaussagen über die Zuverlässigkeit der Steuerstrategien unter dem Einfluß relevanter Risikofaktoren gewonnen.

Die Eignung der in Abb. 5 dargestellten Entscheidungsfindungsprozedur wurde in einer Fallstudie zur Eutrophierungssteuerung der Talsperre Eibenstock erprobt [1]. Die Talsperre Eibenstock dient der Trinkwasserversorgung mehrerer Städte und Gemeinden im Bezirk Karl-Marx-Stadt. Aufgrund der vielfältigen landwirtschaftlichen, industriellen und urbanen Nutzungen des Einzugsgebietes war es erforderlich, eine wirkungsvolle Strategie zur Eutrophierungssteuerung des Gewässers zu verfolgen. Bereits 1981 wurde eine präventive Bewirtschaftungsstrategie für das Einzugsgebiet der Talsperre unter Einbeziehung von Vorsperren, einer Abwasserumgehungsleitung und veränderten landwirtschaftlichen Nutzungen veranlaßt, die zur Oligotrophierung des Gewässers beigetragen hat [11]. Mit Hilfe der Entscheidungsfindungsprozedur sollte die Effektivität der folgenden alternativen Steuerstrategien bestimmt werden:

1. Steuerung der externen Phosphorbelastung mittels einer P-Eliminationsanlage nach [12]
2. Steuerung des pelagischen Nahrungsnetzes nach [13] in Kombination mit einer künstlichen Destratifikation des Wasserkörpers im Sommer.

Diese beiden Steuerstrategien wurden in der Scenarioanalyse als Scenarios 1 und 2 definiert, wobei maximale Steuerungswerte angenommen wurden. In Abb. 6 sind die Ergebnisse der Scenarioanalyse anhand ausgewählter Trajektorien dargestellt. Aus Abb. 6 ist zu ersehen, daß beide Scenarios zu einer Verringerung der Phytoplanktonbios masse auf ca. 35% gegenüber dem ungesteuerten Referenzfall führen. Allerding- unterscheiden sich beide Scenarios erheblich in bezug auf die interne Orthophosphatkonzentration: während sie in Scenario 1 auf ca. 25% absinkt, erreicht sie in Scenario 2 eine Größenordnung von 200%. Die in dem Scenario 2 identifizierte interne Nährstoffanreicherung birgt die potentielle Gefahr in sich, unter dem Einfluß extremer (z. B. meteorologischer) Bedingungen den gewünschten Trophiegrad zu gefährden. Mit der Stabilitätsanalyse wurde nachfolgend der Fall untersucht, daß eine dynamische Steuerung der künstlichen Destratifikation des Gewässers in der Sommerperiode durchgeführt wird. Von Interesse war dabei das Verhalten des Zooplanktons, dessen interne Steuerwirkung stets auf einem stabilen Biomasseniveau angestrebt wird. Die Abb. 7 zeigt die Isoklinenfläche des Zooplanktons. Der Steuerraum ist definiert durch die Änderung der externen P-Belastung im Bereich von 10 bis 200% (Z-Achse) und die dekadenweise Ausdehnung der künstlichen Destratifikation (X-Achse). Die Abb. 7 macht ersichtlich, daß die stabile Region des Zooplanktonverhaltens relativ beschränkt ist, nämlich auf den Steuerungsbereich der künstlichen Destratifikation zwischen 10 und 16 Dekaden.

Für den Zweck der dynamischen Kostenoptimierung wurde schließlich der Steuerung der externen Phosphorbelastung nach Scenario 1 der Vorzug gegeben. Die dabei zugrundeliegende Skalaroptimierung mit Phasenbeschränkung wurde mit einem regularisierten ableitungsfreien Newton-Verfahren durchgeführt. Die betrachtete Steuerungszeit von einem Jahr wurde in sechs konstante Steuerperioden von zwei Monaten unter-

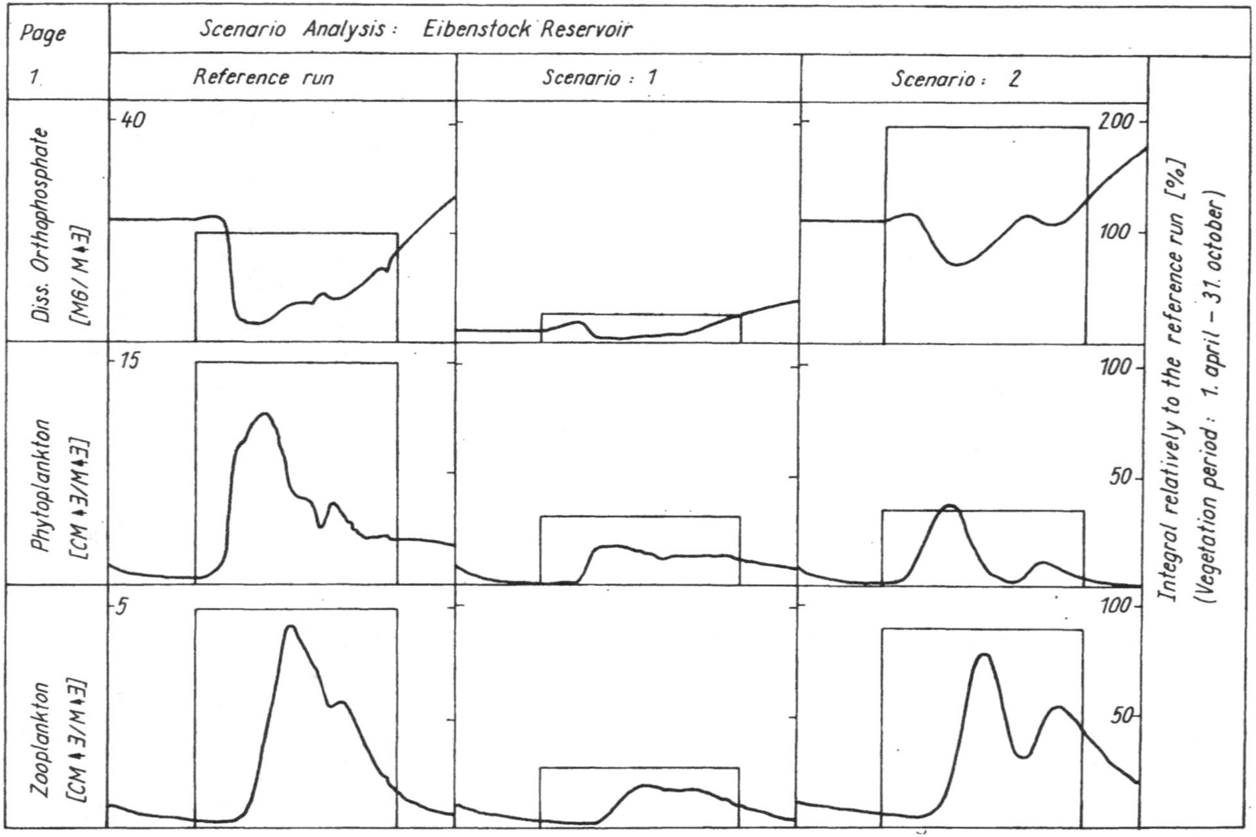

Abb. 6. Scenarioanalyse für die Talsperre Eibenstock.

Scenario 1: Phosphorelimination im Gewässerzulauf um 90%. Scenario 2: Kombination der Biomanipulation und der künstlichen Destratifikation des Wasserkörpers.

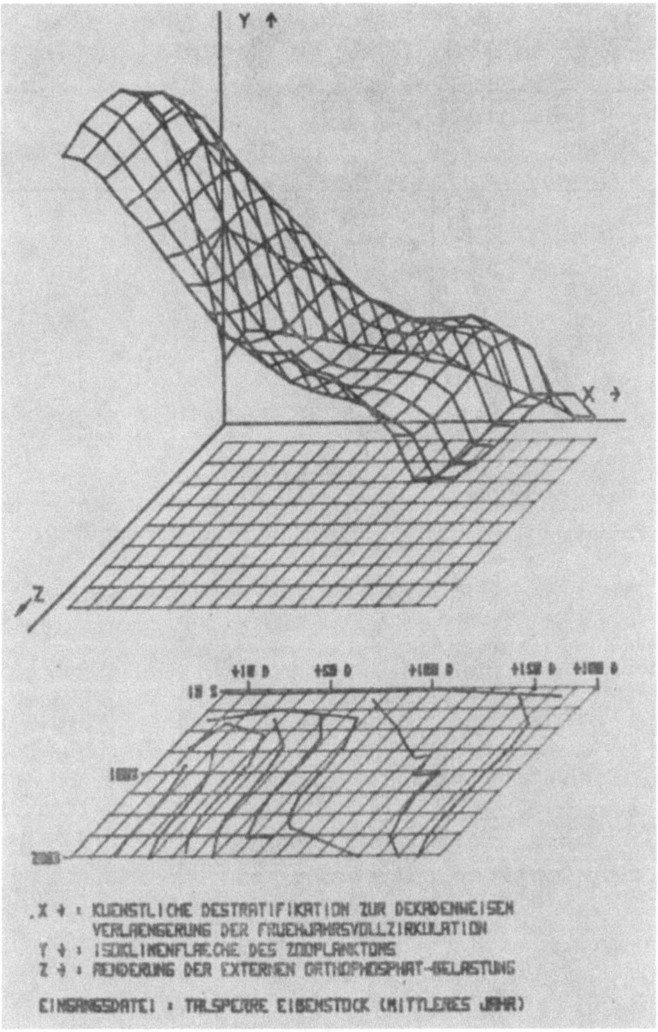

Abb. 7. Isoklinenfläche des Zooplanktons (oben) und deren Isolinienprojektionen in den Steuerraum (unten)

teilt. Als Phasenbeschränkung wurde der Phytoplanktongrenzwert für mesotrophe Bedingungen entsprechend dem Wassergütestandard der DDR eingeführt. Die Abb. 8 zeigt, daß die so determinierte optimale Steuertrajektorie die Einhaltung mesotropher Bedingungen in der Talsperre Eibenstock gewährleistet und gegenüber einer permanenten Phosphorelimination von 90% zur Verringerung der Betriebskosten auf ca. 40% führt.

Die modellgestützte Entscheidungsfindung zur Eutrophierungssteuerung von Talsperren und Seen mit dem Modell SALMO konnte bisher mit Erfolg auf 22 Gewässer in der DDR, der BRD, in Großbritanien und in Holland angewendet werden. Zukünftig gilt es, die Optimierungsprozedur dahingehend zu qualifizieren, daß gleichzeitig mehrere Wassergütekriterien und verschiedene Steuervariablen im Sinne einer

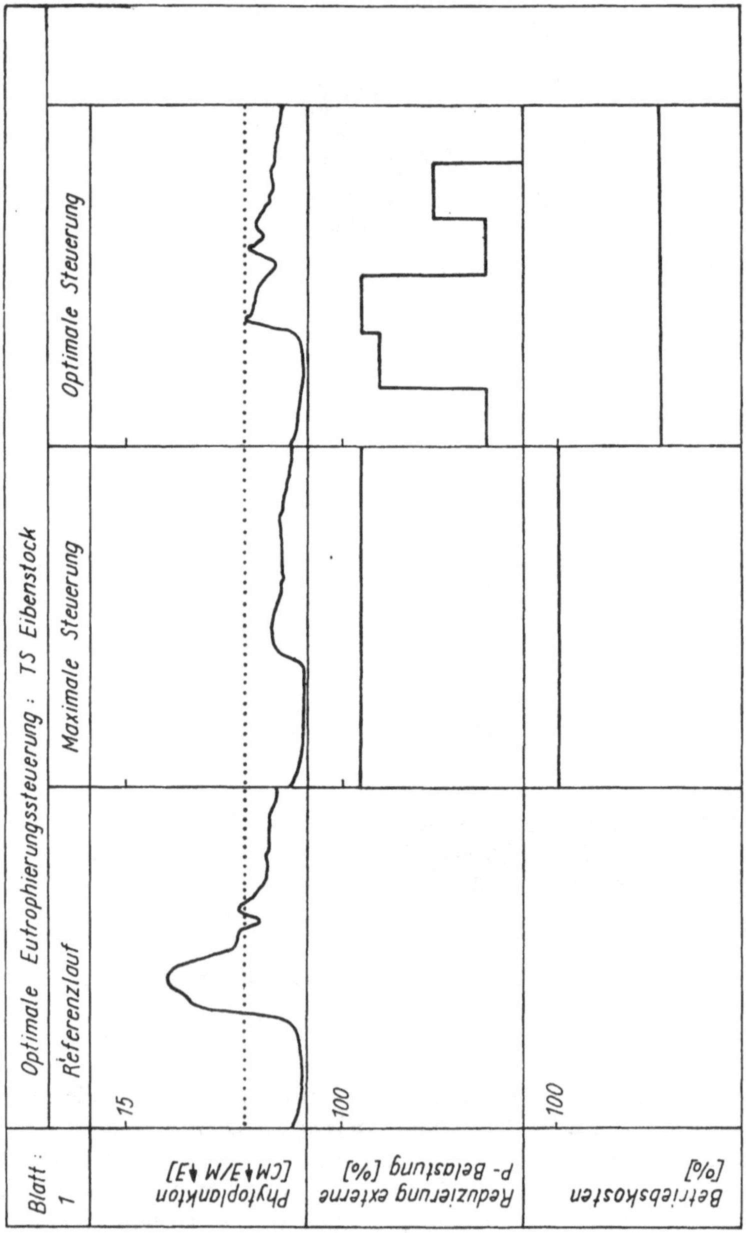

Abb. 8. Optimale Eutrophierungssteuerung der Talsperre Eibenstock durch eine dynamische Phosphorelimination am Gewässerzulauf

mehrkriteriellen Optimierung berücksichtigt werden können. Auf diese Weise sollte es möglich sein, die Entscheidungsfindung stärker auf regionale Planungs- und Bewirtschaftungsaspekte auszudehnen.

3. Ausblick

Mit der fortschreitenden Disponibilität der Computer- und Mikroprozessortechnik wachsen die Möglichkeiten einer integrierten Anwendung der drei Konzepte der Systemanalyse zur Objektivierung der Entscheidungsfindung. Die sogenannten Expertensysteme [14] werden sich zukünftig durch leistungsfähige Hardware sowie systemspezifische Soft- und Peopleware auszeichnen.

Das konzeptionelle Expertensystem „Wasserbeschaffenheit Standgewässer" [10] läßt sich allgemein wie folgt kennzeichnen:

- Hardware: Netz aus dezentralen Kleincomputern, die als Vermittler zwischen geeigneten Meß- und Telemetriesystemen vor Ort und dem zentralen Großcomputer fungieren
- Software: repräsentative Datenbanken sowie kompatible Modell- und Methodenbanken, die flexibel verknüpfbar sind
- Peopleware: beliebig abrufbare empirische Entscheidungsregeln und Expertenurteile, die mit Hilfe der „fuzzy"-Logik [15] computergerecht aufbereitet und akkumuliert worden sind.

Literatur

[1] Recknagel, F.: Applied Systems Ecology. Approach and Case Studies in Aquatic Ecology. Akademie-Verlag, Berlin (in press)

[2] Whitehead, P. G.: Modeling and forecasting water quality in nontidal rivers: the Bedford Ouse Study. In: Beck, M. B. and van Straten, G. (Eds.): Uncertainty and Forecasting of Water Quality. Berlin, Heidelberg, New York 1983, 321–337

[3] Uhlmann, D.: Hydrobiologie. Ein Grundriß für Ingenieure und Naturwissenschaftler. 2. Aufl. (Jena 1982) 1–315

[4] Uhlmann, D., Recknagel, F., Sandring, G., Schwarz, S. and Eckelmann, G.: A new design procedure for waste stabilization ponds. In: JWPCF **55** (1983) 10, 1252–1255

[5] Benndorf, J.: Kausalanalyse, theoretische Synthese und Simulation des Eutrophierungsprozesses in stehenden und gestauten Gewässern. Diss. B, Technische Universität Dresden 1979, 1–165

[6] Recknagel, F.: Systemtechnische Prozedur zur Modellierung und Simulation von Eutrophierungsprozessen in stehenden und gestauten Gewässern. Diss. A, Technische Universität Dresden 1980, 1–155

[7] Recknagel, F.: A comprehensive sensitivity analysis for an ecological simulation model. In: Ecol Modelling **26** (1984) 77–96

[8] Benndorf, J. and Recknagel, F.: Problems of application of the ecological model SALMO to lakes and reservoirs having different trophic states. In: Ecol. Modelling **17** (1982) 129–145

[9] Recknagel, F.: Analysis of structural stability of aquatic ecosystems as an aid for ecosystem control. In: Ecol. Modelling **27** (1985) 221–234

[10] Recknagel, F. and Petersohn, U.: A deep expert system as decision tool for waterquality control of lakes and reservoirs. In: Systems Analysis-Modelling-Simulation (in press)

[11] BENNDORF, J., UHLMANN, D. and PÜTZ, K.: Strategies for water quality management in reservoirs in the German Democratic Republic. In: Water Quality Bulletin **6** (1981) 3, 68—73
[12] BERNHARDT, H. and CLASEN, J.: Oligotrophication of the Wahnbach Reservoir. In: Water Quality Bulletin **6** (1981) 3, 74—78
[13] SHAPIRO, J., LAMARRA, V. and LYNCH, M.: Biomanipulation. An ecosystem approach to lake restoration. Contr. 143. In: Univ. of Minnesota 1975, 1—32
[14] MICHAELSEN, R. and MICHIE, D.: Expert systems in business. In: Datamation **29** (1983) 240—246
[15] SCHMUCKER, K. J.: Fuzzy Sets, Natural Language Computations and Risk Analysis. Rockvell 1981

Doz. Dr. sc. techn. Frieder RECKNAGEL
TU Dresden
Sektion Wasserwesen
Mommsenstraße 13
Dresden
8027

BEACHTUNG VON WECHSELWIRKUNGEN ZWISCHEN ÖKONOMIE UND ÖKOLOGIE ALS INTENSIVIERUNGSFAKTOR

Dieter Graf

Jede Gesellschaft und jede Zeit haben ein sie bestimmendes Leitbild. Für die sozialistischen Länder besteht dieses langfristig — neben den intensiven Bemühungen zur Erhaltung des Weltfriedens — in der umfassenden und konsequenten Intensivierung der Volkswirtschaft. Eine solche Intensivierung — das wird in allen Dokumenten hervorgehoben — stellt den einzig möglichen Weg dar, um auf lange Sicht wirtschaftliches Wachstum und darauf aufbauend sozialen Fortschritt zu gewährleisten. Forschungsansätze zur Leistungssteigerung natürlicher Systeme, wie sie für pedologisch-hydrologische Fragestellungen charakteristisch sind, müssen daher diesem Anliegen der Intensivierung gerecht werden, oder anders ausgedrückt, sie müssen von vornherein ihre Ergebnisse in Parametern und Kategorien der Intensivierung widerzuspiegeln versuchen, wenn sie sichergehen wollen, daß die vorgeschlagenen Maßnahmen auch in diesem Sinne verstanden und durchgeführt werden. Zu einem wichtigen Teil dieser Aufgabenstellung, quantifizierbare Parameter als Kriterien zur Beurteilung der Intensivierung im Bereich der Ökosystem-Nutzung zu ermitteln, möchte ich in meinem Beitrag sprechen.

Zuvor jedoch zwei Bemerkungen zu solch grundlegenden Begriffen wie Intensivierung und Ökologie, die oft vieldeutig und damit mißverständlich benutzt werden.

Zunächst zur Intensivierung. Dieser auf einer sehr hohen Abstraktionsebene angesiedelte Begriff bedarf dringend einer Präzisierung im Hinblick auf konkrete Anwendungsbereiche, und es muß auf die Gefahr von Simplifizierungen hingewiesen werden, die vor allem darin bestehen, daß oft nur wenige, ins Auge springende Kriterien für die Einschätzung von Intensivierungsmaßnahmen als ausreichend betrachtet werden. Vor allem Folgewirkungen der verschiedensten Art bleiben dabei unberücksichtigt.

Am Beispiel der Intensivierung naturnutzender Prozesse, deren Gegenstand besonders Ökosysteme sind, sollen z. B. drei solcher grundlegenden Kriterien in allgemeiner Form hervorgehoben werden, deren Beachtung erst in ihrer Gesamtheit die notwendigen, wenn auch noch nicht hinreichenden Bedingungen zur Einschätzung einer tatsächlich eintretenden Intensivierung darstellen. Es sind dies

a) die Zunahme der nutzbaren natürlichen Gebrauchswerte in einem konkreten territorialen und zeitlichen Bezug,
b) ein gleichbleibender oder sinkender spezifischer gesellschaftlicher Aufwand in ebenfalls dem genannten Bezug sowie
c) die Verhinderung schädlicher Folgen für die Gesundheit der Bevölkerung sowie die Abwendung solcher Folgen, die den Bedingungen von a und b widersprechen würden.

Der konkrete territoriale und zeitliche Bezug der Betrachtungen ist dabei äußerst wichtig; auf Details kann hier nicht eingegangen werden.

Zum zweiten, was verstehe ich unter Ökologie? Unter Ökologie soll hier — im Gegensatz zu der leider immer häufigeren Gleichsetzung mit natürlicher Umwelt — jener Bereich materieller natürlicher Systeme verstanden werden, die als funktionelle Einheiten zur Selbstregulation und Eigenstabilisierung fähig sind, die biologische und abiotische Kompartimente enthalten sowie durch Stofflüsse und Energieströme charakterisiert sind.

Der ökonomische Reproduktionsprozeß wirkt auf solche natürlichen Systeme ein, teils, indem er sie für die gesellschaftliche Bedürfnisbefriedigung nutzt, teils, indem zunehmend unbeabsichtigte Folge- und Nebenwirkungen hervorgerufen werden. Diese verschiedenartigen positiven, aber auch zunehmend negativen ökonomische, sozialen und sonstigen Effekte sind gemeint, wenn man von Wechselwirkungen zwischen Ökonomie und Ökologie spricht. Dabei wird in der Regel der ökonomische Reproduktionsprozeß auf die Produktion eingeengt; es zeigt sich jedoch immer stärker, daß von der Art und dem Umfang der Konsumtion z. B. ebenfalls gravierende Wirkungen ausgehen, sodaß von Intensivierung nur dann gesprochen werden kann, wenn der Einfluß des ökonomischen Reproduktionsprozesses in allen seinen Phasen — also der Produktion, Zirkulation, Distribution und der Konsumtion — widergespiegelt wird.

Gegenwärtig treten bei Ökosystem-Nutzungen folgende 3 hauptsächlichen Widersprüche auf, die im Sinne der Beurteilung einer real erreichbaren Intensivierung unmittelbar relevant sind und die der Beachtung und Untersuchung bedürfen.

1. Die im ökonomischen Reproduktionsprozeß für Zwecke der gesellschaftlichen Bedürfnisbefriedigung eingesetzten Ökosysteme bzw. einzelne ihrer Kompartimente verhalten sich nicht zielneutral im Gefolge der Nutzung, sondern sie können zugleich grundlegende Ziele des Sozialismus beeinträchtigen. Beispiel: Wasser, für Produktions- und Freizeitzwecke eingesetzt, kann durch vielfältige Formen der Kontamination zur Gesundheitsgefährdung des Menschen führen.
2. Die Ökosystem-Nutzung führt in steigendem Maße zur Beeinträchtigung bzw. Zerstörung bisher genutzter Gratisleistungen der Ökosysteme. Beispiel: Gefährdung der Automatenfunktion des Bodens (Wasserspeicherung, Puffer- und Sorptionsvermögen, biologische Abbaufunktion u. a. m.).
3. Der technische Fortschritt stützt sich derzeit fast ausschließlich auf die Entwicklung technischer Mittel, um die erforderliche Steigerung der Arbeitsproduktivität und der Produktion materieller Güter zu sichern. Die gewaltigen Möglichkeiten, die in diesem Sinne bei geeigneter Steuerung natürlichen Systemen innewohnen, werden nicht nur sträflich vernachlässigt und damit im Grunde unnötige Aufwandssteigerungen provoziert, sondern es werden mit dieser „Kopflastigkeit“ des technischen Fortschritts oft auch die Verfügbarkeit natürlicher Ressourcen und Leistungen eingeschränkt und damit gravierende Engpässe bei der Bereitstellung stofflicher und energetischer Träger für technischen Fortschritt und Produktionssteigerung heraufbeschworen.

Bei der Ermittlung quantifizierbarer und meßbarer Kriterien für die Intensivierung der Ökosystem-Nutzung sollten besonders auch die genannten Widersprüche Beachtung finden. Es wäre für die ökologische Forschung anzuraten — gewissermaßen als Bestandteil ihrer Methodologie — solche meßbaren Parameter, die für die Intensivierung geeignet erscheinen, in Zusammenarbeit mit Ökonomen stets auszuweisen. So weit gegenwärtig für die Einschätzung der Effekte von Ökosystem-Nutzungen komplexe

Kriterien noch nicht zur Verfügung stehen — und das dürfte die Regel sein — sollten zumindest als erster Schritt ökologische Gutachten angefertigt werden.

Am Beispiel der nachfolgenden Abbildungen sollen einige Aspekte und mögliche Vorgehensweisen bei der Ermittlung geeigneter Parameter deutlich gemacht werden.

An erster Stelle geht es um den Ausweis der Vielfalt nutzbarer Funktionen der Ökosysteme (Gebrauchseigenschaften = GES), wie Abb. 1 deutlich macht. Die Messung kann hier in Form von Leistungen je Flächeneinheit (z. B. dt · ha^{-1}) erfolgen, ihre Bewertung in gültigen Preisen. Auf noch strittige Fragen der ökonomischen Bewertung einer Reihe angeführter Leistungen kann hier nicht eingegangen werden.

Erfassung (Identifizierung) von GES-Forstökosysteme

		Messung
A Produktionsbezogene Funktionen		
— Holzprod.		dt/ha · Preis
— Harzprod.		
— Wildprod.		
— Waldfrüchteprod.	Polyfunktionalität div.	
B Hydrometeorolog. Funktionen		
— Abflußausgleich		
— Grundwasserneubildung		Meßwertevergleich
— Temperaturausgleich		
— Windbremsung		
C Hygienische Funktionen		
— Wasserreinigung		
— Lärmdämpfung		Meßwertevergleich
— Luftverbesserung (O_2, Staubabs.)		
D Bodenstabilisierung		
— Minderung Wasser- u. Winderosion		Meßwerte
— Humusacc.		Gutachten
E Eth. u. ästhet. Funktionen		
— Pflanzen- u. Tierhabitat		dto.
— Erholungsf.		
— Sicht- u. Lärmschutz		

(nach: THOMASIUS, NIEMANN, GROSSER, GRAF)

Abb. 1.

Eine charakteristische Eigenschaft der Leistungen von Ökosystemen ist deren Abhängigkeit von definierten Umweltbedingungen sowie der Spezifik der tragenden Kompartimente. Letztere werden in der Regel nur als statistische Durchscnittswerte aus längeren Zeitreihen ermittelt. Abb. 2 zeigt solche — dazu wechselseitig abhängigen — verschiedenen Leistungsparameter eines definierten Forstökosystems (nach Ergebnissen von LÜTZKE et al. 1984). Die Datenkurven unterstreichen, wie notwendig eine möglichst frühzeitige und klare Problemformulierung für Intensivierungsprogramme ist, um

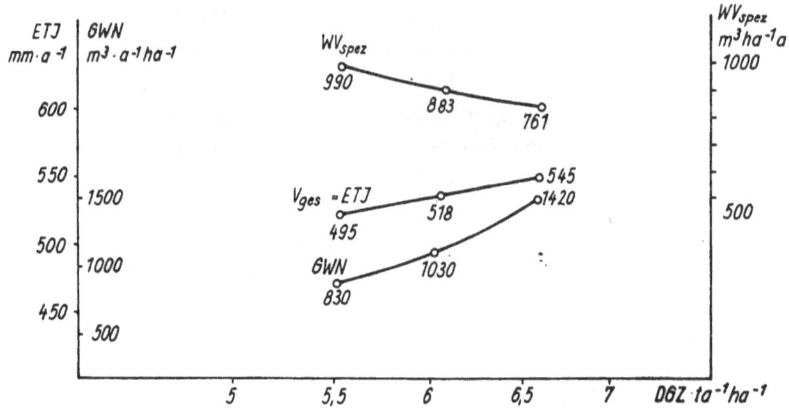

Abb. 2. Einfluß der verschiedenen Klimabereiche auf Zuwachsleistung (DGZ), Gesamtwasserverbrauch (ETJ), spezif. Wasserverbrauch (SWV) und Grundwasserneubildung (GWN). Kieferntyp, Standortgruppe Z2

einerseits die zur Entscheidung wirklich notwendigen Angaben in der erforderlichen Differenziertheit zu erhalten und andererseits zu vermeiden, daß man in einer Fülle naturwissenschaftlicher Detailuntersuchungen „untergeht".

Dr. sc. Dieter Graf
Bereich Physische Geographie
Institut für Geographie und Geoökologie der AdW
der DDR
Dimitroffplatz 1
Leipzig
7010

DAS AKRATOTHERMENPROBLEM DER BALNEOLOGIE IM LICHTE DER PHYSIK DES WASSERS

Wolfgang Buchheim

Unter den regional auftretenden therapeutisch wirksamen Naturwässern sind die Akratothermen und Akratopegen, im Deutschen auch „Wildwässer" genannt, bis heute trotz mancher Fortschritte der Hydrobalneologie ein ungelöstes Rätsel geblieben. Es sind die Heilwässer, deren Wirkung durch jahrhundertelangen Gebrauch unbezweifelbar und wohlbekannt, aber im Sinne neuerer Natur- und Kurortwissenschaft unerklärlich geblieben ist. Sie sind nur niedrig temperiert (20—35 °C) und enthalten höchstens 1 g pro Liter gelöste Mineralsubstanz meist recht unspezifischer Art, also vergleichsweise „fast nichts", und haben dennoch eine deutliche „Badereaktion", die durch aufgewärmtes Oberflächenwasser nicht nachzumachen ist [6, 14]. Die *medizinischen Indikationen* haben eine große Breite des Spektrums: Rheumatische Erkrankungen und traumatische Schäden des Bewegungsapparates, nervöse Leiden, Hautkrankheiten und — zeitweilig — besonders Folgezustände von Poliomyelitis stehen dabei neben vielem anderen im Vordergrunde. Berühmte, z. T. seit Jarhunderten aufgesuchte Akratothermen sind im deutschsprachigen Raum Baden-Baden, Badenweiler, Pfäfers (Ragaz), mit dem sich schon Paracelsus befaßte, Schlangenbad, Warmbad, Wiesenbad, Wildbad, in der ČSSR Jánské Lázně (Johannisbad), in Frankreich Néris, in England Buxton, in Nordamerika Hot Springs.

Die Akratothermen sind durch natürliche Erdwärme nichtvulkanischen Ursprungs „aufgeheizte" Oberflächenwässer, die nicht tief in das Erdinnere eindringen und deshalb nur mäßig temperiert wieder austreten können. Dabei gehen nur geringe Substanzmengen (s. o.) in Lösung. Das Spektrum der gelösten Spurenstoffe, darunter — aber nicht entscheidend — auch Radionuklide (z. B. Rn), kann sehr breit sein. Redoxpotentiale von Wildwässern können sich von denen entsprechender Oberflächenwässer deutlich unterscheiden. Die optische Durchlässigkeit kann anomal hoch sein [1, 10, 11, 15], gelegentlich soll auch optische Aktivität (z. B. in Jánské Lázně) vorübergehend beobachtet worden sein. Ausscheidung kolloidaler Kieselsäure auf der Haut kann auftreten („Eaux savonneux") und wird kosmetisch und bei Hautkrankheiten therapeutisch genutzt.

Eine *Modellierung* der Akratothermalwässer durch gewärmte Oberflächenwässer dürfte bisher nirgendwo gelungen sein. *Badereaktionen* bei den natürlichen Akratothermalquellen sind vielfältig und therapeutisch meist günstig, bisweilen heftig und können dann bei herzgeschädigten Patienten bis zum Kollaps gehen!

Die *physikalisch-chemische Theorie* der therapeutisch angewandten Akratothermalwässer beruhigte sich bis in die neueste Zeit — und gelegentlich noch gegenwärtig — mit dem Gedanken, daß Eigenschaften und therapeutische Wirkung auf spezifische Molekülkongregationen (H_2O Polymere, Wasser-Cluster oder verwandte Strukturen) zurückgeführt werden können [3, 4, 8]. Konkrete Beweise hierfür sind aber nie erbracht worden. Eine sehr sorgfältige Überprüfung solcher Vermutungen mit verschiedenen spektrometrischen Methoden durch M. KLOSE zeigte das Gegenteil, nämlich daß zumindest in 1. Ordnung weder im Ramaneffekt [5] noch in Ultrarot-Absorption Abweichungen von der DEBYE-HÜCKELschen Theorie der schwach-konzentrierten Elektrolyte signifikant nachweisbar sind.

Die o. g. rein qualitativen Vorstellungen mancher Balneologen fanden unerwartet Anfang der 60er Jahre vorübergehend scheinbar eine Stütze durch die Entdeckung des sog. „*Polywassers*" in engen Quarzkapillaren durch die sowjetischen Physiker Fedjakin und Derjaguin. Diese fanden eine Wasserphase mit völlig abnormen physikalischen Eigenschaften. Ihre Ergebnisse wurden von amerikanischen Forschern bestätigt, und es knüpften sich bald phantastische Spekulationen an diese neue „Wasserart" an. Es stellte sich aber heraus, daß diese nur in engen Quarzkapillaren unter dem Einfluß der starken Lösungstendenz an deren Innenwandung stabil ist und mithin keine Rede von einer kompakten „Bulk-Phase" des Polywassers sein konnte. Wichtig war also, daß sich das ganze Phänomen als Lösungserscheinung der Kieselsäure an der Wand enger Kapillaren identifiziert werden konnte. Dadurch wurde die Balneologie auf die chemisch inerte, nicht dissozierende, in den Udluft-Diagrammen immer nur gewissermaßen als „blinder Passagier" mitgeschleppte SiO_2 als therapeutisch möglicherweise nicht ganz unbeteiligten Partner aufmerksam.

Der Fervoreffekt [13] besteht in der Gesamtheit der biologischen Wirkungen auf Pflanzen, die sich an ihnen zeigen, wenn sie in einer Wasserkultur gehalten werden, die im Gegensatz zu normalen Nährlösungen mit vorübergehend unter Druck erhitztem, bidestilliertem („fervorisiertem") Wasser betrieben wird. H. JORDAN und seine Mitarbeiter [16] haben in einer sorgfältig durchgeführten Studie an der „klassischen" Testpflanze Sinapis alba gefunden, daß auch hier die Herauslösung geringer Spuren von SiO_2 aus der Gefäßwand bei der Fervorisierung offenbar eine wichtige Rolle spielt [16]. Also abermals die Kieselsäure! Der Fervoreffekt besteht im einzelnen in signifikanten Veränderungen des Sproßwachstums und der Keimfähigkeit bzw. der Keimungsgeschwindigkeit

Wir sehen, daß neuerdings von der bisher wenig beachteten, aber als Spurenstoff allgegenwärtigen, in allen Naturwässern — wenn auch nur schwach vertretenen — Kieselsäure neues Licht auf das Akratothermenproblem fällt. Schwache und im labilen thermodynamischen Gleichgewicht befindliche *kolloidale Lösungen von Kieselsäure* ist es, die nach allen bisherigen Erfahrungen für wesentliche Eigenschaften der Akratothermen (weniger der Akratopegen) bestimmend ist. Sie begründet, vielleicht sogar entscheidend, die *Umweltproblematik* dieser Quellen. Wir verstehen heute, daß Akratothermen notwendig sehr empfindlich gegen physikalische, chemische und wahrscheinlich auch biologische Umwelteinflüsse sind. Dieses erfordert balneotechnisch einen besonderen sorgfältigen Umgang mit ihnen, was die Einhaltung von Quellschutzzonen, die Quellfassung und die Fortleitung und Speicherung des Quellwassers in den Kureinrichtungen anlangt. Falsch angewandte technische Perfektion kann zur Minderung der therapeutischen Qualität führen! Diese beruht zweifellos auf der Neigung zu diffizilen, membranphysiologen bzw. membranphysikalischen, möglicherweise elektrischen Vorgängen an der Haut, die noch zu wenig erkannt und für ein volles Verständnis der Badereaktion vielleicht auch gar nicht ausreichend sind. (Hautelektrische Beeinflussungen u. ä.?)

Nach mehrjährigen Erfahrungen der früheren Freiberger SAW-Forschungsgruppe an der altberühmten Akratotherme von Jánské Lázně (Johannisbad, ČSSR), wie auch den

DDR-Einrichtungen Warmbad und Wiesenbad [15] ist das Akratothermenproblem heute wohl kaum noch anders zu fördern bzw. zu lösen, als daß die Forschungstätigkeit mit jederlei angepaßten Mitteln so weit als möglich

a) *in die Kureinrichtungen selbst verlegt* wird, um jeden längeren Transport der thermodynamischen labilen Wässer zu vermeiden und daß
b) systematische *Beobachtungen, eventuell sogar Messungen an den Kurpatienten* selbst „in situ", also während des Badens und unmittelbar danach über längere Zeiträume durchgeführt werden.

Leider sind Bemühungen unseres OM Jordan — Bad Elster, das ČS-Bäderwesen zu solchen Schritten in Jánské Lázně zu veranlassen, unter Hinweis auf Kapazitäts- und Kostenfragen bisher ohne Erfolg geblieben.

Schließlich wirft das Studium des Fervoreffektes ganz neues Licht auch auf die *Verwendung von akratothermalen bzw. fervorisierten Wässern im Pflanzenbau,* also in den Landbau-Wissenschaften. Stellt doch letztenendes der Fervoreffekt eine signifikante Beeinflussung von Keimung und Sprossung dar! Dieser Aspekt des Akratothermenproblems führt damit also über die Grenzen der Balneologie und Medizin hinaus und könnte damit eine unmittelbar *ökonomische Seite* für die Pflanzenproduktion haben. Inwieweit dieses wirklich zutrifft, bedüfte allerdings noch eingehender weiterer pflanzenbiologischer Versuche in größerem Maßstabe als es die bisherigen, rein balneologisch ausgerichteten Laborversuche waren.

Literatur

[1] G. Baudisch: Über die Lichtwirkung unter Wasser. In: Festschr. anläßl. d. Eröffnung d. ersten europäischen Warm-Springs-Anlage in Johannisbad (30. Juni 1935)

[2] M. Eigen: Wasserstoffbrückensysteme als Medien chemischen Stofftransports. In: „Die Naturwissenschaften" **12** (1963) 426

[3] A. Eucken: Assoziation in Flüssigkeiten. In: Z. f. Elektrochemie **52** (1948) 255

[4] A. Eucken: Assoziation in Flüssigkeiten. In: Z. f. Elektrochemie **52** (1948) 255. phys. Kl. (1946) 38

[5] W. Gerlach: Über die Ramanbanden des Wassers. In: Phys. Zeitschr. **31** (1930) 695

[6] H. Jordan: Grundriß der Balneologie und Balneoklimatologie. G. Thieme Verlag, Leipzig 1964

[7] R. Lotz: Spezifische Wirkung optischer Strahlung. In: Handbuch der Bäder- und Klimaheilkunde. Hrsg. W. Amelung u. A. Evers. F. K. Schattauer Verlag, Stuttgart (1968), 518

[8] W. Luck: Über die Assoziation des flüssigen Wassers. In: Fortschr. chem. Forsch. **4** (1964) 653

[9] E. O. Seitz, A. E. H. Meyer: Ultraviolette Strahlen. Ihre Anwendung in Medizin, Biologie und Technik. 2. Aufl. W. de Gruyter, Berlin-West 1949

[10] V. Sellner: Die Warm-Springs-Anlage in Johannisbad. In: Festschr. anläßl. d. Eröffnung d. ersten europäischen Warm-Springs-Anlage in Johannisbad (30. Juni 1935)

[11] V. Sellner: Unterwasser-Übungstherapie. In: Verhandlungen d. Vereinigung d. Orthopäden d. Bundesländer Österreichs (11. Dez. 1937)

[12] G. Tammann: Die abnormen Abhängigkeiten aller Eigenschaften des Wassers von der Temperatur und dem Druck. In: Zeitschr. f. anorg. u. allg. Chemie **235** (1938) 49

[13] V. Vouk: Ein neuer Vorschlag zur Klärung der Frage der balneologischen Wirkung des Thermalwassers. In: „Der Balneologe" **8** (1941) 3, 71

[14] V. VOUK: Grundriß zu einer Balneologie der Thermen. Verlag Birkhäuser, Basel 1960
[15] W. BUCHHEIM: Untersuchungen zur Physik der Thermalwässer. Jahrbuch d. Sächs. Akad. d. Wiss. zu Leipzig *1966–68* (Berlin 1970) 143–150
[16] R. ZWICKER, H. PÜHRER, G. PLÖTNER, H. JORDAN, W. BUCHHEIM: Modellversuche zum Fervoreffekt nach V. VOUK unter biophysikalischen Gesichtspunkten. Sitzungsber. d. Sächs. Akad. d. Wiss. Math.-nat. Klasse, Bd. 118, Heft 7. Akademie-Verlag Berlin (im Druck)

Prof. Dr. Wolfgang BUCHHEIM
Richard-Wagner-Straße 25
Freiberg (Sa.)
9200

GEOELEKTRISCHE UNTERSUCHUNGEN ZUR VERDRIFTUNGSKONTROLLE VERSENKTER KALI-ENDLAUGE

HEINZ GAST

Der Nachweis von salzwasserführenden Gebieten im Untergrund und die Kontrolle der Bewegung unterirdischer Salzwasserkörper ist für die Sicherung der Trinkwasserversorgung und für die Bodennutzung von Bedeutung. Gesteine, deren Porenräume mit Salzwasser gefüllt sind, haben gegenüber Gesteinen mit Süßwasser im Porenraum eine erhöhte elektrische Leitfähigkeit, da die Ionenkonzentration im Salzwasser größer ist. Auf diesen unterschiedlichen elektrischen Leitfähigkeiten, die die räumliche Verteilung eines unterirdischen elektrischen Stromes entsprechend beeinflussen und der Messung der elektrischen Potentiale an der Erdoberfläche beruhen geoelektrische Verfahren.

Geoelektrische Messungen wurden an Objekten der Kaliindustrie der DDR eingesetzt.

Die Driftrichtung versenkter Kali-Endlauge, einer hochkonzentrierten Salzsole, die über einen Schluckbrunnen in den Untergrund eingepreßt wurde, konnte mit einer Weiterentwicklung der „Methode des geladenen Körpers“ bestimmt werden: In das solegesättigte, gutleitende Gestein wird anstelle der Sole Süßwasser eingepreßt, was sich in erster Näherung in die gleiche Richtung wie die vorher eingepreßte Sole bewegt. Es entsteht so eine unterirdische, schlechter leitende Zone, deren Haupterstreckungsrichtung vom Schluckbrunnen aus mit der Hauptdriftrichtung der Sole übereinstimmt. Geoelektrisch wird diese elektrische Anomalie mit einer speziellen Vierpunktanordnung ermittelt, bei der je eine Strom- und eine Meßelektrode weit entfernt vom Brunnen an der Erdoberfläche angeordnet sind, während die zweite Stromelektrode im Schluckbrunnen im Schluckhorizont gelegen ist und die zweite Meßelektrode auf strahlenförmigen Profilen um den Schluckbrunnen an der Erdoberfläche wandert. Es kann damit das Potentialfeld der im Brunnen versenkten Stromelektrode an der Erdoberfläche vermessen werden. Dieses Potentialfeld wird vor, während und nach der Süßwassereinpressung gemessen und aus den Differenzenwerten wird mittels kartenmäßiger Darstellung die Driftrichtung ermittelt.

Gemessene Richtungen stimmten gut mit geologischen bzw. hydrogeologischen Erwartungen überein.

Mit Kenntnis der Driftrichtungen konnte das Einpreßregime optimal in bezug auf die Umweltbelastung gestaltet werden.

An einer Kieserithalde der Kaliindustrie mit einer Grundfläche von ca. 4 ha wurde vermutet, daß Salzwasser in den Untergrund eintrat und ins Grundwasser gelangte. Es sollte untersucht werden, an welcher Stelle des Haldenrandes das Salzwasser bevorzugt in den Boden eintrat, um Sanierungsmaßnahmen einzuleiten.

Die Halde wurde von einer ringförmigen, geschlossenen Elektrode umgeben, über die elektrischer Strom in den Boden eingespeist wurde. Die zweite Stromelektrode war sehr weit entfernt angeordnet. Es war zu erwarten, daß der elektrische Strom bevorzugt dort in den Boden eindrang, wo auch das Salzwasser versickerte. Das mit der elektrischen

Strömung auftretende elektrische Potential wurde in zwei geschlossenen Profilen (20 m und 50 m von Stromelektrode entfernt) elektrisch gegenüber einem weit entferntem Punkt im feldfreien Raum gemessen. Es zeigt sich an einem bestimmten, auf wenige Meter bestimmbaren Haldenbereich ein Potentialmaximum und danach eine Zone mit starkem Potentialgradienten, was mit einem Salzwassereintritt in den Boden und mit einem steilen Abfluß des Salzwassers in einer Erdspalte interpretiert werden konnte. Die Ergebnisse wurden durch Eigenpotentialmessungen, Temperaturmessungen und spätere Bohrungen sowie hydrogeologische Untersuchungen bestätigt.

Literatur

[1] GAST, H.: Geoelektrische Arbeiten zur Kontrolle der Kaliendlaugebewegung im Untergrund, Drift- und Pegelmessungen. Diss. an der Bergakademie Freiberg 1973, unveröffentl.

[2] BUCHHEIM, W.; GAST, H.; OELSNER, Chr. und GARLEB, H.: Erfahrungen beim Einsatz geophysikalischer Verfahren zur Lösung von Umweltschutzproblemen auf dem Gebiet des Wassers. In: Freib. Forschungsheft C 318 (1976). Wasser und Umweltschutz, Vorträge zum BHT 1975, S. 141–153

Dr. Heinz GAST
Sektion Physik der Bergakademie Freiberg
Bernhard-von-Cotta-Straße 4
Freiberg (Sa.)
9200

ANWENDUNG NATÜRLICHER RADIONUKLIDE BEI DER LÖSUNG UMWELTRELEVANTER GRUNDWASSERPROBLEME

Klaus Fröhlich, Rainer Gellermann

Die Aufgabe, unsere Grundwasservorräte zu erhalten, zu schützen und sinnvoll zu nutzen, erfordert auch die Einbeziehung spezieller Verfahren zur Diagnostik von Grundwasserlagerstätten, wie sie durch die Anwendung natürlicher Radionuklide (Tritium, ^{3}H; Radiokohlenstoff, ^{14}C; ^{32}Si, U-Isotope u. a.) gegeben sind [1].

Als qualitativ neues Element bringen diese Verfahren die Möglichkeit, Verweilzeitbestimmungen in hydrogeologischen Reservoiren direkt durchführen zu können („Grundwasserdatierung“) [2, 3].

Wichtige Anwendungsfälle sind:

- Präzisierung des hydrogeologischen Modells einer Grundwasserlagerstätte. Entscheidung zwischen unterschiedlichen Grundannahmen [4, 8].
- Ermittlung von Reservoirparametern. Dieser Fall ist besonders dann von Bedeutung, wenn infolge fehlender Informationen hydraulische Berechnungen nicht möglich sind (z. B. Quellen in Festgesteinsgrundwasserleitern) [5, 6].

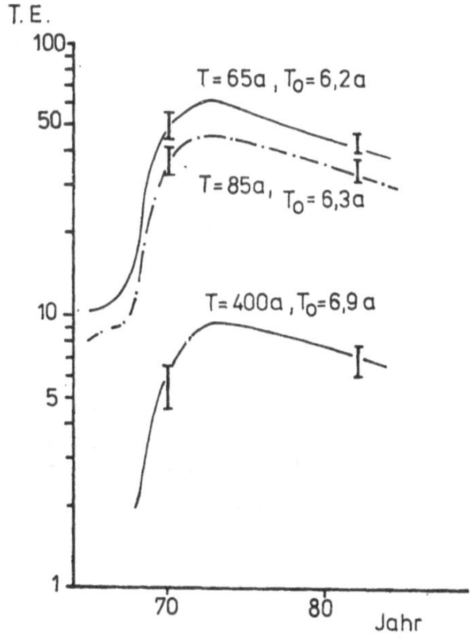

Abb. 1. Ergebnisse einer Tritiumdatierung an Mineralquellen (ausgezogene Linie) und Brunnen (gestrichelte Linie) in einem klüftigen Festgesteinsgrundwasserleiter. Die mittlere Verweilzeit T gestattet Aussagen über das Reservoirvolumen und damit das Verdünnungspotential bei Schadstoffeintrage, T_0 ist die Verzögerungszeit, mit der der Grundwasserleiter auf Schadstoffeintrag reagiert.

— Beschreiben des Übertragungsverhaltens eines Grundwasserleiters gegenüber Wasserinhaltsstoffen als Basis für eine Beurteilung der Kontaminationsgefährdung [7].
— Beurteilung der langzeitigen hydraulischen Belastung von Grundwasserlagerstätten [8].

Das Grundprinzip der Grundwasserdatierung besteht in der Ermittlung des Übertragungsverhaltens eines als Boxmodell idealisierten Grundwasserleiters:

$$a(t) = \int_0^\infty a_0(t - \tau)\, f(\tau)\, e^{-\lambda\tau}\, d\tau$$

mit der Inputaktivität $a_0(t - \tau)$, der (gemessenen) Outputaktivität $a(t)$ sowie der zu bestimmenden Verweilzeitverteilungsfunktion $f(\tau)$ [5, 7].

Ein Beispiel für die Anwendung von Tritiumuntersuchungen an Mineralquellen in einem klüftigen Festgesteinsgrundwasserleiter ist in Bild 1 dargestellt.

Eine Interpretation der Messungen mit einem einfachen Boxmodell (Exponential-Piston-Flow-Modell, Bild 1) erlaubt folgende Aussagen [6]:

Die untersuchten Quellen reagieren mit einer Verzögerungszeit von 6—7 Jahren auf Änderungen des Chemismus im infiltrierenden Wasser, sofern keine Retardationseffekte auftreten.

Die mittleren Verweilzeiten der Grundwässer liegen zwischen 65 und 400 Jahren. Das bedeutet u. a., daß die zugehörigen Reservoirvolumina groß genug sind, um kurzzeitige Kontaminationen allein durch Verdünnungseffekte stark abzubauen.

Literatur

[1] K. FRÖHLICH: Beiträge natürlicher Radionuklide zur Umweltforschung, Sitzungsberichte der AdW d. DDR, Nr. 3/N. Akademie-Verlag Berlin 1983. 28 S.

[2] S. N. DAVIS, H. W. BENTLEY: Dating Groundwater. In: Nuclear and Chemical Dating Techniques. Ed. L. A. CURRIE, ACS Symposium Series 176. Washington D. C. 1982, p. 187—222

[3] K. FRÖHLICH, J. JORDAN, D. HEBERT: Radioaktive Umweltisotope in der Hydrogeologie. In: FFH C 330, Leipzig 1977

[4] M. GEYH: Zur Vielseitigkeit angewandter isotopenhydrogeologischer Fallstudien in ariden und semiariden Gebieten. Vortrag Isotopenkolloquium Freiberg 3.—6. 9. 85

[5] P. MALOSZEWSKI, A. ZUBER: Determining the turnover time of groundwater systems with the aid of environmental tracers. In: J. Hydrol. 57 (1982) 207—231

[6] R. GELLERMANN, U. KOCH, K. FRÖHLICH, D. HEBERT: Isotopenphysikalische Untersuchungen der Mineralwässer von Bad Elster: Ergebnisse von Tritiummessungen sowie Bestimmungen der Uranium-Isotopenzusammensetzung. In: Z. Physiother. 37 (1985) H 6

[7] P. JORDAN, K. FRÖHLICH, R. GELLERMANN, D. HEBERT: Isotopenhydrogeologie und Grundwasserschutz — methodische Aspekte. FFH Reihe C, Leipzig 1986

[8] H. MOSER, W. RAUERT: Isotopenmethoden in der Hydrogeologie. Gebrüder Borntraeger Verlag, Berlin—Stuttgart 1980

Prof. Dr. sc. nat. Klaus FRÖHLICH,
Dr. Rainer GELLERMANN
Bergakademie Freiberg, Sektion Physik
Bernhard-von-Cotta-Straße 4
Freiberg (Sa.)
9200

II. Effektive Bodennutzung unter Berücksichtigung pedologisch-hydrologischer Zusammenhänge

ANTHROPOGENE BODENPROZESSE IN IHRER BEDEUTUNG FÜR DIE BODENFRUCHTBARKEIT UND DEN BODENSCHUTZ

Rolf Schmidt

Bodennutzung führt durch Beeinflussung der in den Böden ablaufenden Prozesse zur Veränderung der Böden und ihrer Eigenschaften. Neben Veränderungen, die zu einer Erhöhung des Gebrauchswertes der Böden führen, wie Herausbildung der Ackerkrume oder Regulierung des Wasserhaushaltes, stehen Veränderungen, die die Nutzbarkeit beeinträchtigen oder den Boden schädigen, z. B. Strukturdegradierung oder Bodenerosion. Zur Sicherung der Ernährungsgrundlagen sowie zur Erhaltung der Bodenressourcen müssen deshalb nicht nur die stabilen Standorteigenschaften bekannt sein, sondern auch die aktuell in den Böden und zwischen benachbarten Böden ablaufenden Prozesse. Die Bedeutung anthropogener Bodenprozesse nimmt sogar mit der Intensivierung der Landwirtschaft zu, weil die Steuerung von Agroökosystemen genaue Kenntnisse der standörtlichen Wirkungszusammenhänge und Reaktionen verlangt und außerdem die Veränderung der Böden durch Intensivierungseinflüsse prognostizierbar werden muß.

Ökologische Gesichtspunkte und Fragen der Mehrfachnutzung der Bodenressourcen gewinnen gegenwärtig ebenfalls an Bedeutung. Es gilt, die Gratiskräfte der Natur voll zur Wirkung zu bringen, um Reserven zu erschließen und die Erfordernisse des Bodenschutzes zu berücksichtigen. Die Steigerung der Bodenfruchtbarkeit und der Schutz der Böden müssen zunehmend als einheitliche Aufgabe erkannt werden, um die Bodenressourcen und die Umweltqualität für die Zukunft zu sichern.

Ausgehend von dieser Zielstellung wird im folgenden Beitrag versucht, die aktuellen Veränderungen der Böden bzw. der Bodendecke in der DDR in ihren Grundzügen zu umreißen, um daraus Schlußfolgerungen und erste Ergebnisse zur Untersuchung anthropogener Bodenprozesse und der Erhaltung der Böden abzuleiten.

Anthropogene Veränderungen der Bodendecke der DDR

Anthropogene Bodenveränderungen gibt es, seitdem der Mensch durch Nutzung in die natürlichen Ökosysteme eingegriffen hat. Aus historischer Zeit sind z. T. gravierende Veränderungen der natürlichen Umwelt mit tiefgreifenden Umwandlungen der Bodendecke bekannt. Erinnert sei an die Devastierung mediterraner Gebiete durch Entwaldung, an die Versalzung der Böden in ariden Gebieten oder die Bildung der Auenlehmdecken in unseren Flußtälern.

Auch heute sind die Böden ständigen Wandlungen unterworfen. Die intensive Bodennutzung führt jedoch zu neuen und z. T. differenzierteren Wirkungen auf die Böden. Vorrangig können 5 Wirkungsrichtungen unterschieden werden, die die Nutzung und Entwicklung der Böden in der DDR beeinflussen:

1. Zunahme von nicht beabsichtigten Folgewirkungen der Intensivierung nach Art und Umfang;

2. Heterogenisierung landwirtschaftlich genutzter Standorte durch Zunahme von Bodenfruchtbarkeitsunterschieden innerhalb der Schläge;
3. Beeinflussung benachbarter Geosysteme, insbesondere der Oberflächengewässer und des Grundwassers, durch Stofftransport aus landwirtschaftlichen Nutzflächen;
4. Veränderung der Böden durch nichtlandwirtschaftlichen Stoffeintrag in Agroökosysteme (Immissionen, Abwasser, Klärschlamm);
5. Zerstörung und Neuaufbau der Bodendecke infolge Bergbau und Rekultivierung.

zu 1.) Nach standortkundlichen Auswertungen der Mittelmaßstäbigen Landwirtschaftlichen Standortkartierung (MMK) sowie nach Angaben der Verfahrensforschung (Tab. 1) ist auf etwa 50% der LN mit aktuellen Bodenveränderungen zu rechnen, die Schadwirkungen zur Folge haben, wenn ihnen nicht durch ständige ackerbauliche Maßnahmen entgegengewirkt wird. Außerdem ist auf ca. 400 Tha Beregnungsfläche mit Bodenveränderungen durch stärkere Durchfeuchtung und Versickerung sowie durch Oberflächenabfluß zu rechnen.

Tabelle 1

Standortbedingte Beeinträchtigung der Bodenfruchtbarkeit und ihr Flächenumfang in der DDR

Verdichtung der Krumenbasis und des krumennahen Unterbodens (Morstein ..., 1984)	
• D-Standorte	1020 Tha
• Lö-Standorte, V-Standorte	230 Tha
Erosionsgefährdete Flächen	
(Werner, 1982)	
• Wassererosion	500 Tha
• Winderosion	750 Tha
Kuppen- und Lehmdurchragungen	
(geschädigte Flächen nach Frielinghaus ..., 1982)	240 Tha
(Bodengesellschaften nach Karl, 1983: 790 Tha)	
Vermullung auf Moorböden (Succow, 1983)	120 Tha
Sammelwasserflächen der D-Standorte	
(Schmidt, 1984)	50 Tha

Vor allem haben Veränderungen der Bodenstruktur und Verdichtungen im Krumenbasisbereich ein hohes Ausmaß erreicht. Das wird auch durch detaillierte Auswertungen gestützt. Verdichtungsflächen auf Ackerschlägen können auf sandigen D-Standorten (D1, D2) über 60%, z. T. über 80%, auf lehmigen D-Standorten (D4, D5) 40–60% Flächenanteil einnehmen (Morstein u. a., 1984; Morgenstern, 1985). In ähnlicher Weise sind Humusmangel und Humusabbau zu beachten. Die in den Pleistozängebieten häufigen Kuppenstandorte weisen durch ihre Klutigkeit nicht nur ungünstige Gefügeverhältnisse auf, sie haben auch gegenüber den Sollwerten wesentlich erniedrigte Humusgehalte. Nach Karl (1983) werden auf Lehm- und Mergelkuppen z. T. nur 40...60% der Sollwerte an organischer Bodensubstanz erreicht. Zur Behebung der Defekte wurde von Frielinghaus/Ratzke (1982) ein Verfahren zur Kuppenmelioration entwickelt. Es sieht vor, durch erhöhten Einsatz von organischem Dünger die geschädigten Kuppenstandorte allmählich zu sanieren. Da jedoch in vielen Kreisen und Betrieben die Humusbilanz negativ ist, können diese Maßnahmen nur in begrenztem Umfang durchgeführt werden. Es kommt deshalb darauf an, zusätzliche Reserven an organischen Stoffen zu erschließen, um die für die Bodenfruchtbarkeit und die Erhaltung der Böden erforderlichen Humusmengen bereitzustellen.

zu 2.) Annähernd 40% der landwirtschaftlich genutzten Flächen der DDR sind so heterogen, daß durch Bodenunterschiede bedingte Bewirtschaftungserschwernisse auftreten. Das Ertragspotential der Standorte kann dadurch nicht voll ausgeschöpft werden. Durch intensive Bodennutzung und das unterschiedliche Wirken anthropogener Bodenprozesse auf einem Schlag können die Bodenfruchtbarkeitsunterschiede außerdem zunehmen, d. h. es kommt zur Heterogenisierung infolge Bodennutzung (HERZ, 1984). Die innere Differenzierung der Ackerflächen nimmt zu, weil einheitliche Fruchtart, Bearbeitung, Düngung und Behandlung bei heterogenen Bodenverhältnissen zu standörtlich differenzierten Reaktionen und Wirkungen führen können. Erhebliche Ertragsdifferenzen innerhalb der Schläge sind die Folge, wie detaillierte Ertragsmessungen unter Praxisbedingungen belegen (SCHMIDT/HAASE, 1982, KUNDLER/REIHER, 1983). Zunehmende Heterogenität ist vor allem bei stärker reliefierten Standorten zu beobachten, weil die Umverteilung des Wassers und die daran gebundenen Prozesse des Stoffumsatzes in der Landschaft die Heterogenisierungstendenz verstärken.

Wesentlich ist, daß anthropogene Bodenprozesse in vielen Fällen das Bodenmosaik als Ganzes betreffen, so daß die Untersuchung einzelner Böden bzw. Bodentypen für die Beurteilung von Bodenveränderungen häufig nicht ausreicht. So wird z. B. durch langandauernde bodenerosive Vorgänge die Bodendecke durch Kappung von Bodenhorizonten und -schichten, Entstehung kolluvialer Böden sowie die Ausbildung regelhafter Rillen- und Spurenmuster nachhaltig verändert (KRAMER, 1978; SCHMIDT, 1984). Auch bei Moorstandorten ist, bedingt durch tiefgründige Entwässerung und Torfverzehr, eine weitgehende Umwandlung des Bodenmosaiks möglich. Aus flachgründigen Niedermooren entstehen z. T. Mineralbodenmosaike mit einem hohen Anteil an Anmooren und Gleyen (SUCCOW, 1986). Derartig tiefgreifende Umwandlungen ganzer Bodengesellschaften führen auch zu neuen Eigenschaften und zu einer veränderten Qualität des Bodenmosaiks. Es treten nicht nur neue Bodenformen und veränderte Lage- und Nachbarschaftsbeziehungen auf, sondern auch andere Eigenschaften, z. B. des Wasserhaushalts oder der Speicher- und Transformationsbedingungen der Bodendecke.

zu 3.) Durch erhöhten Einsatz von Düngestoffen und Pflanzenschutzmitteln und der großflächigen Nutzung in Einzugsgebieten sind Beeinflussungen des Grundwassers und der Oberflächengewässer möglich. Durch Versickerung gelangen Nährstoffe, vor allem Stickstoffverbindungen, in tiefere Bodenschichten und in das Grundwasser. Vorrangig sind oberflächennahe Grundwasservorkommen durch Nitratanreicherungen gefährdet. Phosphoranreicherung im Grundwasser ist relativ selten. Dagegen umfaßt der Nährstoffeintrag in Oberflächengewässer sowohl Stickstoff- als auch Phosphorverbindungen (WELTE, 1982). Die Kenntnis der Stoffverlagerungsvorgänge im Boden durch Versickerung und Oberflächenabfluß ist deshalb eine wichtige Voraussetzung für die Bodenbeurteilung und die Bodennutzung unter Berücksichtigung von Aspekten des Umweltschutzes. Die Prozesse des Stoffaustrags in benachbarte Ökosysteme werden durch die aktuell auf den landwirtschaftlichen Nutzflächen wirkenden Bodenprozesse gesteuert. Deshalb ist auch bei diesen Fragen der bodenkundliche Zusammenhang zu beachten.

zu 4.) Der nichtlandwirtschaftliche Stoffeintrag in Agroökosysteme durch Immissionen, Abwasser, Klärschlamm usw. nimmt an Intensität und Flächenumfang ständig zu. Die Wirkungen auf den Boden müssen deshalb künftig verstärkt Gegenstand bodenkundlicher Untersuchungen sein. Deutlich zugenommen haben in den letzten Jahren Untersuchungen zur Schwermetallkonzentration im Boden, weil Schwermetalle z. T. über den Boden in die Pflanze und damit in die Nahrungskette gelangen. Extreme Bodenbelastungen dieser Art treten punktuell und in Beziehung zu Verursacherstandorten auf. Kontrolle und Überwachung stellen deshalb in Ballungs- und Immissionsgebieten wichtige Entscheidungshilfen bereit. Darüberhinaus ist es aber zunehmend notwendig, die Kenntnisse über die Gesetzmäßigkeiten und die standörtliche Differenzierung der Schwermetallmigration und -akkumulation zu erweitern, um begründete Aussagen über die Disposition landwirtschaftlich genutzter Standort für Schwermetallkonzentrationen zu erarbeiten und die vorhandenen Grenz- und Schwellenwerte bodenbezogen zu präzisieren.

zu 5.) Durch den Bergbau, insbesondere den Braunkohlenbergbau, wird der natürlich gewachsene Boden als Produktionsgrundlage zerstört. Durch Rekultivierung entstehen Rohböden, die durch spezifische Meliorationen, Fruchtfolgen und Behandlungsmaßnahmen allmählich eine höhere Bodenfruchtbarkeit erlangen. In der DDR gibt es 70—80 Tha Rekultivierungsfläche. Jährlich werden ca. 2500 ha Kippflächen an die Land-, Forst- und Wasserwirtschaft übergeben (FIEDLER, 1982). Die Untersuchung der in den Rohböden ablaufenden Vorgänge liefert wesentliche Informationen über die gegenwärtig in den Böden ablaufenden Prozesse und ermöglicht die Einschätzung der Intensität der aktuellen Bodenbildung.

Aufgaben der Bodenprozeßforschung

Art und Umfang der anthropogenen Beeinflussung der Böden erfordern erweiterte Kenntnisse, um die Entwicklung der Böden bei entsprechenden Einflüssen beurteilen zu können. Dazu gehören Aussagen

1. über diejenigen Bodeneigenschaften, die die Speicher-, Puffer- und Filterfunktion des Bodens bestimmen und die in besonderem Maße durch anthropogene Bodenprozesse verändert werden;
2. über die Veränderung der Böden und Bodengesellschaften in ihrem Profilaufbau, ihren Lage- und Nachbarschaftsbeziehungen und damit in ihrer Arealstruktur, so daß die Entwicklung heterogener Bodeneinheiten quantifizierbar und prognostizierbar wird;
3. über die Stellung des Bodens innerhalb übergeordneter Systeme, in Geosystemen, Ökosystemen, vor allem auch in Agroökosystemen, um die vielseitigen Wechselwirkungen und Veränderungen der Böden und der Bodendecke unter Berücksichtigung der Umgebungsfaktoren exakt herausarbeiten zu können.

Der Boden wird seit langem im Rahmen wasserwirtschaftlicher, ökologischer und/oder landschaftlicher Prozeßabläufe untersucht, wobei in der Regel wenige ausgewählte Eigenschaften (Nährstoffangebot, Versickerungsleistung usw.) hinsichtlich ihrer Funktion in übergeordneten Systemen betrachtet werden und der Boden häufig nur in der Gesamtheit seiner Wirkungen („black box“) eingeschätzt wird. Zur Lösung der Aufgaben, die auf die Erhaltung der Böden und die Prognose ihrer Entwicklung ausgerichtet sind, ist jedoch eine höhere Auflösung erforderlich. Es gilt, die inneren Beziehungen im System Boden, die Beziehungen zwischen seinen Phasen, seinen Horizonten und zwischen den Böden innerhalb einer Catena aufzuklären, um ertragswirksame Defekte und Grenzwerte standortbezogen exakt bestimmen und negative Bodenveränderungen vermeiden zu können.

In diesem Zusammenhang werden folgende Prozeßgruppen als wesentlich angesehen:

- Bildung, Erhaltung und Abbau der organischen Bodensubstanz (Humusdynamik)
- Gefügebildung und -umbildung einschließl. Bodenverdichtung
- Nährstoffbereitstellung, -bindung und -verlagerung
- Schwermetallakkumulation und -migration,
- Bodenerosion und -akkumulation.

Alle Prozesse sind aufs engste mit dem Wasserhaushalt der Böden und ihrer Umgebung verknüpft, denn das Bodenwasser stellt einen entscheidenden Milieufaktor für alle Prozeßabläufe dar.

Die genannten Bodenprozesse sind in Beziehung zu den bodeninternen Steuergrößen (z. B. Textur, Gefüge, Humus, pH) und zu Umgebungsfaktoren (z. B. Relief, Klima, Vegetation) zu analysieren, so daß standörtlich begründete Grenz- und Schwellenwerte, spezifische Anreicherungs- und Verarmungszonen im Boden oder in der Landschaft, z. B. für Nährstoffe oder auch Schadstoffe, ausgewiesen werden können. Auf diese Weise kann z. B. durch Untersuchungen zum Stofftransport, zur Nährstoff- und Humusdynamik in heterogenen Bodeneinheiten ein Beitrag zum standortgerechten und fondsparenden Düngereinsatz geleistet werden (STROHBACH, 1986).

Die Aussage über den einzelnen Prozeß muß hinsichtlich ihrer Bedeutung für Bodenhorizonte, Bodenkörper und Bodengesellschaften extrapoliert werden. Für die Prognose der Bodenentwicklung wird die Beurteilung des ökologischen Zustandes und des Verhaltens der Standorte immer wichtiger. Zwei wesentliche Eigenschaften von Boden- bzw. Standorteinheiten gilt es in diesem Zusammenhang zu erfassen und in ihrer Dynamik zu kennzeichnen, (1.) die Produktivität und (2.) die Sensitivität der Standorte. Sensitivität ist dabei nach KUNDLER (1986) ein Ausdruck der Anfälligkeit gegenüber Störungen und ist in Beziehung zum Puffervermögen der Standorte bzw. ihrer ökologischen Persistenz zu sehen. Unter diesen Voraussetzungen können landwirtschaftlich genutzte Standorte nach Zustand und Veränderlichkeit als ökologisch-synergetische Verhaltenstypen charakterisiert, wenn möglich modelliert werden. Durch Erkenntnisse über aktuell ablaufende Bodenprozesse und die Veränderlichkeit der Standorte wird so das Physiotop-Konzept der Landschaftsforschung (NEEF, 1968; HAASE, 1979) weiterentwickelt, für die Beurteilung der Agrarstandorte angepaßt und für die Steuerung von Agroökosystemen nutzbar gemacht.

Aufgaben der standortgerechten landwirtschaftlichen Bodennutzung

Problemanalyse und Forschungsziele haben deutlich werden lassen, welche Aufgaben zu lösen sind, um langfristig die Bodenressourcen zu erhalten. Es soll deshalb abschließend auch darauf eingegangen werden, welche Voraussetzung bereits gegenwärtig für eine optimale Anpassung der landwirtschaftlichen Bodennutzung an die natürlichen Standortbedingungen unter Berücksichtigung anthropogener Bodenveränderungen bestehen:

1. Durch das gegenwärtig in der landwirtschaftlichen Praxis eingeführte System zur Charakterisierung der natürlichen Standortverhältnisse sind schlagbezogen gute Voraussetzung für die bestmögliche Ausschöpfung des Ertragspotentials des Bodens, die Einführung standortgerechter Fruchtfolgen und die optimale Ausnutzung des Leistungsvermögens der Mechanisierungsmittel gegeben. Dieses standortkundliche Beurteilungssystem umfaßt

— die Schlagkennzeichnung auf der Grundlage der Mittelmaßstäbigen Landwirtschaftlichen Standortkartierung (MMK) und
— die Ermittlung von Bodenfruchtbarkeitskennziffern (BFK).

Als standortkundliche Grunddaten werden nach der MMK u. a. die vorherrschende Bodenqualität des Schlages (Standorttyp), die Vernässung sowie die Hangneigungsverhältnisse erfaßt. Diese Aussagen über die stabilen standörtlichen Rahmenbedingungen werden durch die Ermittlung von Bodenfruchtbarkeitskennziffern (Feinanteil der Ackerkrume, Gehalt an organischer Substanz, Nährstoffgehalte u. a.) ergänzt, so daß die mittelfristige, z. T. auch kurzfristige Steuerung der Bodenfruchtbarkeit gewährleistet werden kann. Es sei unterstrichen, daß die Durchsetzung dieses Systems und die konsequente Anwendung der komplexen Verfahren zur Reproduktion der Bodenfruchtbarkeit (KUNDLER u. a., 1984) zugleich wesentliche Voraussetzungen enthält, um durch standortgerechte Bodennutzung Bodenschädigungen zu vermeiden. Das gilt vor allem dann, wenn die Ackerschläge als Bezugsgrundlage relativ einheitliche Bodenbedingungen aufweisen. Es ist deshalb die Tendenz zu fördern, die Schlageinteilung stärker an die natürlichen Bedingungen anzupassen und Schlagunterteilungen unter Berücksichtigung von Boden- und Standortunterschieden vorzunehmen (DÖRTER, 1984; SCHMIDT u. a. 1985).

2. Bei stärker heterogenen Böden sind gezielte Maßnahmen erforderlich, um möglichst einheitliche Bodenfruchtbarkeitsbedingungen zu gewährleisten. Zu diesen Maßnahmen gehören

— Erhaltung und Förderung einer homogenen Ackerkrume von 25—30 cm Mächtigkeit,
— gezielte ackerbauliche und agromeliorative Maßnahmen (Düngung unterversorgter Teilflächen, Krumenbasislockerung, Kuppenmelioration u. a.) zur Sanierung von Schadflächen innerhalb der Schläge,
— Meliorationen als Voraussetzung für den gezielten und langfristig wirkenden Ausgleich von Bodenunterschieden, z. B. durch Bedarfsdränung, Naßstellenentwässerung usw.

Jährliche oder mehrjährige Maßnahmen auf Teilflächen innerhalb der Schläge werden zunehmen, weil auf einem Teil der Standorte nur auf diesem Wege der Heterogenisierung wirksam begegnet werden kann. Planung und Durchführung derartiger Maßnahmen setzt exakte Diagnose- und Ausgrenzungsverfahren für Schadflächen voraus, die bisher nur teilweise vorhanden sind. So muß die Aufklärung der Bodenprozesse und -veränderungen durch die Entwicklung moderner Diagnosemethoden ergänzt werden. Dazu gehören

- die Entwicklung von Feldmethoden, z. B. für Humusgehalte, Gefüge, Verdichtung, Vernässung;
- die Ausarbeitung neuer Probenahmestrategien unter Berücksichtigung der Arealstruktur der Böden;
- der Einsatz der Fernerkundung für die Prozeßdiagnose, die Arealausgrenzung und die Identifizierung von Bodenparametern.

Mit der Einführung der genannten Maßnahmen in des Praxis sind bereits heute und in naher Zukunft viele Voraussetzungen gegeben, um die Einheit von Bodennutzung und Bodenschutz durchzusetzen. Die stärkere Anwendung ökologischer Prinzipien und neuer Erkenntnisse über anthropogene Bodenprozesse sichern darüberhinaus langfristig die Erhaltung der Bodenressourcen und verbessern die Möglichkeiten einer ökologisch begründeten Bodennutzung bei hohem Intensivierungsniveau.

Literatur

[1] Dörter, K.: Einige Aspekte des landeskulturellen Nutzens des Meliorationswesens. Sitzungsber. Sächs. Akad. Wiss. zu Leipzig, math.-nat. Kl. Bd **117** (1984) 1

[2] Fiedler, H. J. (Hrsg.): Bodenschutz. VEB Gustav Fischer Verlag, Jena 1984. 191 S.

[3] Frielinghaus, M., Ratzke, U.: Kuppenmelioration. In: agra-Empfehlungen für die Praxis. Markkleeberg 1982

[4] Haase, G.: Entwicklungstendenzen der geotopologischen und geochronologischen Naturraumerkundung. In: Peterm. Geogr. Mitt. **123** (1979) 1, S. 7–18

[5] Herz, K.: Beziehungen zwischen Korrelationsdynamik und Autometamorphose der Landschaftseinheiten. In: Peterm. Geogr. Mitt. **128** (1984) 2, S. 127–131

[6] Karl, U.: Zur standortkundlichen Charakteristik und Typisierung von lehmigen Kuppenstandorten auf den Moränen des Jungpleistozäns im Tiefland der DDR. Diss. (A), Akad. Landwirtsch.-Wiss. DDR, Berlin 1983

[7] Kramer, M.: Beziehungen zwischen rezenter Morphodynamik und der Struktur der Bodendecke im mittelsächsischen Lößgebiet. Wiss. Z. PH Dresden **4** (1978) Beiheft 1, S. 25–33

[8] Kundler, P.: Anforderungen an die standortkundliche Forschung zur Reproduktion der Bodenfruchtbarkeit. Tag.-Ber., Akad. Landwirtsch.-Wiss. DDR, Berlin (1986) 245, S. 15–22

[9] Kundler, P.; Reiher, W.: Beitrag zur Aufklärung der Beziehungen zwischen Bodeneigenschaften und Winterweizenerträgen auf Produktionsschläge durch Versuche ohne Eingriff. In: Arch. Acker- u. Pflanzenbau u. Bodenkd., Berlin **27** (1983) 3, S. 151–160

[10] Kundler, P. u. Autorenkollektiv: Erhöhung der Bodenfruchtbarkeit und der Erträge — Komplexe Verfahren. In: agra-Empfehlungen für die Praxis, Markkleeberg 1984

[11] Morgenstern, H.: Mündl. Mitteilung, 1985

[12] Morstein, K.-H. u. Autorenkollektiv: Krumenbasisbearbeitung auf D-, Lö- und V-Standorten-Einsatzrichtlinie. In: agra-Empfehlungen für die Praxis, Markkleeberg 1984

[13] Neef, E.: Der Physiotop als Zentralbegriff der komplexen Physischen Geographie. In: Peterm. Geogr. Mitt. **112** (1968) 1, S. 15–23

[14] Schmidt, R.: Anthropogene Veränderungen der Bodendecke durch landwirtschaftliche Intensivierungsmaßnahmen. In: Geogr. Berichte **111** (1984) 2, S. 103–118

[15] Schmidt, R.; Haase, G.: Die Heterogenität der Bodendecke und ihr Einfluß auf Bodenfruchtbarkeit, Melioration und Landeskultur. In: Peterm. Geogr. Mitt. **124** (1980) 1, S. 11–18

[16] Schmidt, R.; Morgenstern, H. u. a.: Kennzeichnung der natürlichen Bedingungen von Ackerschlägen. In: Feldwirtschaft **26** (1985) 1, S. 1–48

[17] Strohbach, B.: Gesetzmäßigkeiten der arealen Verteilung des pflanzenverfügbaren Phosphors. Tag.-Ber., Akad. Landwirtsch.-Wiss. DDR, Berlin (1986) 245, S. 49–55

[18] SUCCOW, M.: Prozeßabläufe auf intensiv genutzten Niedermooren. Tag.-Ber., Akad. Landwirtsch.-Wiss. DDR, Berlin (1986) 245, S. 63–76
[19] WELTE, E.: Über den Nährstoffeintrag in Grundwasser und Oberflächengewässer aus Boden und Düngung. Verband Dt. Landwirtsch. Untersuchungs- u. Forschungsanstalten (VDLUFA-Schriftenreihe Nr. 5). Darmstadt 1982
[20] WERNER, K. u. Autorenkollektiv: Maßnahmen zum Erosionsschutz. agra-Empfehlungen für die Praxis, Markkleeberg 1982

Prof. Dr. sc. Rolf SCHMIDT
Forschungszentrum für Bodenfruchtbarkeit Müncheberg
— Bereich Bodenkunde/Fernerkundung Eberswalde —
der Akademie der Landwirtschaftswissenschaften der DDR
Schicklerstr. 3
Eberswalde-Finow 1
1300

BODENBIOLOGISCHE ASPEKTE DER BODENNUTZUNG

Wolfram Dunger

1. Bodenbiologische Aspekte der Bodennutzung

Der Boden ist sowohl seiner Entstehung als auch seinen Nutzungseigenschaften nach ein belebtes Substrat. Er kann aus rein physikalisch-chemischer Sicht weder ausreichend beschrieben noch richtig gepflegt werden. Diese von H. von Post, V. Hensen, P. E. Müller, V. Dokučaev, Ch. Darwin, L. Pasteur und F. Sekera eingebrachte Erkenntnis ist nun mehr als 100 Jahre alt und nicht nur immer noch gültig, sondern im Zuge der Intensivierung der Landnutzung von aktueller Bedeutung.

Heute ist allgemein akzeptiert, daß die Boden-Mikroflora je Hektar eine Masse von 2000 bis 20000 kg mit 10^{20} bis 10^{22} Individuen erreichen kann. Die Biomasse der Bodentierwelt liegt zwischen 500 und 5000 kg/ha, mit Individuenzahlen zwischen 10^{13} und 10^{14} für die Mikrofauna, 10^{10} bis 10^{12} für die Mesofauna, 10^{8} bis 10^{9} für die Makrofauna und 10^{6} bis 10^{7} für die Megafauna (vorwiegend Regenwürmer). Der Praktiker erkennt sofort, daß es sich hierbei um Biomassen handelt, die gleich oder deutlich größer sind als die der je Hektar ernährbaren Großvieheinheiten. Diese imponierende unterirdische Zoomasse stellt sich in der erdrückenden Vielfalt von etwa 13000 Arten allein für das Gebiet der DDR dar. Von der Artenvielfalt der Boden-Mikroflora zu sprechen verbietet der alarmierend geringe Kenntnisstand.

Die Intensivierung der Bodennutzung in den 70er Jahren ging weltweit — nicht nur in der DDR — grundsätzlich von den leicht erfaßbaren chemisch-physikalischen Bodeneigenschaften aus und entwickelte auf dieser Grundlage eine aufwendige Technologie, die heute unverzichtbar erscheint. Unter den Bodenfruchtbarkeitskennziffern nach Kundler finden sich nur 2 biologische Werte. Sie betreffen nicht biotische Bodenqualitäten, sondern das Schädlingsrisiko: die Konzentration von Kartoffel- und Rüben-Nematoden. Ganz entsprechend entwickelte sich die Naturraumerkundung als Grundlage der intensiven Landnutzung (Kopp, Jäger & Succow 1982). Sie beschreibt den Naturraum als Physiosystem und erfaßt Relief, Substratwasser, Boden und Lufthülle. Als sekundäre, aber methodisch wesentliche Qualität kommt die Beschreibung der Vegetationsform hinzu.

Eine solche vollständige Neglegierung des Lebens im Boden sowohl in der Praxis als auch in der Theorie der Bodennutzung erschien vor 25 Jahren noch nicht als Trend der Zukunft. Damals betonte W. Kubiena (1961), „... daß eine weit größere Zahl von Phänomenen im Boden auf die Tätigkeit von Bodentieren zurückgeht, als man früher angenommen hat und auch heute noch gemeinhin anzunehmen bereit ist.“ „Jede Humusform wird durch eine Biologie bestimmt, in welcher der Haupteinfluß fast immer der Kleintierwelt zufällt.“ „Erst durch den planmäßigen Ausbau der speziellen Bodenbiologie, die von der Leistung ausgeht, ... wird ein neues, vollständigeres Bild des Bodens entstehen, das mehr der Wirklichkeit entspricht, das uns vor den großen

Fehlern bewahren wird, die heute in Unkenntnis seiner biologischen Natur und der Vielfalt und Spezialisiertheit seines Lebens in den verschiedensten Typen jahraus jahrein immer noch geschehen."

Die Bodenbiologen der Welt haben in den vergangenen 25 Jahren nicht ohne Erfolg an der „Vervollständigung dieses Bildes" weitergearbeitet. In die Praxis und großenteils auch in die Theorie der Bodennutzung haben die heute vorliegenden Ergebnisse bislang kaum Eingang gefunden. Die Fehler, von denen KUBIENA sprach, bestehen im Grund unverändert, in der Auswirkung jedoch potenziert. Einen wesentlichen Anteil an dieser unbefriedigenden Situation hat die Disproportion zwischen der langsamen Entwicklung der Bodenbiologie und der explosiven technischen Revolutionierung der Land- und Forstwirtschaft.

2. Entwicklung der Bodenbiologie

Die Bodenmikrobiologie hat seit langem die Grundvorgänge der Mineralisierung, Mobilisierung und Immobilisierung von Stoffen bzw. Elementen unter Beteiligung von Bodenmikroben aufklären können. Sie scheitert aber infolge des fehlenden Austausches im Boden an der Aufgabe der ökologischen Determinierung dieser Prozesse. Diese sind aus Gründen ihrer minimalen zeitlichen und räumlichen Dimension oft nur als Summeneffekt erfaßbar (MÜLLER & MÜLLER 1980, ANDERSON 1982). Die Aufklärung der speziellen Biologie der Boden-Mikroorganismen und der wesentlichen Syn- und Antiergismen zwischen ihnen und Bodentieren ist nach wie vor noch ein weites Feld künftiger Forschung.

Wo bereits konkrete Kenntnisse über solche ökologische Wechselbeziehungen vorliegen, wird eine Kontrolle und Indikation mikrobiotischer Prozesse methodisch bedeutend leichter möglich, da das weitaus höhere Lebensalter der Bodentiere bzw. ihre um Potenzen größere individuelle Summationsfähigkeit eine bessere Beurteilung zuläßt. Diese Überlegung verlagert den Schwerpunkt auf die Bodenzoologie. Leider gehört aber die Spezielle Zoologie wie auch die Ökologie der Bodentiere zu den „vergessenen Wissenschaften" der Vergangenheit. Auch sie durchläuft gegenwärtig eine „Nachhol-Entwicklung", die noch lange Zeit in Anspruch nehmen wird. Ihre praktische Nutzung — von Einzellösungen abgesehen — steht somit noch als Zukunftsaufgabe, die nur durch konsequente Förderung der Grundlagenforschung auf dem Gesamtgebiet der Bodenbiologie zu lösen sein wird.

Für die Entwicklung der Bodenzoologie ist charakteristisch, daß der Phase der ersten Entdeckung der Lebensvielfalt, besonders der Fülle der Kleinarthropoden im Boden seit der Eröffnung methodischer Wege ihrer Erfassung durch BERLESE (1905), eine Periode der euphorischen Überschätzung der direkten Nutzungsmöglichkeit folgte. Sie führte zu der These, daß die Bodenfruchtbarkeit der Zahl der Collembolen im Boden direkt proportional ist (SOUDEK 1928). Diese Auffassung wirkt noch heute nach, obwohl sie sich wie manche andere voreilige Verallgemeinerung einseitiger Beobachtungen längst als grobe Fehleinschätzung herausgestellt hat.

Nach dem 2. Weltkrieg bildeten sich Forschungszentren für Bodenzoologie u. a. in der Sowjetunion, England, Österreich, Ungarn, Frankreich und der ČSSR heraus. In der DDR wurden aussichtsreiche Ansätze einer im Ziel praxiswirksamen bodenbiologischen Forschung entwickelt. Einzelarbeiten, die an Einrichtungen der Grundlagenforschung fortgeführt wurden, befaßten sich mit drei auch weltweit bearbeiteten Problemkreisen:

1. Klärung der Artenvielfalt. Den Sachverhalt verdeutlicht folgendes Beispiel: Von den bodenbewohnenden Urinsekten der Ordnung *Collembola* waren 1900 etwa 160, 1930 etwa 350 und 1960 etwa 850 Arten aus Europa bekannt. Heute sind etwa 2200 Arten beschrieben. Da sich alle diese Arten in ihren ökologischen Ansprüchen und Leistungen unterscheiden, bleibt die Bewältigung der Mannigfaltigkeit eines der wesentlichsten bodenbiologischen Probleme.
2. Klärung der Ökophysiologie, Verhaltensweise und Lebensabläufe wichtiger Arten. Diese Arbeiten haben zum Verständnis der Populationsdynamik und des Schadauftretens von Bodentieren beigetragen und wesentliche Grundlagen für die Nutzung von Bodentieren als Indikatoren geliefert.
3. Ökologische Synthese der Leistungen der Bodenfauna. Von wenigen sehr aufwendigen Kollektivbearbeitungen abgesehen, stehen hierfür bislang vorwiegend phänomenologische Beobachtungen (Stoffumsatz mit und ohne „Bodenfauna") zur Verfügung. Sie haben verläßliche Hinweise auf eine hohe Wirksamkeit der bodenzootischen Aktivität für Grundeigenschaften der Standorte erbracht. Als hinderlich für die Nutzung solcher Informationen erweist sich aber, daß die Anwendung bodenmikromorphologischer Methoden auf die Erkundung des raum-zeitlichen Gefüges bodenbiologischer Prozesse noch ganz in den Anfängen steckt.

Trotz der Vielzahl der Unvollkommenheiten und ungelösten Probleme haben vor allem die produktionsbiologischen und systemökologischen Arbeitsrichtungen der Bodenzoologie praktisch nutzbare Informationen gewonnen. Diese Ergebnisse werden heute in verschiedenen Ländern zunehmend als Untermauerung uralter Erfahrungen im Gartenbau und in kleinen Einzelwirtschaften aufgegriffen. Für die angewandte Bodenkunde und die technologisch gebundene Praxis der Bodennutzung sind diese bodenbiologischen Publikationen aber noch nicht einmal im Ansatz erschlossen. Hier existiert eine aktuelle Informationsbarriere, an derem Abbau dringlich zu arbeiten ist.

3. Rolle der organischen Substanz im Ökosystem

Der Vergleich energetischer Modelle von aquatischen und terrestrischen Ökosystemen zeigt, daß in den ersteren der Abweidung (d. h. der biogenen Umsetzung lebender organischer Substanz), in den letzteren aber der Dekomposition (d. h. der biogenen Umsetzung toter organischer Substanz) vorrangige Bedeutung zukommt. Darüber hinaus gibt es in terrestrischen Ökosystemen keine quantitative Alternativabhängigkeit zwischen Abweidung und Dekomposition, wie es das Y-Modell nach Odum suggeriert. Der Schlüssel für die besonderen regulierenden Struktureigenschaften der Landökosysteme liegt in der Rolle der toten organischen Substanz (Humus) im Boden. Sie bewirkt, daß das Tempo der Dekomposition keinen direkten, sondern nur einen indirekten Einfluß auf den Stoff- und Energiefluß im System hat. Dies geschieht auf dem Umweg über die Retentionsprozesse (Bildung von Dauerhumus). Hierbei kommt nach dem Modell von Kaczmarek (1971) den Bodenorganismen die Rolle der Steuerung von Deponierung und Verbrauch der toten organischen Substanz durch Mineralisation, Transformation und Bioretention zu. Hieraus folgt, daß es völlig abwegig ist, die Bedeutung der Bodentiere für diese Steuerungsvorgänge an ihrem Energieverbrauch messen zu wollen.

Alle Zahlen, die uns zur Bilanzierung der Dekomposition im Boden zur Verfügung stehen, kranken daran, daß die Produktion der Wurzeln nicht ausreichend bekannt ist. Für die oberirdische Phytomasse weisen IBP-Zahlen für Bergweiden eine Abweidung von 37%, eine Dekomposition von 63% aus. Für Laubmischwälder leistet die Dekomposition wenigstens 95% des Umsatzes. Für Agrarökosysteme ergibt diese Betrachtung zweierlei: Ist der Anfall toter organischer Substanz aus oberirdischen Pflanzenresten, Wurzelsubstanz oder organischer Düngung groß, so ist eine förderliche Dekomposition nur mit Hilfe einer intakten Bodenfauna zu erwarten. Wird dagegen bei Vollernte und anorganischer Düngung kaum organische Substanz angeboten, so wird die Bodenfauna ausgehungert und verarmt. In diesem Zustand kann sie weder Steuerfunktionen wahrnehmen noch strukturbildende Leistungen vollbringen.

4. Steuerung der Umsetzung organischer Substanz durch Bodenorganismen

In der Gesamtbilanz der Energiefreisetzung aus der Dekomposition der organischen Substanz im Boden dominieren die Mikroorganismen mit mehr als 90%. Die Bodenfauna ist hieran durchschnittlich nur mit 1 bis 10% beteiligt. Sie erlangt aber durch die Steuerung der Lebenstätigkeit der Mikroben hohe Bedeutung.

Indirekt steuern Bodentiere durch Strukturänderung und Verlagerung der organischen Substanz. Der Bestandesabfall wird durch die Saprophagen pelletiert und vergrößert hierbei seine innere Oberfläche um das 10^3 bis 10^4fache. Gleichzeitig wird er in tiefere Bodenschichten eingelagert und gelangt hierdurch in kontinuierlich bessere mikroklimatische Bedingungen für die Mikroflora. Dieser Vorgang wiederholt sich: die Pellets werden von denselben oder anderen Bodentieren erneut gefressen, meist zusammen mit anorganischem Material. Das führt u. a. zur Bildung von Ton-Humus-Komplexen. Für die Tiere liegt der Vorteil der wiederholten Exposition der Pellets darin, daß im Boden lebende Mikroorganismen schrittweise weitere Strukturpolysaccharide aufschließen. Sie benützen den Boden in diesem Sinn als „äußeren Magen". Das Ergebnis ist ein Bodenzustand, den der Praktiker Gare nennt. Er kann ohne den erforderlichen Bestand an organischer Substanz nicht eintreten.

Direkt beeinflussen die Bodentiere durch selektives Abweiden, Symbiosebindungen und Sporenverbreitung die Lebenstätigkeit der Mikroben. Als Folge des Befraßes von Mikrobenkolonien wurde oft eine Erhöhung der Mineralisationsleistung, besonders von P und N, z. T. auch eine erhöhte N-Bindung beobachtet. Als Ursache kommen Verjüngungseffekte der Populationen, Freisetzen von Nährstoffen aus der Mikrobenmasse, Abgabe von Wachstums-Stimulatoren u. a. in Betracht. Die vielfältigen Ekto- und Endosymbiosen zwischen Bodentieren und Mikroben haben u. a. den Effekt, daß Hemmwirkungen wie Bacteriostasis oder Mykostasis differenziert aufgebrochen werden. Auf dem Wege der Bildung von Aggregationen erzeugen offensichtlich viele Bodentierarten ein für sie spezifisches mikrobiotisches Milieu (Phagosysteme nach TÖRNE 1974). Hierfür hat auch die Darmpassage der organischen Substanz eine hervorragende Bedeutung (SZABÓ 1974).

Als Summenwirkung zeigt sich an dem am besten untersuchten Beispiel der Streuzersetzung im Wald, daß die Zersetzungs- und Umwandlungsprozesse der organischen Substanz ohne Mitwirkung der Bodenfauna gehemmt ablaufen und in unerwünschte Richtungen tendieren. Die Wirksamkeit der Bodenfauna äußert sich besonders deutlich unter solchen mesoklimatischen Bedingungen, die für die Entwicklung der Mikroorganismen nicht optimal sind.

Das Leistungsvermögen der Bodenfauna für die Steuerung des Stoffumsatzes wird produktionsbiologisch als Potential meßbar, wenn man den Grundumsatz der saprophagen Bodentiere im Jahresverlauf analysiert. Verglichen mit der Primärproduktion am gleichen Standort — als Maß für die maximal mögliche Dekomposition — erhält man eine Information darüber, in welchem Grad sich die Bodenfauna potentiell an der Dekomposition beteiligen kann. Derartige Untersuchungen wurden im Leutratal bei Jena im Rahmen eines Ökosystem-Forschungsprogrammes durchgeführt (Dunger 1978). Sie ergaben, daß das zootische Dekompositionsniveau (d. h. der Grad der potentiellen Beeinflussung der Dekomposition durch Bodentiere) unter naturnahen, wenig gestörten Bedingungen (auch in mesoklimatisch extremer Lage) ein Optimum erreicht. Die Einflußnahme durch die verschiedensten Faktoren der Bewirtschaftung reduziert die Beteiligung der Bodenfauna graduell bis zur zeitweisen Ausschaltung.

4. Biogene Strukturbildung

Eine sehr wesentliche, aber im Detail schwer erfaßbare strukturbildende Leistung der Bodenorganismen besteht in der bereits erwähnten Bildung von Bodenaggregaten und Ton-Humus-Komplexen und der Erzeugung des „Gare"-Zustandes im Boden.

Am sinnfälligsten zeigt sich die Aktivität der Bodenfauna in der Stoffverlagerung und der Erhöhung bzw. Sicherung der Durchlässigkeit der Böden. Dies ist unter mitteleuropäischen Bedingungen vor allem eine Leistung der Regenwürmer. Die von ihnen produzierten Kotkrümel enthalten durchschnittlich etwa zur Hälfte anorganische Partikel, die zusammen mit der organischen Nahrung aufgenommen werden. Die Krümel werden nur zum Teil an der Erdoberfläche abgelegt, oft sogar häufiger im Gangverlauf. Die Regenwurmgänge erhalten damit eine „Losungstapete", die optimale Bedingungen für Pflanzenwurzeln und Mikroorganismen bietet. Die Menge der verlagerten Stoffe ist bedeutend. In gut besiedelten Wiesenböden werden auch unter mitteleuropäischen Bedingungen 25 kg/m^2 oder 250 t/ha jährlich vertikal zum Bodenhorizont transportiert. Solche Böden bestehen zu einem Viertel der Oberkrume aus rezenten Wurmlosungen (Graff 1983). Die Zahl der Regenwurmröhren, die auf einen Quadratmeter Bodenoberfläche ausgezählt werden können, beträgt im günstigen Falle 500 bis 1000 (wovon etwa die Hälfte aktuell bewohnt sein kann). Im Vergleich zu regenwurmarmen Böden ergibt sich eine stabile Erhöhung der Wasserdurchlässigkeit um das 2- bis 4fache.

5. Reaktion von Bodentieren auf Bodenbearbeitung und Düngung

Die Mehrzahl sowohl der gezielten Kulturmaßnahmen als auch der unbeabsichtigten Bodenbelastungen bewirken einsinnig eine Verarmung der Bodenfauna. Die Situation sei nur am Beispiel der Regenwurmfauna geschildert. In der DDR sind etwa 50 Regenwurmarten zu erwarten. In Kulturböden finden sich selten mehr als 4 dieser Arten nebeneinander. Obwohl es hierzu noch immer kaum Erhebungen gibt, ist es wahrscheinlich, daß etwa 40 bis 60% der Waldböden, 20 bis 30% der Grünlandböden und 60 bis 80% der Ackerböden der DDR bereits fast oder total regenwurmleer sind. Dies ist keine vorübergehende Situation, die sich schnell wieder einregulieren läßt. Die Ausbreitungsgeschwindigkeit mineralbodenbewohnender Lumbricidenarten beträgt etwa 10 bis 20 m pro Jahr. Versuche zur künstlichen Wiederbesiedlung solcher Flächen mit Regenwürmern haben mit den Schwierigkeiten zu kämpfen, die gerade die Zucht strukturbildender, tiefgrabender oder mineralbodenbewohnender Arten bereitet.

Die negative Wirkung von Bodenverdichtungen (z. B. durch Reifendruck) besonders auf die kleinhöhlenbewohnende Bodenmesofauna ist mehrfach eindrucksvoll nachgewiesen worden. Eine gezielte Förderung der Regenwurmentwicklung ermöglicht durchaus auch unter Praxisbedingungen eine biologische Auflösung von Unterbodenverdichtungen und die Erhöhung des Porenvolumens.

Ihren größten Einfluß kann die Bodenfauna zweifellos in Böden unter Dauervegetation oder bei längerer Bodenruhe ausüben, soweit Düngungsform und PSM-Anwendung tierverträglich sind. In den letzten Jahren wurden sehr ermutigende Feldversuche zur Anwendung der Direkteinsaat besonders von Wintergetreide vorgenommen. Der Erfolg der „Minimalbodenbearbeitung“ wird in der ebenbürtigen Produktionsleistung bei geringerem Aufwand und vor allem bei zunehmender Stabilität des Bodens gesehen.

Normal bearbeitete Ackerböden sind oft nur die Hälfte des Jahres von Vegetation bedeckt. Die Folge ist, daß sich Regenwürmer nach der Vollernte aus Nahrungsmangel und wegen der ungehinderten Einwirkung der ersten Fröste vorzeitig inaktiv in tiefere Lage verziehen. Eine Strohbedeckung nach der Ernte schützt vor Erosion und Einstrahlung und ermöglicht den Regenwürmern, noch bis zum Winter aktiv zu bleiben. Allerdings muß man dann mit der Winterfurche länger warten, bis sich die Tiere aus der Krume zurückgezogen haben. Wenn strenger Frost die vorzeitig gewendete Krume durchdringt, gehen alle darin befindlichen Tiere zugrunde.

Die Verregnung oder Verrieselung von Gülle oder Abwässern kann unter Beachtung und Mithilfe der Bodenfauna optimal verlaufen, die biologische Aktivität fördern und langfristig wirksam sein. Flüssiggaben mit zu niedrigem oder zu hohem pH, mit zu hohem Gehalt an Reizstoffen wie Detergentien bei Abwasser oder Ammoniumcarbonat, Benzoesäure oder Natriumsulfid bei Gülle wirken reizend auf die empfindliche Haut der Regenwürmer und treiben sie aus dem Boden. Hier werden sie ein Opfer der UV-Strahlung oder auch der Vögel. Auch Überdosen von Flüssigsubstanzen können die Regenwürmer zum Verlassen des Bodens zwingen. Die Folge ist eine auf lange Zeit irreversible Schädigung der Bodenfauna. Deren Inaktivität begünstigt das Zusetzen der Bodenporen ohne eine Möglichkeit der Reaktivierung. Als Endstadien einer falschen, unbiologischen Anwendung lassen sich Gülle-Stauseen in Bodensenken demonstrieren.

5. Bioindikation durch Bodentiere

Eine Bioindikation von Humusformen und Böden im Sinne der eingangs zitierten Forderung von KUBIENA ist bislang nur selten und nur unter besonderen Bedingungen möglich gewesen (GHILAROV 1978). In der Regel setzt jede Indikation die Kenntnis eines „Sollwertes“ voraus, dessen Veränderung als Hinweis auf komplexere Vorgänge genutzt wird. Es gibt aber derzeit nur unzulängliche Vorstellungen über das Optimum der bodenbiotischen Dynamik konkreter Bodennutzungseinheiten und über deren ökonomische Bedeutung. Jede bodenbiologische Charakterisierung sollte daher durch gleichzeitigen Ertragsvergleich zur Einschätzung dieses bodenbiodynamischen Optimums beitragen. Ansätze hierzu liegen z. B. aus langfristigen Beobachtungen an Kippstandorten vor (Dunger 1979).

Bodentiere erweisen sich im Experiment und in atmobiontischen Situationen als ebenso sensible Indikatoren wie andere Tiergruppen. Die Spezifik ihrer indikatorischen Eignung liegt im Konnex mit der Bodensituation. Dies betrifft vor allem einerseits die Abschirmung gegen atmosphärische Einflüsse durch die Hemmung des Austausches im Boden, andererseits das unmittelbare oder mittelbare Zusammenwirken zwischen Bodenfauna und Bodenmikroflora besonders bei der Dekomposition und Humifikation.

Der Nachweis spezieller Größen und Qualitäten ökofaunistischer und funktioneller Parameter der Bodenfauna ist nicht Ziel der Indikationsforschung, sondern Basis für Rückschlüsse auf komplexere biotische oder/und abiotische Prozesse einschließlich ihrer ökologischen und ökonomischen Wertung. Gegenstand der Bioindikation durch Bodentiere ist die Anzeige komplexer Eigenschaften und Prozesse im Bodenökosystem einschließlich ihrer Änderungen durch anthropogene Einflüsse (im Vergleich zu nichtbeeinflußten Kontrollen) durch definierte, verhältnismäßig leicht prüfbare Parameter der Bodenfauna. Hier liegt das zentrale Problem jeder Bioindikation durch Bodentiere. Überall, wo als Indikationsbasis das Erkennen der Art erforderlich ist, wird auch eine sorgfältig ausgearbeitete Methode ohne praktische Anwendung bleiben. Die Artdetermination der Mehrzahl der Bodentiergruppen wird auch in Zukunft für den Praktiker unmöglich sein. Für die Beurteilung von Problemstandorten durch den Spezialisten (und bei entsprechend hohem Arbeitsaufwand) hat die bodenzoologische Indikation dagegen auch in der DDR längst Anwendung gefunden (Dunger 1968, Karg 1968).

Eine besondere Eignung der Bodentiere für die Bioindikation ist auf drei Gebieten zu sehen:

1. Die enge Bindung an die ökotopologische Situation des Bodeninneren („Kleinhöhlenbewohner") prädestiniert euedaphische Bodentiere als Indikatoren für Langzeiteffekte, die das Langzeitgedächtnis des Bodens, das sich besonders in dessen mineralischem Bestand und einigen strukturellen Eigenschaften (z. B. Horizontbildung) manifestiert, widerspiegeln. Die Nutzung dieser Tatsache für historisch-geographische Disziplinen der Biowissenschaft einerseits, für weitblickende Entscheidungen der Bodennutzung wie auch für bodensystematische Untersuchungen andererseits, steht noch ganz im Anfang (Dunger 1982).
2. Die funktionelle und steuernde Integration von Bodentieren in die vorrangig mikrobiotisch vollzogenen Prozesse der Dekomposition und Humifikation im Boden sowie ihre durch die große Lebensspanne gegebene Summationsfähigkeit prädestiniert eine Reihe von Bodentieren als Zeiger für kurzlebige, in situ schwer nachweisbare biotische Prozesse im Boden. Hierzu zählen vorrangig die Dekomposition, die Resynthese von Huminstoffen und strukturbildende oder -erhaltende Vorgänge. Die Kontrolle der Nebenwirkung von Pestizidanwendungen oder Immissionen auf einzelne Elemente der Bodenfauna hat im Definitionssinn erst dann bioindikatorische Bedeutung, wenn damit Aussagen über eine Änderung der genannten Prozesse und

damit über wesentliche Grundlagen der Ertragsfähigkeit („Fruchtbarkeit") des Bodens getroffen werden können.

3. Ein ganz eigenständiges Anwendungsgebiet liegt in der Nutzung von Bodentieren zur Kennzeichnung der phytosanitären (seltener auch humansanitären) Situation im Boden. Hierbei handelt es sich nicht nur um den Nachweis von Schaderregern (z. B. Nematoden: DECKER 1969), sondern auch um die Beurteilung der Abwehrkraft durch natürliche Feinde und deren Beeinflussung durch Pflanzenschutzmittel (KARG 1978). Um die aufwendige Determinationsarbeit zu erleichtern, wurde untersucht, ob sich anstelle der Arten auch höhere Taxa zur Indikation verwenden lassen. Von 120 geprüften paläarktischen Gattungen der Raubmilben (Gamasina) fand KARG (1982) nur 15 in diesem Sinn für geeignet.

Die Verwendung von Bodentieren als Bioindikatoren stellt nach dem Gesagten sowohl an die taxonomische Grundlagenforschung als auch an das experimentelle Arbeitsvermögen der Bodenökologen hohe Anforderungen. Bodenfaunistische Arbeitsergebnisse, gleich welcher Form der mathematisch-statistischen Behandlung sie sekundär unterzogen werden, können lediglich Ansatzpunkte für die entscheidend wichtige ökophysiologische Analyse auf der Artbasis erbringen. Der Trend der Nutzung von Bodentieren für die Bioindikation verläuft notwendig von der historisch vorherrschenden breit angelegten, intuitiv wertenden faunistischen Erhebung zu einer detaillierten, experimentell begründeten und den vollen funktionellen Konnex berücksichtigenden Prozeßforschung unter ökologisch wie taxonomisch definierten Bedingungen.

Hierfür gibt es in einigen Ländern bereits ermutigende Startresultate. Wenn die Bodenzoologie nicht die Möglichkeit erhält und wahrnimmt, dieses mühevolle und langwierige Stadium der Grundlagenerkundung zu durchlaufen, wird es auch in Zukunft keine begründete Hoffnung auf eine breite, verläßliche und ökonomisch bedeutsame Nutzung der Bodentiere als Bioindikatoren geben.

Literatur

[1] ANDERSON, J. P. E. (1982): Soil respiration. In: MILLER, R. H. (ed.), Methods of soil analysis, Part 2: chemical and microbiological properties. — Am. Soc. Agron., Madison: 831—871

[2] BERLESE, A. (1905): Apparecchio per raccogliere presto ed in gran numero piccoli Artropodi. — Redia **2**: 85—90

[3] DECKER, H. (1959): Phytonematologie. Berlin

[4] DUNGER, W. (1968): Die Entwicklung der Bodenfauna auf rekultivierten Kippen und Halden des Braunkohlentagebaues. — Ein Beitrag zur pedozoologischen Standortsdiagnose. — Abh. Ber. Naturkundemus. Görlitz 43,2: 256 S.

[5] — (1978): Parameter der Bodenfauna in einer Catena von Rasen-Ökosystemen. — Pedobiologia **18**; 310—340

[6] — (1979): Bodenzoologische Untersuchungen an rekultivierten Kippböden der Niederlausitz. — Abh. Ber. Naturkundemus. Görlitz **52**, 11; 1—19

[7] — (1982): Die Tiere des Bodens als Leitformen für anthropogene Umweltveränderungen. — Decheniana — Beihefte (Bonn) **26**; 151—157

[8] GHILAROV, M. S. (1978): Bodenwirbellose als Indikatoren des Bodenhaushaltes und von bodenbildenden Prozessen. — Pedobiologia **18**; 300—309

[9] GRAFF, O. (1983): Unsere Regenwürmer. — Hannover

[10] KACZMAREK, W. (1971): Die Bedeutung der organischen Retention und der Bodenorganismen als Regulationsfaktoren im Stoffhaushalt der Landökosysteme. — IV. Coll. pedobiol. Dijon, Ann. Zool. Ecol. animale; 473—480
[11] KARG, W. (1968): Bodenbiologische Untersuchungen über die Eignung von Milben, insbesondere von parasitiformen Raubmilben, als Indikatoren — Pedobiologia 8; 30—39
[12] — (1978): Milben als Indikatoren zur Optimierung von Pflanzenschutzmaßnahmen in Apfelintensivanlagen. — Pedobiologia 18; 415—425
[13] — (1982): Untersuchungen über Habitatansprüche, geographische Verbreitung und Entstehung von Raubmilbengattungen der Cohors Gamasina für ihre Nutzung als Bioindikatoren. — Pedobiologia 24; 241—247
[14] KOPP, D., K.-D. JAEGER und M. SUCCOW (1982): Naturräumliche Grundlagen der Landnutzung am Beispiel des Tieflandes der DDR. — Berlin
[15] KUBIENA, W. L. (1961): Bodenbiologie und Bodenkunde. — Pedobiologia 1; 3—5
[16] MÜLLER, G., und G. MÜLLER jun. (1980): Die Bodenatmung als Indikator. In: Bioindikation 1, M.-L.-Univ. Halle—Wittenberg, Wiss. Beitr. 24 (P 8); 52—62
[17] SOUDEK, S. (1928): Fauna of the forest soil. — Bull. ecol. agr. Brno, fac. silv. 8; 1—24
[18] SZABÓ, I. M. (1974): Microbial communities in a forest-rendzina ecosystem. — Budapest, 415 S.
[19] TÖRNE, E. von (1974): Experimentelle Motivation systemökologischer Deutungen von zootischen Aggregationen im Boden. — Pedobiologia 14; 324—338

Dozent Dr. habil. Wolfram DUNGER
Staatliches Museum für Naturkunde Görlitz — Forschungsstelle —
PSF 425
Görlitz
DDR-8900

EINFLUSS DER ORGANISCHEN SUBSTANZ AUF BODENPHYSIKALISCHE EIGENSCHAFTEN, INSBESONDERE AUF WASSERKAPAZITÄT SOWIE AUF DEN STICKSTOFFHAUSHALT DES BODENS

Martin Körschens, Dieter Eich

Die physikalischen Eigenschaften sowie der Wasser- und Stickstoffhaushalt des Bodens werden neben seinem Gehalt an Ton und Schluff maßgeblich durch den Gehalt an organischer Substanz bestimmt. Damit ergibt sich die Möglichkeit ihrer gezielten Beeinflussung durch die Zufuhr definierter Massen an organischer Primärsubstanz in Form von Ernte- und Wurzelrückständen sowie organischer Düngung und durch Förderung oder Hemmung der Umsetzungsprozesse im Boden.

In den vergangenen 10 Jahren wurden im Forschungszentrum für Bodenfruchtbarkeit Müncheberg, Bereich Bad Lauchstädt, der AdL der DDR umfangreiche Untersuchungen zur Quantifizierung der Beziehungen zwischen Humusgehalt und Bodeneigenschaften in Modellversuchen mit unterschiedlichen Bodenarten und im Freiland unter differenzierten Standortbedingungen durchgeführt. Die Ergebnisse werden nachfolgend mitgeteilt.

Die Bestimmung des Humusgehaltes bzw. des Gehaltes des Bodens an organischer Substanz (beide Begriffe werden in der internationalen und nationalen Literatur häufig synonym verwendet) erfolgte über den Gesamtkohlenstoffgehalt (C_t). Dabei wird ein mittlerer Anteil von 58% Kohlenstoff in der organischen Substanz des Bodens zugrunde gelegt.

Zwischen den untersuchten Merkmalen des Bodens bestehen enge Korrelationen. Die hohen Bestimmtheitsmaße der Regressionen sind durch die Abhängigkeit aller anderen Merkmale von der Textur bedingt. Als das am besten geeignete Kriterium für die Textur hat sich der Feinanteilgehalt, d. h. die Summe von Ton und Feinschluff, das entspricht den Korngrößen $\leqq 6{,}3\ \mu m$, erwiesen.

Tabelle 1

Bestimmtheitsmaße der linearen Regression zwischen verschiedenen Prüfmerkmalen, ermittelt in der Krume (0–20 cm) ausgewählter Prüfglieder von Dauerversuchen unterschiedlicher Standorte ($n = 110$)

	N_t	Hygroskopizität	Trockenrohdichte	Feinanteil	Wasserkapazität Masse-%
C_t	0,96	0,68	0,70	0,62	0,74
N_t	—	0,73	0,74	0,67	0,82
Hygroskopizität	—	—	0,59	0,78	0,79
Trockenrohdichte	—	—	—	0,81	0,91
Feinanteil	—	—	—	—	0,90

Alle Bestimmtheitsmaße sind signifikant bei $\alpha = 0{,}1\%$

Die Trockenrohdichte ist auf den geringen Sandböden, die durch geringen Feinanteil und niedrigen Humusgehalt gekennzeichnet sind, mit 1,73 g · cm^{-3} am höchsten und verringert sich auf Lehmböden auf 1,35 g · cm^{-3}.

Dabei ist auch die enge Korrelation zwischen dem Feinanteil und C_t-Gehalt in die Betrachtung einzubeziehen.

Die Abhängigkeit der Trockenrohdichte und der Wasserkapazität vom Humusgehalt bei gleicher Textur zeigen Ergebnisse aus Dauerdüngungsversuchen (Abb. 1), wobei die Unterschiede in der Dichte bis zu 0,13 g · cm^{-3} und in der Wasserkapazität bis zu 4,4 Masse-% betragen. Eine enge negative Korrelation besteht zwischen Trockenrohdichte und Wasserkapazität.

Besonders eindrucksvoll läßt sich der Nachweis der Abhängigkeit bodenphysikalischer Eigenschaften vom C_t-Gehalt bei gleicher Textur in Dauerversuchen führen, in denen langjährig differenzierte organische und mineralische Düngung eine starke Differenzierung im C_t-Gehalt des Bodens bewirkt haben, wie das im Statischen Düngungsversuch Lauchstädt eingetreten ist.

Nach einer zusammenfassenden Wertung aller vorliegenden Ergebnisse bewirken Veränderungen im C_t-Gehalt des Bodens von 0,1% gleichgerichtete Veränderungen

— der nutzbaren Wasserkapazität	um rd. 0,5 M-%
— der Hygroskopizität	um rd. 0,1 M-%
— des Porenvolumens	um rd. 1 Vol.-%

sowie der Aggregatstabilität und des Infiltrationsvermögens. Es werden gegenläufige Veränderungen

— der Trockensubstanzdichte	um 0,01...0,02 g · cm^{-3}
— der Trockenrohdichte	um rd. 0,015 g · cm^{-3}

bewirkt.

Die absoluten Veränderungen sind dabei unabhängig von der Bodenart.

Der Einfluß der organischen Substanz des Bodens auf die Ausprägung bodenphysikalischer Eigenschaften ist besonders für Böden mit geringem Feinanteil und für Böden mit hohem Tonanteil von Bedeutung, während er auf den ideal texturierten Löß- und Lehmböden geringer einzuschätzen ist. Auf den geringen Sandböden trägt die höhere nutzbare Wasserkapazität dazu bei, das Wasserdargebot durch Niederschläge oder Beregnung besser zu nutzen. Auf stark tonhaltigen Böden werden die Infiltration der Niederschläge und der Gasaustausch von Bodenluft und Atmosphäre und damit die Wurzelatmung deutlich verbessert.

Neben dem Einfluß auf die physikalischen Bodeneigenschaften besteht ein enger Zusammenhang zwischen dem Humusgehalt des Bodens, der biologischen Aktivität und dem Gehalt an Nährstoffen, von denen der Stickstoff (N) die größte Relevanz besitzt.

Der Nährstoffgehalt wird sowohl durch die Zufuhr von Nährstoffen mit der organischen Primärsubstanz, insbesondere nährstoffreichen organischen Düngern, als auch durch die sich mit steigendem Humusgehalt verbessernde Sorptionskapazität als Kriterium des Nährstoffspeicherungs- und -transformationsvermögens erhöht. Der N-Gehalt ist von besonderer Bedeutung, da die N-Versorgung der Pflanzen zu einem großen Teil aus bzw. über die organische Substanz des Bodens erfolgt, d. h. Stickstoff wird einerseits aus organischen und mineralischen Düngern sowie sonstigen Quellen (Immission, Luftstickstoffbindung, Saatgut) durch die Mikroorganismen in die orga-

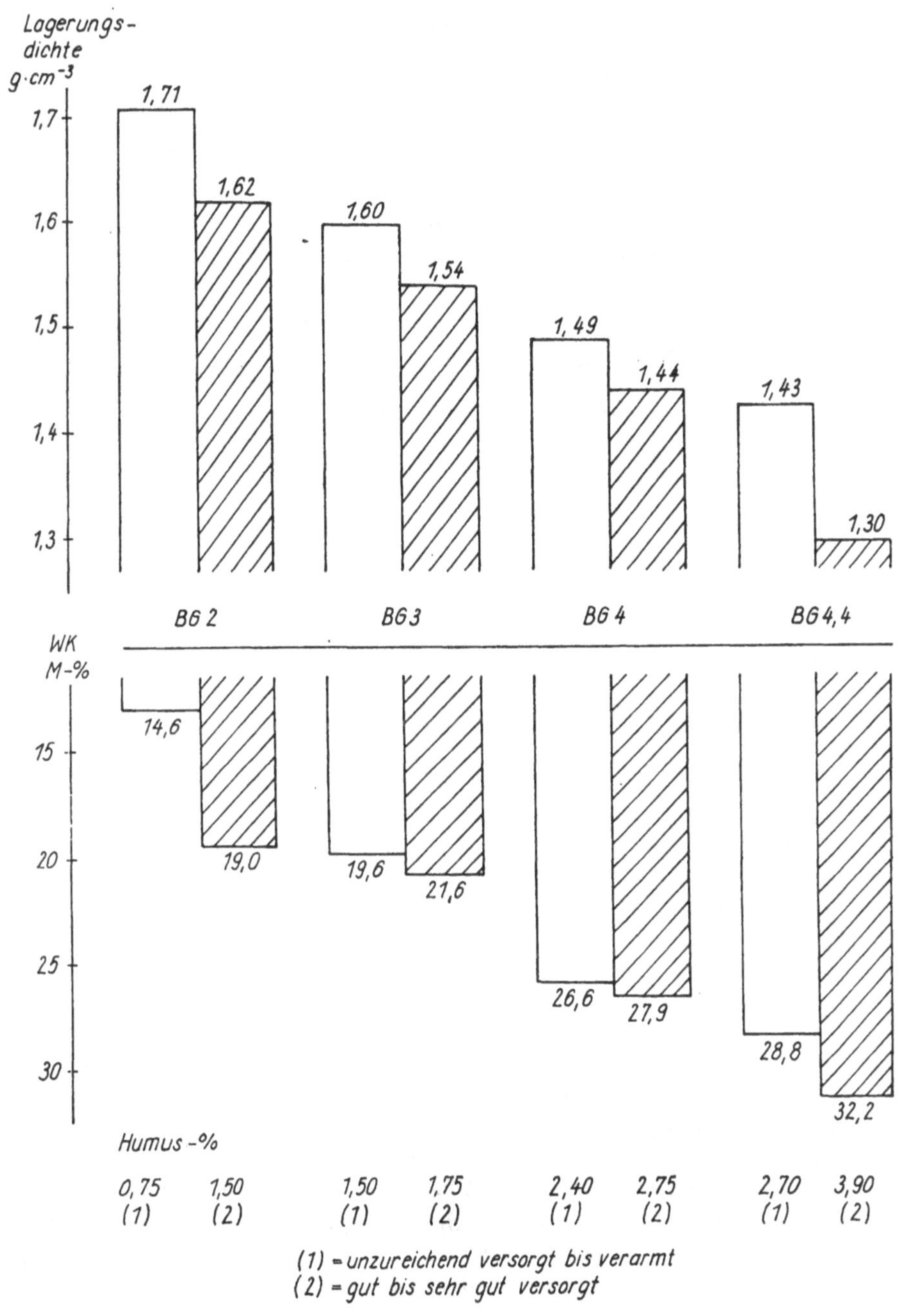

Abb. 1. Einfluß unterschiedlicher Humusversorgung auf Lagerungsdichte und Wasserkapazität im Bearbeitungshorizont in Abhängigkeit von der Bodengruppe
(Ergebnisse aus Dauerdüngungsversuchen)

nische Substanz des Bodens eingebaut und damit vorübergehend oder auch langfristig gebunden und andererseits aus der organischen Substanz des Bodens mineralisiert und steht dann den Pflanzen als Nährstoff zur Verfügung.

In Abhängigkeit von Boden und Klima liegen 3000 bis 10000 kg N · ha^{-1} im Bearbeitungshorizont der Ackerböden der DDR in organisch gebundener Form vor (Tab. 2).

Tabelle 2

N-Mengen (dt · ha^{-1}) im Bearbeitungshorizont der Ackerböden der DDR in Abhängigkeit von Bodenart und Entstehungsart

Bodenart	Entstehungsart			
	D	Lö	V	AL
S	30–40	–	–	–
Sl/lS	40–50	45–60	40–55	45–55
SL/sL	50–60	55–65	55–75	55–70
L	65–70	60–75	65–85	70–80
T	–	65–80	65–85	80–100

Von diesen Stickstoffmengen ist jedoch jeweils nur ein geringer Teil biologisch umsetzbar und an der N-Bereitstellung für die Pflanzen beteiligt.

Etwa 50...80% sind inert, d. h. physikalisch und/oder chemisch so stark gebunden, daß sie nicht mineralisiert und durch acker- und pflanzenbauliche Maßnahmen kaum beeinflußt werden können. Die Menge des inerten N hängt von der Korngrößenzusammensetzung des Bodens ab. Sie beträgt im Bearbeitungshorizont etwa 0,004% der Bodenmasse bzw. 150...180 kg N · ha^{-1} je 1% Feinanteil.

Ein gut mit organischer Substanz versorgter Boden enthält außerdem, unabhängig von der inerten Menge, rd. 2000 kg · ha^{-1} mineralisierbaren Stickstoff, von dem durchschnittlich 4%, entsprechend 80 kg, jährlich freigesetzt werden.

Abb. 2 zeigt ein Beispiel für den N-Entzug bei unterschiedlichem Humusgehalt einer Lößschwarzerde. Der N-Entzug steigt mit höherem Humusgehalt bis zu 3,7% deutlich an. Dabei dürften die Entzüge über 80 kg N auch auf andere N-Quellen zurückzuführen sein. Der erforderliche Mineral-N-Aufwand zur Erzielung von 100 GE · ha^{-1} in Abhängigkeit vom Humusgehalt liegt in diesem Versuch zwischen 40 und 160 kg · ha^{-1}.

Die laufende Ergänzung des Humusgehaltes ist aus landwirtschaftlicher Sicht unbedingt anzustreben. Sie erfolgt zu etwa 60% durch die Ernte- und Wurzelrückstände der angebauten Fruchtarten und für den Rest über organische Dünger.

Neben der Aufgabe des Acker- und Pflanzenbaus, die organische Substanz des Bodens auf einem guten Niveau zu reproduzieren, gilt es, den von der organischen Substanz des Bodens freigesetzten und den mit den organischen Düngern zugeführten Stickstoff effektiv zu nutzen und die Verluste sowie die hierdurch verursachte Umweltbelastung, so gering wie möglich zu halten. Im Gegensatz zum Mineraldünger-N, der bei optimalen Aufwandmengen, Aufwandterminen und Applikationsverfahren von den Pflanzen weitgehend verlustlos aufgenommen werden kann, wird Stickstoff aus organischer Bindung unabhängig vom Bedarf der Pflanzen freigesetzt.

Das geschieht also auch in Zeitspannen, in denen kein Bedarf besteht, insbesondere während der Teilbrachen im Spätsommer und Herbst. Selbst in den Wintermonaten

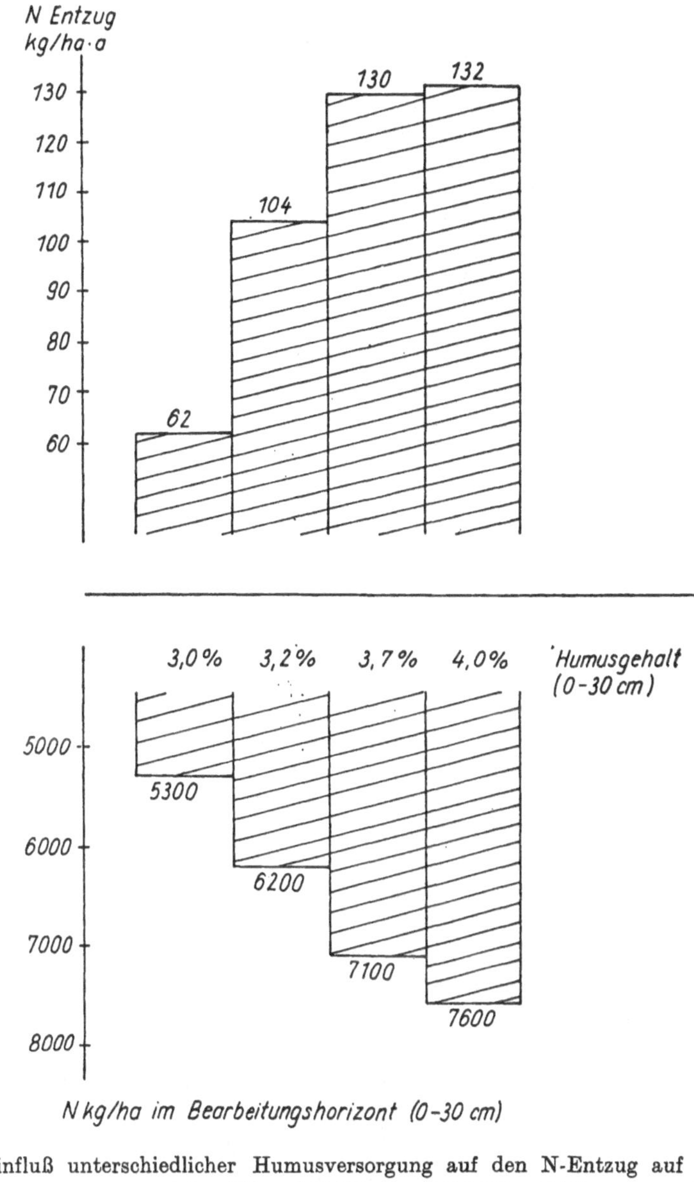

Abb. 2. Einfluß unterschiedlicher Humusversorgung auf den N-Entzug auf Lößschwarzerde (ohne Mineral-N-Düngung) $\bar{x}$ 1978...1981

werden bei warmer Witterung, wie sie z. B. im Winter 1982/83 gegeben war, beträchtliche Mengen N mineralisiert, die dann teilweise durch Verlagerung und/oder Denitrifikation dem System Boden—Pflanze verloren gehen.

Jeder anorganische Stickstoff, der zum ungünstigen Zeitpunkt oder in zu hoher Menge im Boden vorhanden ist, unterliegt zwangsläufig mehr oder weniger großen Verlusten, die um so größer sind, je geringer die Sorptionskapazität des Bodens ist.

Tab. 3 zeigt die N-Verlagerung im Boden in Abhängigkeit von der Bodenart.

Tabelle 3

N-Verlagerung im Boden (> 1 m) in Abhängigkeit von der Bodenart (Zusammenfassende Literaturauswertung von Lysimeterergebnissen)

Bodenart	Anzahl der Versuchsjahre	N-Verlagerung $kg \cdot ha^{-1} \cdot a^{-1}$
Sand	113	48
Lehm	110	34
Löß	46	17
Ton	46	23

Verluste durch Denitrifikation konnten im Gefäßversuch mit verschiedenen Böden bei stark überhöhtem Düngeraufwand mittels ^{15}N nachgewiesen werden. Sie betrugen bis zu 40% und sind mit dem Humusgehalt negativ korreliert.

Für den effektiven Einsatz von Mineraldünger-Stickstoff hat sich die Berechnung von N-Bilanzen unter Berücksichtigung der N-Mengen aus „sonstigen Quellen", unter denen Immissionen, asymbiontische N-Bindung, Zuführung mit Saat- und Pflanzgut u. a. zu verstehen sind, bewährt. Abb. 3 enthält die N-Bilanzen verschiedener Dauerversuche von 6 Standorten.

Auf sandigen Böden werden die N-Verluste durch die „sonstigen Quellen" bei Aufwandmengen bis zu 120 kg · ha^{-1} ausgeglichen und eine scheinbare N-Ausnutzung von 100% erreicht, auf Lehmböden liegt diese Grenze oberhalb 150 kg N · ha^{-1}. Gleichzeitig wird jedoch auch deutlich, daß bei Überschreiten dieser Grenze die Verluste sehr schnell ansteigen und teilweise 50 kg N · ha^{-1} und mehr betragen.

Besonders hohe Verluste durch Verlagerung sowie gasförmige Verluste treten unter Brache auf. Sie sind bis zu 5× größer als unter Bewuchs.

Für eine effektive Ausnutzung des aus der organischen Substanz des Bodens freigesetzten Stickstoffs sind daher die vegetationsfreien Zeiten, auch während der Wintermonate, weitgehend einzuschränken. Möglichkeiten hierzu bestehen im Anbau mehrjähriger Futterpflanzen und in der Ausdehnung des Zwischenfruchtanbaus.

Die Zwischenfrüchte, allgemein auch als „catch crops" bezeichnet, nutzen den in den sonst vegetationsfreien Zeiten mineralisierten Stickstoff, vermindern dessen Auswaschung und erhalten ihn im Wurzelraum für die folgende Hauptfrucht.

Ein Vergleich verschiedener Düngungsvarianten auf die N-Ausnutzung zeigt, daß die günstigste Variante die Zwischenfrucht zur Futternutzung ist. Bei Gründüngung wird zwar eine etwas höhere Anreicherung im Boden, insgesamt jedoch eine geringere Ausnutzung erreicht, da die leicht umsetzbare Grünmasse z. T. schon im Winter mineralisiert wird und daraus entsprechende Verluste resultieren.

Die N-Ausnutzung aus Stalldung ist dann effektiv, wenn der vorwiegend während der Sommermonate freigesetzte Stickstoff durch Fruchtarten mit langer Vegetationszeit bzw. durch Zwischenfrüchte genutzt wird.

Schlußfolgerungen

Aus den dargelegten Untersuchungsbefunden geht eindeutig hervor, daß durch eine verstärkte Zufuhr an nährstoffreicher organischer Substanz die physikalischen Eigenschaften, die pflanzennutzbare Wasserkapazität und der Nährstoffhaushalt des Bodens verbessert werden können.

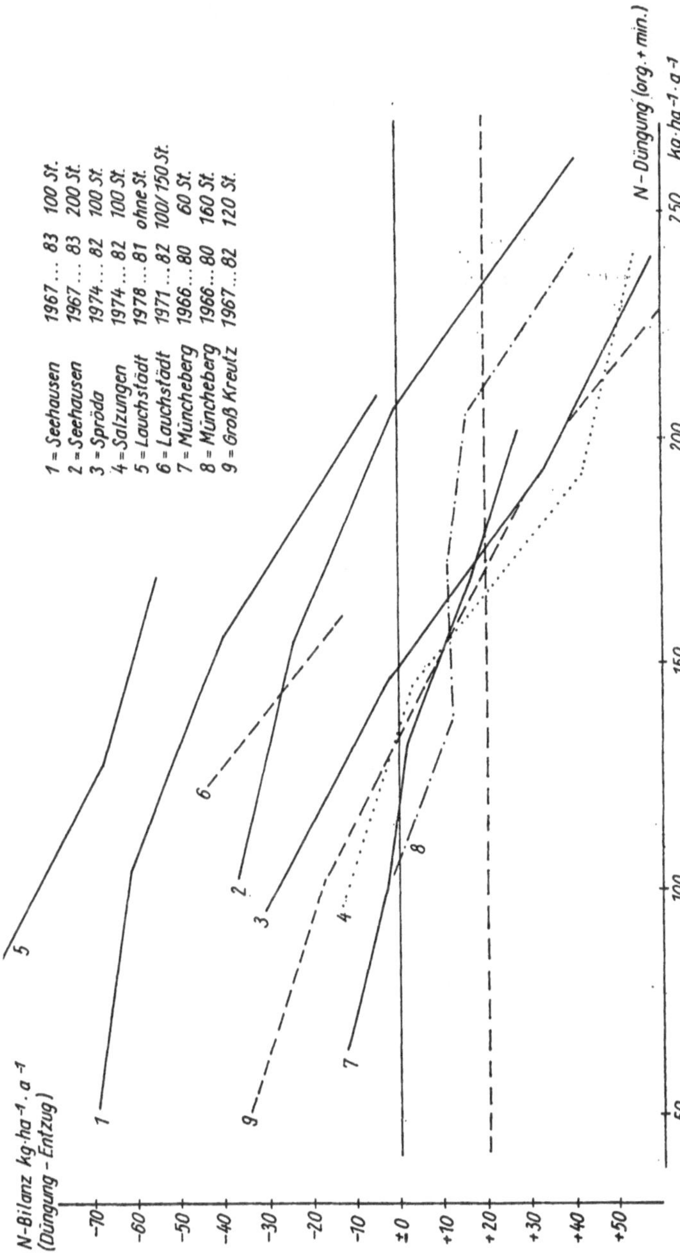

Abb. 3. N-Bilanzen ausgewählter Prüfglieder verschiedener Dauerversuche der DDR (In die Auswahl wurden die Versuche bzw. Prüfglieder einbezogen, die ein hohes Ertragsniveau haben. Änderungen des Boden-N-Pools wurden, soweit erforderlich, berücksichtigt.)

Bei der Verwirklichung dieser Zielstellung in der intensiven Pflanzenproduktion durch Aufbereitung und Einsatz aller geeigneten Abprodukte als organische Dünger ist aber gleichzeitig und in Abstimmung mit der Mineraldüngung darauf zu achten, daß die zugeführten Nährstoffe, insbesondere Stickstoff, nach seiner Überführung in die anorganische Form möglichst kontinuierlich und möglichst vollständig aufgenommen werden. Überdüngung führt zur Umweltbelastung und ist daher unbedingt zu vermeiden.

Dr. sc. Martin KÖRSCHENS und Prof. Dr. Dieter EICH
Forschungszentrum für Bodenfruchtbarkeit Müncheberg
— Bereich Bad Lauchstädt —
der Akademie der Landwirtschaftswissenschaften der DDR
Hallesche Straße 44
Bad Lauchstädt
4204

MÖGLICHKEITEN UND AUSWIRKUNGEN EINER STRUKTURSCHONENDEN UND WASSERSPARENDEN BODENBEARBEITUNG AUF LÖSSSTANDORTEN

DIETRICH ERMICH

Das Fehlen des Wassers in entscheidenden Bedarfszeiten und in der notwendigen Menge auf unseren Feldern hat in den letzten Jahren auch in den Lößgebieten oft große Schwierigkeiten mit sich gebracht. Hohe Erntefehlmengen mußten hingenommen werden, die die Bemühungen unserer Pflanzenproduktionsbetriebe erschwerten, dem Versorgungsauftrag der Landwirtschaft voll gerecht zu werden. Es zeigt sich fast in jedem Jahr über längere oder kürzere Perioden, daß der besseren Beherrschung des Faktors Wasser unter Nutzung aller direkten und indirekten Möglichkeiten größte Bedeutung zukommt.

Insbesondere in den extremen Trockenjahren 1976, 1982 und 1983 wurde deutlich sichtbar, daß die vorwiegend vom Wasserdargebot geprägte Ertragsfähigkeit des Bodens in starkem Maß von seiner Fruchtbarkeit beeinflußt wird. Insofern nämlich, als die Betriebe, die seit langem eine hohe Bodenfruchtbarkeit durchzusetzen vermochten, also stets um eine gute Bodenstruktur bemüht sind, von den negativen Auswirkungen extrem trockener Witterung am wenigsten getroffen werden.

Man kann verallgemeinern: Je größer die Niederschlagsdefizite sind, umso stärker wirken sich Mängel, Fehler und Terminüberschreitungen in der Bodenbearbeitung nachteilig auf die Erträge aus. Das betrifft auch die Lößstandorte, obwohl diese im allgemeinen ein hohes natürliches Fruchtbarkeitspotential besitzen. Insbesondere die Schwarzerden weisen infolge ihrer spezifischen Körnung und des hohen Humusgehaltes von Natur aus eine sehr günstige Wasserführung und Durchlüftung sowie guten Nährstoffhaushalt auf, dies insbesondere aufgrund ihrer Tiefgründigkeit, Steinfreiheit und hohen Sorptionskapazität.

Solche Eigenschaften wie gute Durchwurzelbarkeit, Krümelbereitschaft und Erwärmbarkeit sind Ursache dafür, daß die Löße allgemein als die leistungsfähigsten und ertragsstabilsten Ackerböden gelten.

Die Lößstandorte machen etwa 20% der Ackerfläche der DDR aus. Bezüglich des Bodentypes sind sie sehr differenziert.

Dominierender Bodentyp bei Lö 1/2 sind Schwarzerden und Braunschwarzerden bei Lö 3/4 Parabraunerden und bei Lö 5/6 Braunerden sowie Braunstaugleye. Die größten Anteile treten in den Bezirken Halle, Leipzig, Dresden und Magdeburg auf, wobei nicht nur Mengen- sondern auch Qualitätsunterschiede zu verzeichnen sind.

Der Bezirk Halle verfügt über nahezu 70% Lößstandorte fast ausschließlich der Standorteinheiten Lö 1/2. Daraus erwachsen den Pflanzenproduktionsbetrieben hohe Verpflichtungen. Leider entsprechen die Erträge noch nicht bei allen Fruchtarten den Möglichkeiten. Während bei Getreide und Kartoffeln etwa seit 1980 recht gute Erträge erzielt werden, sind vor allem bei Zuckerrüben und Mais noch große Reserven vorhanden. Vor allem sind die Schwankungen zu groß. Das hat verschiedene Ursachen. Mit Sicherheit spielen neben dem Wasserdargebot die nicht nur vom Substrat abhängigen sondern auch von den Bewirtschaftungsbedingungen diktierten bodenphysikalischen Eigenschaften eine große Rolle. Dies bezieht sich vor allem auf das Wasserregime des Bodens.

Als einer der wichtigsten Wachstumsfaktoren beeinflußt das Wasser über die Nährstoffaufnahme, den Nährstofftransport und die Sicherung elementarer Lebensvorgänge in der Pflanze entscheidend die Stoffproduktion.

Landwirtschaftliche Kulturen verbrauchen unter unseren Klimaverhältnissen bekanntlich im Durchschnitt 400–600 Liter Wasser je kg Trockenmasseproduktion.

Für eine Rübenernte von 400 dt/ha werden etwa 5000 t Wasser benötigt.

Nicht übersehen werden darf auch die Tatsache, daß der Wassergehalt des Bodens in hohem Maß über den Energieverbrauch, die Kosten und die Qualität der Bodenbearbeitung entscheidet.

Der Bearbeitungswiderstand und die Aggregationsbereitschaft des Bodens hängen stark von der Bodenfeuchte ab.

Um das geforderte höhere Produktionsniveau auf den Lößstandorten zu erreichen, ist der Wasserhaushalt der Böden entscheidend zu verbessern. Aus agrotechnischer Sicht setzt dies voraus:

1. Die Erhöhung der Wasserspeicherfähigkeit des Bodens (Bearbeitung, Humusversorgung)
2. Die Herabsetzung der Wasserverluste (rationelle Bearbeitungs- und Pflegemaßnahmen)
3. Die Sicherung der Verfügbarkeit des Wassers für die Pflanze (Schaffung günstiger Strukturbedingungen für die Wasseraufnahme, Vermeidung von Schadverdichtungen, Anbau bodenverbessernder Pflanzen).

Pflanzenverfügbar ist in grundwasserfernen und nicht stauvernäßten Böden nur das Wasser zwischen Feldkapazität und permanentem Welkepunkt, also der Bereich der das langsam bewegliche Sickerwasser und das Kapillarwasser bis hin zu dem mit 1,5 MPa Saugspannung gehaltenen Anteil ausmacht. Aus ackerbaulicher Sicht haben folgende Faktoren großen Einfluß auf die Ausnutzung des Bodenwassers:

- die Durchwurzelungstiefe,
- die Durchwurzelungsintensität
- und die Eindringgeschwindigkeit der Wurzeln in den Boden [1].

Je tiefer der Boden durchwurzelt ist, desto größer ist die erreichbare Wassermenge im Wurzelraum selbst und desto günstiger ist auch die Möglichkeit der Nachlieferung aus tieferen noch nicht durchwurzelten feuchten Bodenschichten.

Je intensiver der Boden durchwurzelt ist, desto geringer sind die Transportentfernungen zu den Wurzeln.

Je schneller die Wurzeln wachsen, desto größere Wassermengen können sie aus Bodenbereichen erschließen, die bis dahin wurzelfern waren und deshalb ihren Wasservorrat noch besitzen. Trocknet der Boden aus, so nimmt mit der Bindungsstärke, die zur Entnahme des Wassers nötige Energiemenge zu, die der Stoffproduktion verlorengeht.

Schadverdichtungen in Krume und Unterboden erhöhen den Durchdringungswiderstand, dies ist ein Prozeß, der mit zurückgehendem Wassergehalt verstärkt wird und Wurzelwachstum und Wasseraufnahme zunehmend erschwert.

In Gefäßversuchen zeigt sich ein enger Zusammenhang zwischen Dichte und Wurzellängenwachstum bei Getreide besonders auf Sandboden [2]. Auf Lößen stehen solche Untersuchungen insbesondere unter Feldbedingungen noch aus.

Was ist im Ackerbau insbesondere bei der Bodenbearbeitung zu tun, um eine rationelle Nutzung des Bodenwassers zu sichern?

Im Frühjahr gilt es, die durch das Pflügen im Herbst geschaffene und über Winter durch den Frost meist noch verbesserte Bodenstruktur weitgehend zu erhalten. Jedes Befahren führt in Abhängigkeit des Wassersättigungsgrades und des Druckes zu erheblicher Verdichtung. Bei zu tiefer Bearbeitung werden die in einer nur flachen Schicht vorliegenden wertvollen Frostaggregate vergraben.

Es besteht deshalb die Forderung, nur so viel möglichst flache wassersparende Arbeitsgänge durchzuführen, die zur Herstellung optimaler Saatbetteigenschaften unbedingt nötig sind.

Günstig ist, wenn die Frühjahrsbestellung bei Trockenheit, also geringen Niederschlägen im März/April abläuft. Hier verbindet sich Strukturschonung in den Radspuren mit schneller Bodenerwärmung, Saatenaufgang und raschem Vordringen der Wurzeln in tiefere Schichten, wodurch sich die Pflanzen schnell und niederschlagsunabhängig entwickeln.

Meist sind die Böden jedoch im Frühjahr feucht und sie lagern außerdem sehr locker, wodurch in den Radspuren erhebliche Schadverdichtungen mit gravierendem Ertragsausfall verursacht werden können. Es ist bekannt, daß die Belastung unserer Böden durch Leistungs- und damit Massezunahme der Mechanisierungsmittel drastisch erhöht wurde, ohne die Fahrwerke proportional dem Massezuwachs zu vergrößern.

In Tabelle 1 sind die Mindererträge ersichtlich, die bei Hackfrüchten in Abhängigkeit des Druckes und der Bodenfeuchte in langjährigen Feldversuchen auftraten.

Tabelle 1

Ertragsminderungen in den Radspuren der Saat- bzw. Pflanzbettbereitung im Vergleich zum unbefahrenen Boden bei verschiedenem Raddruck (MPa) und Bodenwassergehalt (in % der Feldkapazität)

Körnungsart	Ertragsminderungen (%) krümelfähiger Boden (~ 75% der FK)			zu feuchter Boden (~ 85% der FK)		
	0,15	0,10	0,08	0,15	0,10	0,08 MPa
Kartoffeln						
lehm. Sand	27	17	11	36	21	14
Schlufflehm	14	10	7	22	15	12
Zuckerrüben						
lehm. Sand	18	11	8	29	—	—
Schlufflehm	14	7	4	21	11	8

Die Ergebnisse lassen folgendes erkennen:

— je höher der Auflagedruck und der Wassersättigungsgrad zum Zeitpunkt der Verdichtung, desto größer der Ertragsausfall;

– stärkeres Reagieren auf Druckbelastung des sandigen im Vergleich zum schluff-lehmigen Substrat;
– größerer druck-feuchtebedingter Ertragsausfall bei Kartoffeln gegenüber Zuckerrüben.

Die Erforschung von Möglichkeiten zur Herabsetzung der Schadwirkung erfordert die exakte Quantifizierung der Einflußfaktoren Raddruck und Bodenfeuchte auf Bodenstruktur und Ertrag.

Wir haben solche Arbeiten langjährig durchgeführt und eindeutige Beziehungen zwischen Druck/Feuchte und Ertrag bei den wichtigsten Fruchtarten gefunden [3].

Die auf verschiedenen Substraten ermittelten Ertragsdaten dienten zur Gewinnung von Grenzwerten der Bodenfeuchte in Abhängigkeit des Druckes für ein breites Körnungsartenspektrum (Tab. 2).

Tabelle 2

Grenzwerte des Bodenwassergehaltes (w_G) zur Saat- und Pflanzbettbereitung für verschiedene Raddrücke (p_A) (K-700 Standardbereifung 0,15 MPa; ZT 300 mit Doppelbereifung 0,08 MPa) bei Kartoffeln und Zuckerrüben

p_A	Grenzwerte Bodenwassergehalt (w_G) in M-% Feinanteile (< 0,0063 mm) des Bodens					
	10	15	20	25	30	35
w_{SBB} M-%[1]	10,0	14,0	16,2	18,3	20,1	21,2
Kartoffel						
0,15	4,0	8,5	11,5	13,5	14,8	15,9
0,08	6,0	11,2	13,6	15,8	17,8	14,3
Zuckerrüben						
0,15	–	10,8	12,8	14,5	15,8	17,1
0,08	–	12,5	15,2	17,5	19,5	21,0

[1] w_{SBB} = Bodenwassergehalt bei beginnender Bearbeitbarkeit des Bodens

In Tabelle 2 sind die Grenzwerte der Bodenfeuchte für Kartoffeln und Zuckerrüben in Abhängigkeit des Auflagedruckes der Traktoren ausgewiesen. Werden diese druckabhängig eingehalten, so bleibt der Ertragsausfall im Spurenbereich unter 5%.

In der ersten Zeile der Tabelle ist der Bodenfeuchtebereich angegeben, bei dem die Bearbeitbarkeit des Bodens beginnt. Man muß zwischen Bearbeitbarkeit und Befahrbarkeit des Bodens unterscheiden. Erstere ist substratbedingt, die Befahrbarkeit, d. h. die Belastbarkeit ist druckabhängig. Die Differenz zwischen der Bodenfeuchte bei beginnender Bearbeitbarkeit und dem Kurvenverlauf bei Raddruck 0,08 MPa, das ist der geringste Druck, den wir gegenwärtig bei Nutzung von Sonderausrüstungen bei Traktoren erreichen, zeigt, daß eine Herabsetzung auf Werte von 0,06 MPa durch neue technische Lösungen nötig ist. Solange diese nicht vorhanden sind, müssen höhere Abtrockungsgrade abgewartet werden, wodurch wertvolle Vegetationszeit verlorengeht. Bekanntlich bringt jeder Tag Saatverspätung 1% Minderertrag mit sich.

Wir müssen die wichtigsten Sommerkulturen mithin so früh wie möglich bestellen, weshalb es notwendig ist, Fahrwerke zu schaffen, die es gestatten, den Boden bereits bei beginnender Bearbeitbarkeit ohne Schaden befahren zu können. Das ist zugleich im Sinne der effektivsten Nutzung des Bodenwassers.

Entschärft wird das Problem bisher lediglich im Kartoffelbau auf Lößstandorten durch die Vorformung der Dämme im Herbst also praktisch durch die Vorverlegung von strukturgefährdenden Frühjahrsarbeiten in den Herbst.

Noch mehr als bisher sind Möglichkeiten zur Herabsetzung der Anzahl der Überfahrten durch Gerätekopplung und -kombination sowie zur Verminderung des Auflagedruckes bei Traktoren durch Zwillingsbereifung, Verwendung von Niederdruckreifen oder Gleisbandfahrwerken zu nutzen.

Eine neue Entwicklung deutet sich durch das Regelspurverfahren bei Zuckerrüben an, wobei der Acker in Wuchsräume und Fahrspuren eingeteilt wird. Die Anwendung des Verfahrens ist nur zulässig, wenn eine volle Regeneration der Bodenstruktur in den bis zu 14mal verwendeten Radspuren durch geeignete Maßnahmen gesichert wird.

Eine große Rolle zur *Erhöhung der Druckverträglichkeit* spielt der *Humusgehalt des Bodens.*

Untersuchungen mit Schwarzerdesubstraten bei differenziertem Humusgehalt zeigen deutlich die strukturstabilisierende Wirkung des Humus. Je geringer der Gehalt der Böden ist, um so höher liegen im gesamten Feuchtemeßbereich die durch gleichen Druck hervorgerufenen Trockenrohdichten. Mit anderen Worten: bei verbesserter Humusversorgung werden gleiche Dichten entweder erst durch wesentlich größeren Druck erreicht oder im Fall konstanten Druckes erst bei höherer Bodenfeuchtigkeit.

Welche Erklärung gibt es für die strukturstabilisierende Wirkung des Humus? Die Ergebnisse deuten an, daß sich die durch den Humusgehalt verändernden Anteile der elastischen und plastischen Verformung verstärkt auswirken.

Im humusreichen Boden rufen die Ton-Humuskomplexe über Brückenbildung einen stärkeren inneren Zusammenhalt hervor, sie bewirken eine festere Verkittung der Einzelpartikel als im humusunterversorgten Boden. Bei Belastung treten daraufhin zusätzliche Reibungs- und Kohäsionskräfte auf, die dem Druck so lange das Gleichgewicht halten, bis sich mit (pressungsbedingt) wachsendem Wassergehalt die inneren Kräfte vermindern. Solange der höhere innere Widerstand wirkt, verzögert sich der Dichteanstieg des humusreichen Bodens bei gleichem Druck erheblich [4].

Humuszufuhr erhöht auch die *Aggregatstabilität* gegenüber Schlagregen, schützt also den Boden vor Sedimentation, Abtrag und Verkrustung.

Hoher Humusgehalt vermag deshalb auch negative Begleiterscheinungen der Beregnung zu mildern.

Bei der *Bestandespflege* müssen wir noch schneller von der einseitigen chemischen Unkrautbekämpfung wegkommen und die Zukunft in einer sinnvollen Kombination chemischer und mechanischer Wirkprinzipien sehen. Das erhöht die Wirksamkeit, verbessert den Umweltschutz und senkt Materialeinsatz und Kosten. Das Wertvolle an den mechanischen Maßnahmen ist und bleibt, daß sie neben der unmittelbaren Unkrautbekämpfung die Evaporation senken und das Eindringen und die Aufnahme des Niederschlagswassers in den Boden fördern.

Aus Untersuchungen zur *Grundbodenbearbeitung* geht im Ergebnis ordnungsgemäßer Teilbrache- oder Nacherntebearbeitung die bessere Erhaltung des Bodenwassers und damit auch ein geringerer Durchdringungswiderstand des Bodens gegenüber der

Variante „unbearbeitet“ eindeutig hervor. Günstig wirkt sich auch eine Abdeckung des Bodens mit Häckselstroh in der Menge einer halben Strohernte aus. Durch diese kann ebenso wie nach Stoppelbearbeitung das Bodenwasser erhalten werden, womit u. a. eine Energieeinsparung und Qualitätsverbesserung bei der späteren Grundbodenbearbeitung erreichbar ist. Auch wird der Erosionsschutz verbessert. Problematisch ist bei diesem Verfahren jedoch die Unkrautbekämpfung. Aber wir tun gut daran, solchen Effekten künftig mehr Aufmerksamkeit zu schenken, weil sie wassersparend, bodenschonend und umweltfreundlich sind und weniger Energie erfordern.

Im Zusammenhang mit der besseren Nutzung des Bodenwassers ist auch die *pfluglose Grundbodenbearbeitung* zum Anbau von Wintergetreide nach Hackfrüchten zu nennen. Ihre Anwendung ist abhängig vom Zustand des Bodens nach der Aberntung, welcher vorwiegend von den *Druck-Feuchtebeziehungen während der Ernte* bestimmt wird. Weil sie einen geringeren Zeitaufwand erfordert, stellt die pfluglose Grundbodenbearbeitung oft die einzigste Möglichkeit dar, das Wintergetreide termingerecht in den Boden zu bringen. Das Wintergetreide nimmt mit nahezu 80% des Getreides einen sehr hohen Anteil ein, das ist sehr günstig, weil sich daraus Vorteile hinsichtlich des Ertrages, des Bodenschutzes und der effektiveren Verwertung des Bodenwassers insbesondere der Winterfeuchtigkeit ergeben.

Die pfluglose Bearbeitung zeichnet sich gegenüber dem Pflügen durch höhere Arbeitsproduktivität, bessere Einhaltung der optimalen Aussaatzeitspannen und die Einsparung von Energie und Kosten aus.

Wichtigste Voraussetzung ist eine strukturschonende Ernte der Hackfrucht. Das ist im Herbst nicht einfach.

Selbst unter günstigen Feuchtigkeitsbedingungen eignen sich nicht alle Böden für dieses Verfahren. Um den Produktionsbetrieben Entscheidungshilfen geben zu können, erarbeiten wir in langjährigen Untersuchungen Grenzwerte des Druckes und des Bodenwassergehaltes zur Hackfruchternte als Voraussetzung für die Anwendung dieses energiesparenden Bearbeitungsverfahrens für die Folgefrucht Winterweizen.

Wie unsere Forschungen zeigen, hat die pfluglose Grundbodenbearbeitung substratabhängig eindeutige Grenzen.

Das lS-Substrat erfährt durch hohe Druckbelastung im Bereich 0,40 MPa schon unter trockenen Bodenbedingungen eine starke Verdichtung mit gravierendem Einfluß auf den Folgefruchtertrag. Hier muß unbedingt eine tiefere Wiederauflockerung erfolgen. Oft kann aber auch durch diese der volle Ertrag nach starker Verdichtung nicht erreicht werden, so daß Vorbeuge nötig ist.

Im Vergleich dazu zeigt das bindige UL-Substrat eine weniger starke Reaktion.

Die Gesamtheit der Ergebnisse weist aus, daß auf Lößstandorten eine pfluglose Bestellung des Winterweizens möglich ist, wenn die Druckbelastung zur Hackfruchternte 0,35 MPa* im Feuchtebereich bis zu 90% der FK nicht überschreitet [5].

Wir beschränken uns derzeit bei der Anwendung pflugloser Verfahren auf das Fruchtfolgeglied Hackfrucht/Wintergetreide. In anderen Ländern wird jedoch generell über die Ablösung des Pfluges zugunsten nicht wendender Arbeitswerkzeuge diskutiert.

Dabei geht man davon aus, daß der Pflugkultur erhebliche Nachteile anhaften. So besteht die Meinung, daß der Boden mit dem restlosen Einarbeiten der organischen Stoffe seinen natürlichen Schutz verliert, wodurch Verschlämmung und Bodenabtrag

* Dieser Wert ist bei Feldtransportfahrzeugen nur mit Niederdruckreifen erreichbar.

eintreten. Weiterhin wird eine Zerstörung des natürlichen Bodenverbandes, verringerte Tragfähigkeit und stärkere Verdichtungsempfindlichkeit durch das Pflügen vermutet. Auch sieht man Nachteile des Pflügens im Verdichten, Verquetschen und Verschmieren des Bodens beim Bearbeiten in zu feuchtem Zustand. Sichtbarer Ausdruck einer Strukturschädigung ist das Hervorrufen von Krumenbasisverdichtungen durch das Fahren in der offenen Pflugfurche und durch den Schnitt des Schars bei ständig gleichtiefer Pflugarbeit. Ein Nachteil des Pflügens wird auch in der intensiveren Umsetzung der organischen Substanz im Boden gesehen.

International sucht man deshalb nach alternativen Lösungen, mit denen die Nachteile des Pflügens bei gleichzeitiger Energie-, Zeit- und Kosteneinsparung ausgeschaltet werden können.

Wichtigste Gegenspieler reduzierter Bodenbearbeitung unter den Boden- und Klimabedingungen der DDR sind der hohe Bodendruck, die relativ starke Unkrautwüchsigkeit unserer Böden und der Zwang zur Einarbeitung von Pflanzenrückständen sowohl aus technologischer als auch phytosanitärer Sicht.

Wie unsere experimentellen Arbeiten erkennen lassen, kann von einer Ablösung des Pfluges auf den Lößstandorten nicht die Rede sein, wohl aber ist ein teilweiser Verzicht auf die vollwendende Bearbeitung und deren Ersatz durch gezielte Lockerungsmaßnahmen unter Ausnutzung günstiger Bodenzustände an der richtigen Stelle im Fruchtfolgeablauf möglich und sinnvoll.

Verbreitet treten raddruckbedingte Krumenbasisverdichtungen auf. Sie üben auf Lößstandorten jedoch nicht immer einen Schadeinfluß auf die Pflanzen aus. Gefährdet sind vor allem Vorgewende und Abfahrttrassen. Deshalb sind nicht in jedem Fall flächendeckende Lockerungsmaßnahmen erforderlich, weshalb vorausgehende Strukturuntersuchungen nötig sind [6]. Da der Acker nicht nur Pflanzenstandort sondern zwangsläufig zugleich auch Fahrbahn ist, vermindern dichtere Zonen an der Krumenbasis die Fortpflanzung der Druckspannungen in den Unterboden und halten damit die Spurentiefe, den Rollwiderstand und Energieaufwand bei allen Ackerarbeiten in Grenzen [7]. Natürlich muß ein ausreichendes Durchlässigkeitspotential in dieser Schicht vorhanden sein, das nicht allein durch mechanische Lockerung sondern auch durch Bioperforation geschaffen werden kann. Mehr als bisher sollten deshalb neben Bearbeitungsmaßnahmen auch biologische Wirkprinzipien genutzt werden, wie sie beispielsweise durch die Wurzelleistung humusmehrender Haupt- und Zwischenfrüchte, vor allem der Luzerne erreichbar sind. Auf diesem Weg kann über Wurzelkanäle zur Sicherung optimaler und stabiler Strukturverhältnisse auf rationelle fondssparende Weise wirksam beigetragen werden. Von besonderer Bedeutung ist in diesem Zusammenhang auch der durch Regenwurmgänge erzielbare natürliche Dräneffekt.

Zusammenfassung

Angesichts der überragenden physiologischen, bodenbiologischen und technologischen Rolle des Faktors Wasser in der Pflanzenproduktion sind alle ackerbaulichen Maßnahmen auf die Erhöhung der Wasserspeicherfähigkeit des Bodens, die Herabsetzung von Wasserverlusten und die Sicherung der Verfügbarkeit des Wassers im gesamten Profil zu richten. Dies erfordert vor allem die Schaffung und Erhaltung günstiger Strukturbedingungen durch zielgerichtete Bearbeitung, Düngung, Pflegemaßnahmen, optimale Humusreproduktion, den verstärkten Anbau wurzelintensiver bodenverbessernder Pflanzen und den Schutz des Bodens vor Schadverdichtung und Erosion.

Notwendig ist die Beachtung substratabhängiger Druck-Feuchtegrenzwerte bei allen Feldarbeiten insbesondere bei Feldtransporten. Neue Fahrwerkslösungen sind hierzu unerläßlich. Die auf Höchsterträge bei fondssparendem Typ der Intensivierung gerichtete Produktion erfordert die Erschließung des gesamten Potentials, der dem Boden in voller ackerbaulicher Profiltiefe innewohnenden Wachstumsfaktoren, wobei biologische Wirkprinzipien künftig stärker zu nutzen sind als bisher.

Literatur

[1] MÜLLER, G.: Bodenkunde. VEB Deutscher Landwirtschaftsverlag, Berlin 1980

[2] GÄTKE, Cl.-R.: Zur Wirkung unterschiedlicher bodenphysikalischer Einflußgrößen auf die Wurzelausbreitung und die pflanzliche Stoffproduktion. In: Tag.-Ber., Akad. Landwirtsch.-Wiss. DDR, Berlin 1984. 227, S. 177–183

[3] ERMICH, D.; HOFMANN, B.: Grenzwerte der Druckbelastung des Ackerbodens zur Verhinderung von Schadverdichtungen bei der Pflanzbettbereitung zu Kartoffeln. In: Tag.-Ber., Akad. Landwirtsch.-Wiss. DDR, Berlin 1984. 227, S. 157–163

[4] JAHN, U.: Das wasserabhängige Verdichtungsverhalten Sächsischer und Thüringer Lößbodensubstrate unter vertikalem Druck und der Einfluß wichtiger Bodeneigenschaften auf Verdichtungskenngrößen. MLU Halle, Sektion Pflanzenproduktion, Dissertation A, 1985

[5] RÄBIGER, H.: Einfluß von Raddruck und Bodenwassergehalt bei der Hackfruchternte und folgender Grundbodenbearbeitung zu Winterweizen auf bodenphysikalische Eigenschaften und Erträge. MLU Halle, Sektion Pflanzenproduktion, Dissertation A, 1985

[6] ERMICH, D.; LANDMANN, R.: Beziehungen zwischen Durchdringungswiderstand und Trockenrohdichte in Abhängigkeit vom Bodenwassergehalt auf ausgewählten Bodensubstraten. In: Wiss. Z. Univ. Halle **XXXI** (1982 M) H. 4, S. 15–25

[7] ERMICH, D.; KREISCHE, E.: Zur Bedeutung ausgewählter physikalischer Eigenschaften des Ackerbodens für die Pflanzenproduktion. Tag.-Ber. Physik und Landwirtschaft, 3. Wissensch. Tagung Agrophysik 3.–6. 12. 84 in Reinhardsbrunn, S. 18–27

Doz. Dr. sc. Dietrich ERMICH
Martin-Luther-Universität Halle–Wittenberg
Sektion Pflanzenproduktion, Wissenschaftsbereich Ackerbau
— Bodenbearbeitung —
Adam-Kuckhoff-Str. 35
Halle/S.
4020

PEDOLOGISCH-HYDROLOGISCHE KENNZEICHNUNG LANDWIRTSCHAFTLICH GENUTZTER STANDORTE DES UNTERHARZES

MANFRED ALTERMANN

In den Mittelgebirgen reichen die Festgesteine, abgesehen von wenigen Felsdurchragungen nicht bis zur Oberfläche. Sie sind durch Lockergesteinsdecken verhüllt. Die gesamte Mächtigkeit der im Vertikalprofil mehrgliedrigen Lockergesteinsdecke schwankt im allgemeinen zwischen 1 und 2 m, z. T. werden diese Werte in Abhängigkeit von der Art des Festgesteins und der Reliefposition unter- oder überschritten. Somit liegen im Mittelgebirge gegenüber dem Flachland grundsätzlich andere Substratverhältnisse vor. Die Mächtigkeitsunterschiede der Lockergesteinsdecken zwischen den genannten Gebieten bedingen u. a. auch markante Differenzierungen im vertikalen Stofftransport und im Stoffaustausch. So sind z. B. die hydrologisch relevanten Entsorgungseigenschaften der Mittelgebirgsstandorte gegenüber dem Flachland ungünstiger zu beurteilen. Zur richtigen landwirtschaftlichen, hydrologischen und ökologischen Standortkennzeichnung sind deshalb auch vorrangig für die Mittelgebirge, für die meistens komplizierte Standortverhältnisse und Nutzungsinterferenzen (Pflanzenproduktion, Tierproduktion, Wasserwirtschaft, Erholungswesen usw.) typisch sind, umfangreiche Kenntnisse und Daten über die Böden, deren Schicht- und Substrataufbau, deren Verhalten gegenüber anthropogenen Einflüssen usw. erforderlich. Deshalb wurden in den letzten Jahren vielfältige standortkundliche Untersuchungen im Auftrag und in Kooperation mit der Martin-Luther-Universität Halle—Wittenberg, Sektion Pflanzenproduktion, Wissenschaftsbereich Standortkunde, Landwirtschaftliche Meliorationen und Landeskultur (Wissenschaftsbereichsleiter: Prof. Dr. sc. K. DÖRTER, wissenschaftliche Bearbeiter: Dr. M. PRETZSCHEL, Dr. G. BÖHME) in landwirtschaftlich genutzten Gebieten des Unterharzes durchgeführt (ALTERMANN 1985).

Aufbau und Zusammensetzung der Lockergesteinsdecken

Die mehrgliedrigen Lockergesteinsdecken als oberflächenbildende Ausgangsgesteine der Böden sind sowohl regional als auch in ihrem Vertikalaufbau deutlich differenziert. Nach den Vorschlägen von ALTERMANN, LIEBEROTH & SCHWANECKE (1983, zit. bei ALTERMANN 1985) werden für das Untersuchungsgebiet als lithostratigraphische Einheiten die *Hauptdecke*, geteilt in Mitteldecke (im Untersuchungsgebiet als Mittelschutt oder Gebirgslöß ausgebildet) und Zwischendecke (meist als Zwischenfließerde, speziell Löß-Fließerde entwickelt) und über dem Anstehenden die *Basisdecke* (differenziert in Basisschutt und Basisfließerde) ausgeschieden. Das unter dem Lockerdeckenprofil folgende Festgestein kann im oberen Bereich verzogen und aufgelockert sein. In den Tälern sind außerdem Talsedimente, Auensedimente und Schotter ausgebildet. Die verschiedenen Glieder des Lockerdeckenprofils sind durch unterschiedliche Körnung gekennzeichnet (Abb. 1).

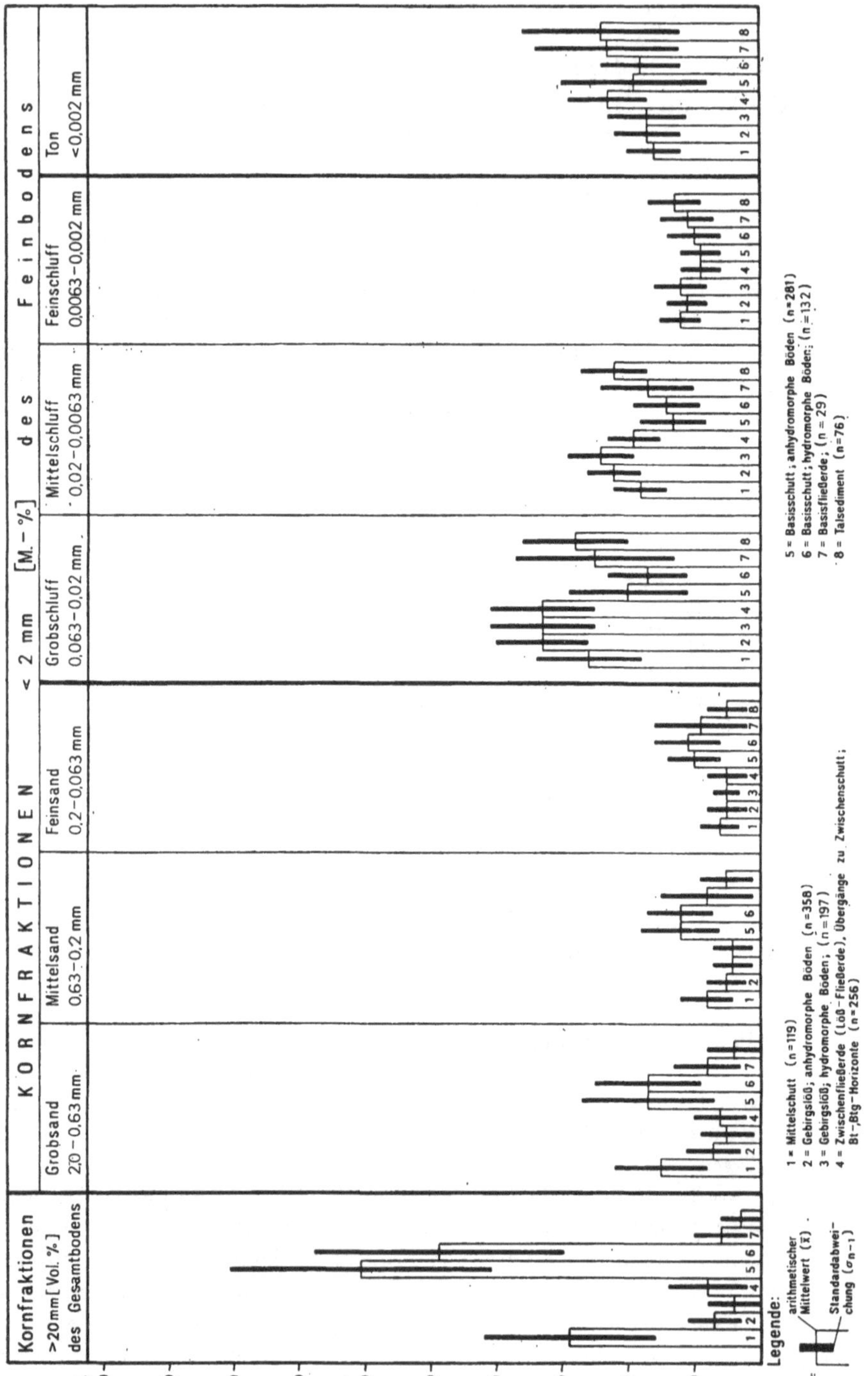

Abb. 1. Kornzusammensetzung (arithmetische Mittel, Standardabweichung) von Schichten landwirtschaftlich genutzter Böden des Unterharzes

Der durchschnittlich 44 cm mächtige Mittelschutt ist auf Kuppen und stärker geneigte Hänge beschränkt. Das Äquivalent des Mittelschutts auf Plateaus und an Flachhängen sowie in Talwannen ist Gebirgslöß, der 45 cm mittlere Mächtigkeit erreicht. Als eigenständige Lockergesteinsdecke zwischen Gebirgslöß und Basisdecke kommt auf Plateaus, an Flachhängen und in breiten Talwannen die Zwischendecke vor, die überwiegend als Zwischenfließerde (Löß-Fließerde) entwickelt ist. Die Mächtigkeit liegt im Mittel bei 45 cm, jedoch treten erhebliche Schwankungen auf. Die Zwischenfließerde (Löß-Fließerde) ist z. T. nur in Keilen oder Taschen innerhalb des Basisschutts erhalten bzw. innig mit der Basisdecke vermischt. Die Zwischenfließerde (Löß-Fließerde) selbst ist häufig von Schuttfahnen des Basisschutts durchsetzt.

Die Bildungen der Basisdecke sind großflächig verbreitet, und sie kommen auf allen Reliefpositionen vor. Es dominieren Basisschutte, deren Skelettanteil zwischen 15 und 80 Vol.-% Grobskelett (> 20 mm Korngröße) gesteinsdifferenziert sowie reliefabhängig schwankt. Auch die Mächtigkeit ist gesteinsabhängig differenziert mit einem Streuungsbereich von 30—130 cm. Die Basisfließerden sind wenig verbreitet, und sie kommen lokal in Tälern, auf Plateaus und in Flachhangpositionen meist in Verbindung mit Graulehm-, Rotlehm- oder Braunlehmrelikten vor.

In den Auen der größeren Wasserläufe und in den schmalen Nebentälern sind an der Oberfläche Talsedimente und Auensedimente als Umlagerungsbildungen der Lockergesteinsdecken der Hochflächen verbreitet. Die Mächtigkeit der Talsedimente liegt im Durchschnitt bei 75 cm, sie streut jedoch sehr. Die Auensedimente sind durch die mittlere Mächtigkeit von 1 m gekennzeichnet. Im Liegenden dieser Auensedimente sind Schotter ausgebildet.

Die Lockergesteinsdecken treten im Vertikalprofil in verschiedenen Kombinationen auf. Am meisten verbreitet sind die Abfolgen Mittelschutt über Basisschutt, Gebirgslöß über Basisschutt, Gebirgslöß über Zwischenfließerde (Löß-Fließerde) über Basisschutt/Basisfließerde, Talsediment über Basisschutt, Auensediment über Schotter.

Bodenausbildung und Bodeneigenschaften

Die Horizontabfolge der Mittelgebirgsböden ist in erster Linie vom Aufbau des Lockerdeckenprofils abhängig. Die meisten Bodenhorizonte sind an bestimmte Glieder des Deckschichtenprofils gebunden. Die Ausbildung hydromorpher Horizonte ist außerdem durch die Reliefposition bedingt.

Ranker sind erodierte, flachgründige Kuppen- und Hangstandorte mit nur kleinflächigem Vorkommen. Braunerden sind am meisten verbreitet und an die Lockergesteinsabfolge Mitteldecke über Basisdecke gebunden. Neben Schutt-Braunerden kommen Berglöß-Braunerden vor.

Fahlerden sind nur in Plateaulagen und an Flachhängen verbreitet, wenn sich das Lockerdeckenprofil aus Gebirgslöß über Zwischenfließerde (Löß-Fließerde) über Basisdecke zusammensetzt. Der Verbraunungshorizont ist auf die Gebirgslößdecke beschränkt. Et- und Bt-Horizonte sind auf die Zwischendecke begrenzt.

Braunstaugleye, Staugleye und Humusstaugleye haben im wesentlichen den gleichen Schichtaufbau wie die Fahlerden. Im Unterschied zu den Fahlerdestandorten werden Zwischenfließerde (Löß-Fließerde) und verdichtete Basisdecken auf Grund der Reliefposition der Staugleyböden (ebene bis eingesenkte Plateaulagen, Unterhänge, Hangmulden, Talränder) als Staukörper voll wirksam.

Hangamphigleye kommen als Naßstellen auf Plateaus und in Hanglagen (Hangrinnen, Hangdellen, schmale Talanfänge, Unterhangbereiche), also außerhalb der Talmulden und Täler vor. Das Lockerdeckenprofil baut sich aus Gebirgslöß über Zwischenfließerde (Löß-Fließerde) über Basisdecke auf. Die Vorkommen der Hangamphigleye sind geologisch bedingt und im Untersuchungsgebiet an Relikte älterer Verwitterungsprodukte wie Graulehme und Rotlehme gebunden. Der hangabwärts gerichtete Wasserstrom im lockeren Basisschutt bzw. aufgelockerten Anstehenden wird durch diese Dichtezonen aus den Verwitterungsrelikten gehemmt, und es tritt Hangdruckwasser auf. Dieses austretende Wasser bewirkt eine intensive Oberbodenvernässung.

Die hydromorphen Böden der Talanfangsmulden und größeren wannenartigen Senken, z. T. auch der Unterhangbereiche sind als Amphigleye (Humusamphigleye) ausgebildet. Das Lockerdeckenprofil der Berglöß-Amphigleye setzt sich aus Gebirgslöß, Zwischenfließerde (Löß-Fließerde), Basisdecke, das der Bergton-Amphigleye aus Talsediment, Zwischenfließerde (Löß—Fließerde), Basisdecke zusammen. Amphigleye sind durch Grundwassereinfluß in einer Tiefe von 0,7—1,5 m unter Flur sowie durch Staunässe bis in den Oberboden gekennzeichnet. Auf Grund des lateralen Wasserzuflusses in die Täler sind die Amphigleye langanhaltend und z. T. extrem vernäßt.

In schmalen Nebentälern und Auen dominieren Humusgleye und Gleye. Als Schichtenfolgen dieser Böden kommen Talsediment über Basisschutt, Gebirgslöß über Basisschutt sowie in den Auen Auensediment über Schotter vor. Die Grundwasserstände schwanken i. w. zwischen 0,5 und 1,5 m unter Flur, in den Auen ist der Schwankungsbereich noch größer.

Die Substratzusammensetzung der Böden bestimmt wesentlich deren physikalische und — in Verbindung mit den jeweiligen Reliefverhältnissen — pedohydrologische Eigenschaften. Auch die bodenchemischen Parameter zeichnen die Differenzierungen zwischen den Gliedern des Lockerdeckenprofils nach. Die speziellen bodenphysikalischen Parameter wie Porengrößenverteilung, Porenvolumen, Luftkapazität, nutzbare Feldkapazität, Trockenrohdichte, Durchlässigkeitsbeiwert u. a. lassen direkte Beziehungen zum Substrat erkennen (Abb. 2 und 3). Im Gebirgslöß dominieren die Mittelporen, und dessen Grobporenanteil ist im Vergleich zur Zwischenfließerde (Löß-Fließerde) und Basisdecke am höchsten. Substratbedingt haben die Braunerden den höchsten Grobporenanteil im Gebirgslöß, die Hangamphigleye und Amphigleye liegen erwartungsgemäß am niedrigsten. Bei letzteren steigt dagegen der Feinporenanteil. Folgerichtig wurden für den Gebirgslöß der Braunerden die höchsten Werte des Porenvolumens und der Luftkapazität, die geringsten der Trockenrohdichte sowie die höchsten Durchlässigkeiten ermittelt. Niedriger und stärker schwankend sind die k_f-Werte für Fahlerden. Bei hydromorphen Böden fallen sie im Gebirgslöß noch mehr ab (Abb. 3), besonders bei Hangamphigleyen und Amphigleyen. Das wird durch deren starke Oberbodenvernässung hervorgerufen, da mit dieser eine Gefügezerstörung (Verschlämmung) einhergeht, was sich wiederum auf den Grobporenanteil und die Luftkapazität negativ auswirkt.

Signifikante Unterschiede zwischen den bodenphysikalischen Parametern für die Gebirgslößdecken unterschiedlicher Bodengruppen wurden i. w. lediglich für Porenvolumen und Luftkapazität der Braunerden und Fahlerden sowie für die gleichen Parameter der Braunerden und die hydromorphen Böden ermittelt. Abweichungen der Parameter für Fahlerden und Staugleyböden sind nicht statistisch gesichert, wodurch die These der Reliefabhängigkeit letztgenannter Standorte gestützt wird. Unterschiede

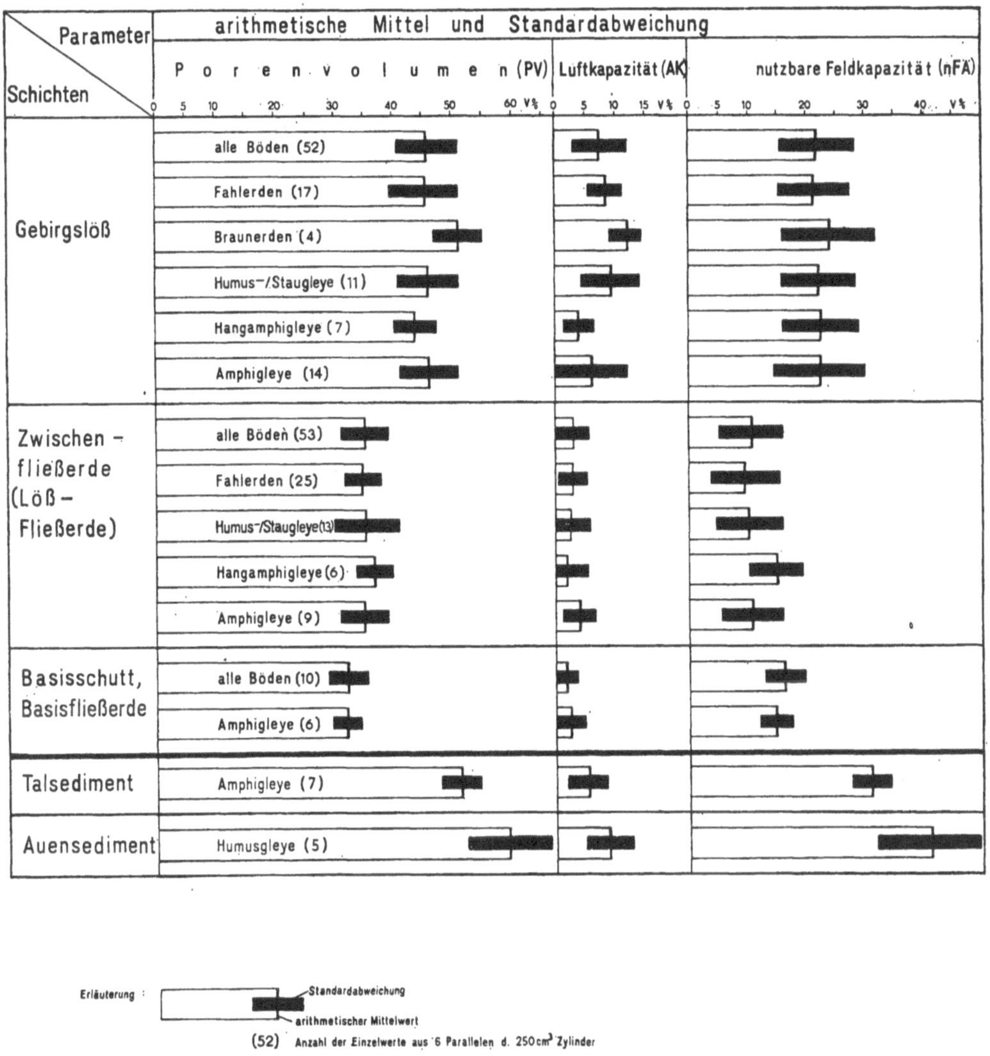

Abb. 2. Porenvolumen, Luftkapazität, nutzbare Feldkapazität (arithmetische Mittel, Standardabweichung) landwirtschaftlich genutzter Böden des Unterharzes

im k_f-Wert zwischen Fahlerden einerseits sowie Hangamphigleyen und Amphigleyen andererseits sind statistisch gesichert, und der Schwankungsbereich des Durchlässigkeitsbeiwertes in der Gebirgslößdecke dieser Naßstandorte erfaßt auch die Klasse schwer durchlässig (s. Abb. 3). Sonst liegen die k_f-Werte im Gebirgslöß im Bereich durchlässig. Die Gebirgslößdecke ist bei anhydromorphen Böden durch hohe (Schwankung: mittel bis sehr hohe), bei hydromorphen durch geringe bis hohe nutzbare Feldkapazität gekennzeichnet.

Die bodenphysikalischen Parameter der Zwischenfließerde (Löß-Fließerde) unterscheiden sich signifikant von denen der Gebirgslößdecke: in der Zwischenfließerde ist der Grobporen- und Mittelporenanteil geringer, der Feinporenanteil höher. Die Trocken-

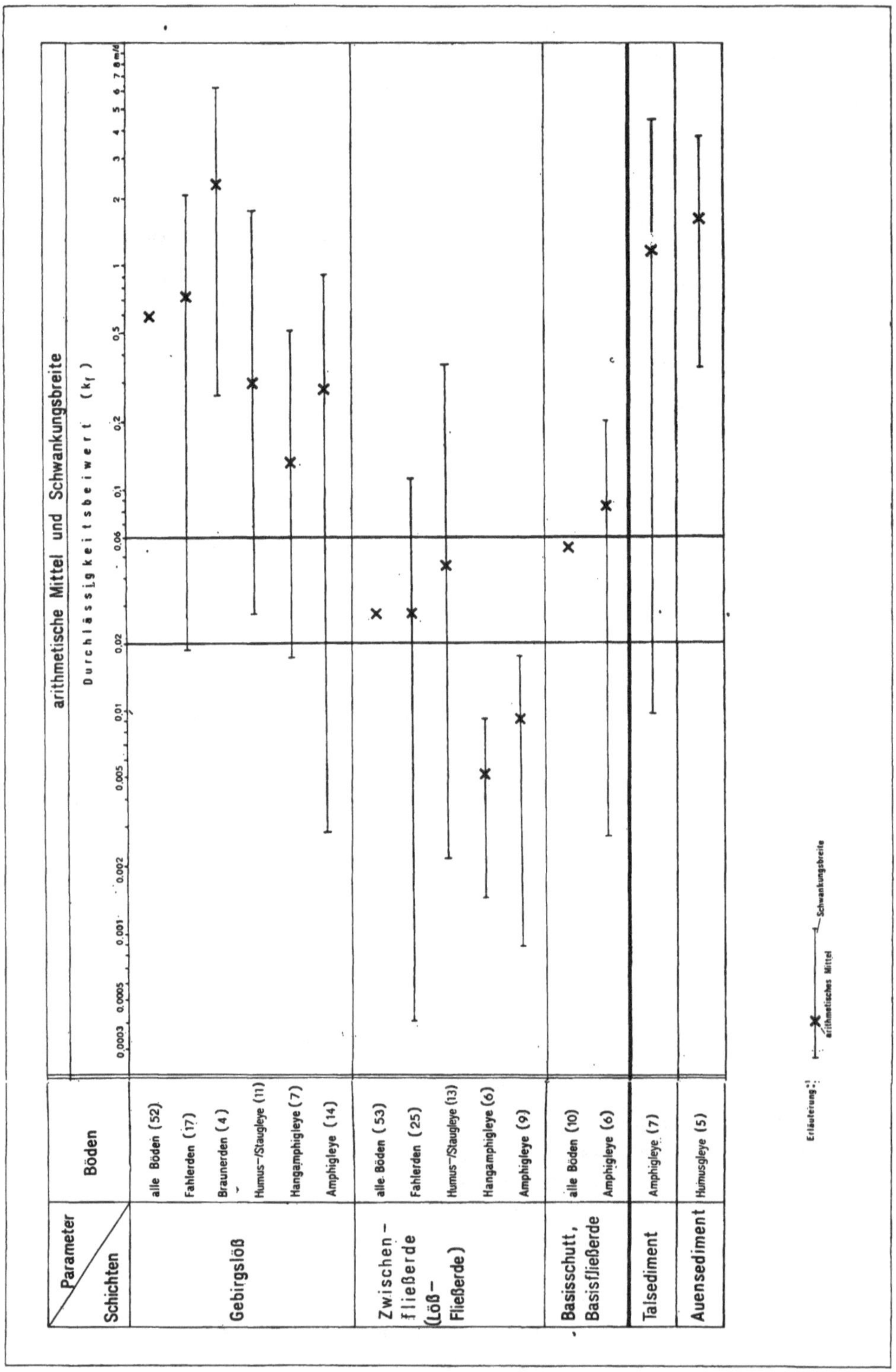

Abb. 3. Durchlässigkeitsbeiwert (arithmetische Mittel, Schwankungsbreite) landwirtschaftlich genutzter Böden des Unterharzes

rohdichte liegt im Mittel bei 1,71 g/cm³. Demzufolge sind auch Porenvolumen, Luftkapazität, nutzbare Feldkapazität und der Durchlässigkeitsbeiwert geringer als im Gebirgslöß (s. Abb. 2 u. 3). Statistisch gesicherte Unterschiede zwischen den Parametern der Zwischenfließerde verschiedener Bodengruppen wurden nur für den k_f-Wert der Fahlerden und Hangamphigleye/Amphigleye nachgewiesen (Abb. 3). Auch hier liegen die Ursachen offenbar in der starken Vernässung dieser Böden (s. o.). Demzufolge ist die Löß-Fließerde der Fahlerden und Staugleyböden gering durchlässig, bei den Hangamphigleyen und Amphigleyen ist sie dagegen schwer durchlässig. Die nutzbare Feldkapazität der Zwischenfließerde (Löß-Fließerde) liegt im geringen bis mittleren Bereich, sie fällt im Vergleich zum Gebirgslöß deutlich ab. Die bodenphysikalischen Werte kennzeichnen die Zwischenfließerde (Löß-Fließerde) als Staukörper, wobei die Parameter für die Bodengruppen nur geringe Unterschiede veranschaulichen.

Tal- und Auensedimente unterscheiden sich in bodenphysikalischer Hinsicht signifikant von den anderen Decken durch hohen Anteil der Grob- und Mittelporen, durch hohes Porenvolumen und hohe nutzbare Feldkapazität. Die größte Durchlässigkeit weisen die Auensedimente (durchlässig) auf. Die k_f-Werte der Talsedimente schwanken dagegen bis in den Bereich schwer durchlässig. Die heterogene Substratzusammensetzung der Talsedimente spiegelt sich in den bodenphysikalischen Parametern (insbesondere in der großen Streuung) wider. Die extrem hohe nutzbare Feldkapazität der Auensedimente (überwiegend Auenschluffe mit Grobschluffanteil von $\bar{x} = 32\%$ und Tongehalten $\bar{x} = 15\%$) ist auf die Körnung und die Porengrößenverteilung in Verbindung mit dem hohen Humusgehalt ($\bar{x} = 7\%$) zurückzuführen.

Unter Zugrundelegung der Geländeuntersuchungen, der bodenphysikalischen Parameter und der von Borchardt (1982, 1984) durchgeführten hydrologischen Messungen in einem Kleineinzugsgebiet des Harzes können gut gesicherte Aussagen zum Bodenwasserhaushalt erfolgen (Abb. 4). Das auf den Boden auftreffende Niederschlagswasser unterliegt teilweise dem Oberflächenabfluß, andererseits dringt es als Sickerwasser (Gravitationswasser) in den Boden ein. Der weitere Verlauf des Gravitationswassers hängt vom Aufbau des Lockerdeckenprofils und vom Relief ab. Die Sickerwasserbewegung ist im Mittelschutt, lockeren Basisschutt und Gebirgslöß im allgemeinen nicht eingeschränkt. Bei Schutt-Braunerden und Berglöß-Braunerden werden deshalb relativ hohe Infiltrationsraten durch das Gravitationswasser erreicht. In dichten Basisdecken erfolgt die Sickerwasserbewegung i. w. in Lößkeilen, Lößtaschen, feinerdearmen Schuttpartien, Wurzelkanälen. Das Sickerwasser gelangt in den lockeren Basisschutt und/oder das aufgelockerte Anstehende.

In diesen Lockerzonen in einer Tiefe von etwa 1,2—1,8 m unter Flur kommt es hangabwärts zum unterirdischen Abfluß, d. h. die vertikale Wasserbewegung wird über dem kompakten anstehenden Gestein in eine laterale umgelenkt, die als hypodermischer Abfluß (bodeninnerer Hangabfluß) zu klassifizieren ist (Borchardt 1982). Lockerer Schutt und aufgelockertes Anstehendes stellen also einen unterirdischen Hangwasserleiter dar, der in Abhängigkeit vom Lockerdeckenprofil unterschiedlich genährt wird. Wasseraustritt, Wasserfilme auf Kluftflächen des gelockerten Anstehenden sind typisch für diesen Wasserleiter. Ebenso haben die Steine in dieser feinerdefreien Lockerzone nicht selten Schluff- und Tonbeläge, die offenbar abgesetzte Feststoffe des abfließenden unterirdischen Hangwassers darstellen. Sind jedoch Zwischenfließerde (Löß-Fließerde) oder dichte Basisdecken ausgebildet, erfolgt die Umkehr des Gravitationswassers bereits oberflächennah (oberhalb dieser genannten Staukörper), und es kommt *innerhalb*

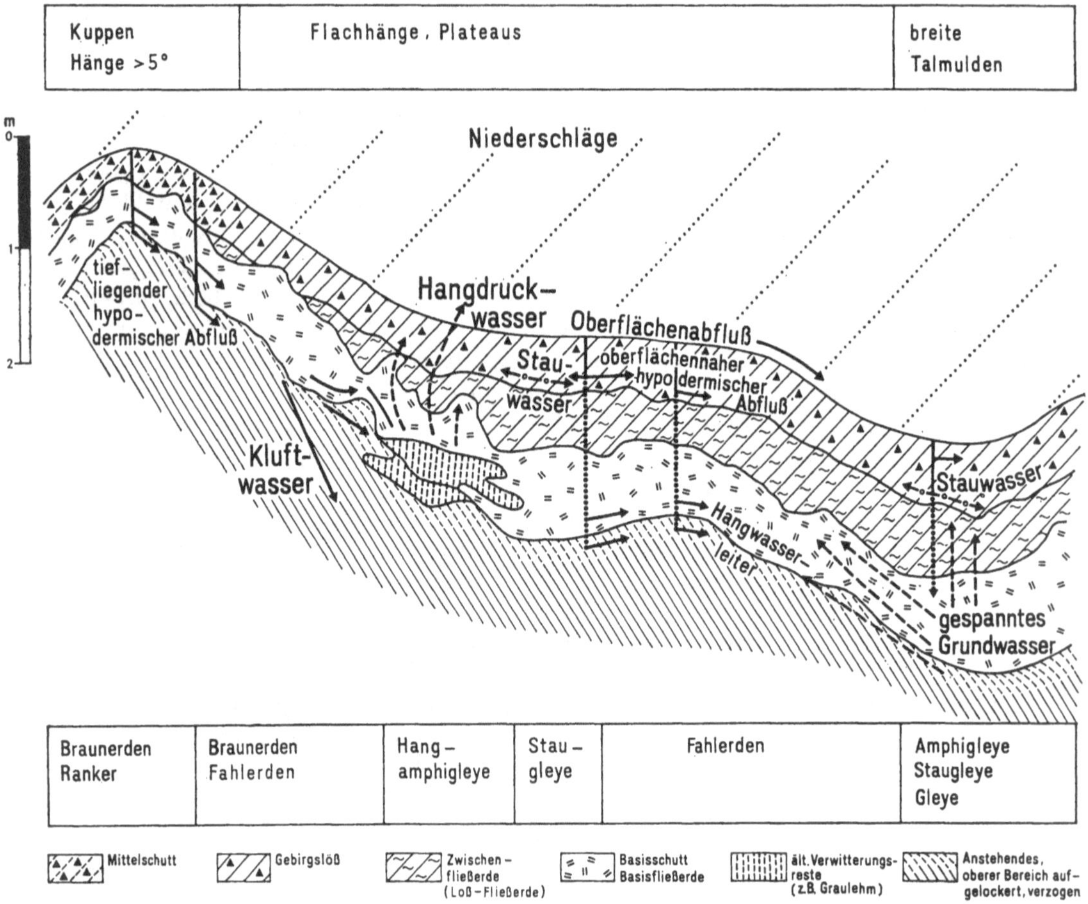

Abb. 4. Vereinfachtes Schema über den Boden- und Landschaftswasserhaushalt in landwirtschaftlich genutzten Gebieten des Unterharzes (weitere Erläuterungen: siehe Text)

der Gebirgslößdecke zum hypodermischen (oberflächennahen) Hangabfluß. Auch in solchen Gebieten durchdringt ein geringer Teil des Gravitationswassers die genannten Stauschichten zum tieferliegenden Hangwasserleiter. Von den geneigten Flächen erfolgt der hypodermische Abfluß zu den Talpositionen also in zwei Tiefenstufen. Zweckmäßigerweise sollte man deshalb in oberflächennahen und tiefliegenden hypodermischen Abfluß differenzieren. Der oberflächennahe Abfluß ist nach Niederschlägen aktiv und findet in Trockenzeiten nicht statt. Dagegen erfolgt der tiefliegende hypodermische Abfluß in Abhängigkeit von den lokalen Standortbedingungen weitgehend ganzjährig mit niederschlagsabhängiger Intensität und unterschiedlicher Zeitverzögerung. Der hypodermische Abfluß ist nur bei einem Mindestgefälle ($\geqq 2°$ Neigung) gewährleistet. Deshalb sind auf ebenen Plateauflächen und in Reliefdepressionen außerhalb der Täler statt anhydromorphen Böden stauvernäßte (Staugleyböden, z. T. auch Amphigleye) verbreitet. Bei den Staugleyen erfolgt praktisch kein oberflächennaher hypodermischer Abfluß, und der Staukörper wird voll wirksam. Bei Hangamphigleyen ist der tiefliegende hypodermische Abfluß durch das Fehlen von Lockerzonen in der Basisdecke und im Anstehenden (Verdichtung i. w. durch Graulehmrelikte) stark eingeschränkt, so daß Hangdruckwasser auftritt. Außerdem kann es auch beim Ausstreichen der Staukörper (Zwischenfließerde) an der Oberfläche zum (oft quellartigen) Wasseraustritt kommen. In den Talwannen sammelt sich das hypodermisch abfließende Wasser. Im lockeren Basisschutt und aufgelockerten Anstehenden der Talmulden bildet es häufig gespanntes Grundwasser. Das oberflächennah zufließende Wasser reichert sich über der Zwischenfließerde (Löß-Fließerde) als Stauwasser an. Die starke Vernässung der Böden in den Talwannen (Amphigleye) wird also wesentlich durch den zweistufigen Hangwasserzufluß hervorgerufen. Das gespannte Grundwasser in den Tälern kann außerdem bis zur Oberfläche durchdrücken. Der Grundwasserleiter in den Talwannen steht mit dem tiefliegenden Hangwasserleiter in Verbindung. Je stärker das Grundwasser in den Talbereichen gespannt ist, desto mehr ist auch der tiefliegende Hangwasserleiter angefüllt. Demzufolge kommt es bei einer Entwässerung des Grundwasserleiters in den Tälern zwangsläufig auch zu einer Entleerung des tiefliegenden Hangwasserleiters. Das gespannte Grundwasser im Untergrund der Amphigleye bewirkt, daß die hangenden Schichten auf dem Grundwasserleiter „schwimmen" und beim Betreten schaukelnde Bewegungen ausführen. Für derartige Standorte wird landläufig auch der Begriff „Schunkelwiesen" geprägt.

Von den Pflanzen wird das im Durchwurzelungsbereich (Mittelschutt, Gebirgslöß) befindliche Bodenwasser genutzt. Der hypodermische Abfluß in diesen Lockergesteinsdecken muß deshalb herabgesetzt werden, damit dieses Wasser in höherem Maße pflanzennutzbar wird. Durch Gefügemelioration (Lockerung, Tieflockerung und Kalkung) kann die Stauwirkung der Zwischenfließerde (Löß-Fließerde) herabgesetzt und deren Wasserspeicherfähigkeit erhöht und damit der nutzbare Wurzelraum erweitert werden. Gefügeverbessernde Maßnahmen der Böden in Plateau- und Flachhanglagen bewirken eine Einschränkung des oberflächennahen hypodermischen Abflusses und somit auch gleichzeitig die Verminderung der Oberbodenvernässung der Talböden. Das hypodermisch abfließende Wasser im tiefliegenden Hangwasserleiter kann von den Pflanzen kaum genutzt werden. Dieses Wasser bewirkt aber eine nicht zu unterschätzende Unterboden/Untergrundfrische der landwirtschaftlich genutzten Standorte. Eine Entleerung des Hangwasserleiters durch Meliorationen ist insbesondere für Plateaus und Hanglagen nachteilig.

Schlußfolgernd kann festgestellt werden, daß vor der Projektierung von Meliorationsmaßnahmen in Mittelgebirgen der Boden- und Landschaftswasserhaushalt analysiert und die hydrologischen Zusammenhänge bekannt sein müssen. Nur so können Schäden vermieden und eine hohe Effektivität von standortsverbessernden Vorhaben erreicht werden.

Literatur

[1] Altermann, M.: Standortkennzeichnung landwirtschaftlich genutzter Böden des östlichen Harzes. Diss. B, Wilhelm-Pieck-Universität Rostock, 1985

[2] Borchardt, D.: Geoökologische Erkundung und hydrologische Analyse von Kleineinzugsgebieten des unteren Mittelgebirgsbereiches, dargestellt am Beispiel von Experimentalgebieten der oberen Selke/Harz. In: Petermanns Geogr. Mitt. **126** (1982) 4, S. 251–262

[3] BORCHARDT, D.: Zur Charakterisierung des unterirdischen Abflusses im Lockermaterial des Mittelgebirges, dargestellt am Beispiel hydrologischer Versuchsgebiete der oberen Selke (Harz). In: Arch. Acker- u. Pflanzenbau u. Bodenkd. 28 (1984) 2, S. 107–120

Doz. Dr. sc. Manfred ALTERMANN
Martin-Luther-Universität Halle–Wittenberg
Sektion Pflanzenproduktion
Wissenschaftsbereich Standortkunde
Lehrkollektiv Bodenkunde und Mikrobiologie
Weidenplan 14
Halle
4020

ZUM WASSERVERBRAUCH LANDWIRTSCHAFTLICHER FRUCHTARTEN SOWIE WEGE ZUR VERRINGERUNG EINES ERTRAGSSENKENDEN WASSERDEFIZITES

DIETER ROTH

1. Einleitung

Ausreichende Wasserversorgung bildet eine wesentliche Voraussetzung für die Existenz von Pflanzenbeständen mit hoher Nettophotosyntheseleistung. Auf landwirtschaftlichen Nutzflächen wird damit der Standortfaktor Wasser zu einem bedeutenden Produktionsfaktor. Um Ertragsausfälle in der Pflanzenproduktion durch Wassermangel so niedrig wie möglich zu halten ist es erforderlich, die Kenntnisse über den Wasserverbrauch und den ertragsbezogenen Wasserbedarf landwirtschaftlich genutzter Pflanzenbestände zu erweitern und auf dieser Grundlage Lösungen zur Verbesserung der Wasserversorgung und zur höchstmöglichen Wasserausnutzung zu erarbeiten.

2. Untersuchungsergebnisse zum Pflanzenwasserverbrauch

Der Wasserverbrauch am natürlichen Standort wird bestimmt vom Saugspannungsgefälle im System Boden—Pflanze—Atmosphäre. Die Triebkraft dafür bildet der Verdunstungsanspruch der Atmosphäre. Als bilanzierungsfähiger Ausdruck hierfür dient die potentielle Verdunstung (PE). In der DDR wird diese in den meisten Fällen als Kesselverdunstung gemessen (= Verdunstung einer freien Wasseroberfläche) oder nach der von WENDLING (1985a, b) modifizierten Schätzfunktion nach TURC berechnet. Die potentielle Verdunstung während der Vegetationsperiode (1. 4. bis 10. 9.), berechnet nach TURC, beträgt im Binnentiefland der DDR im Durchschnitt des 25jährigen Mittels 471 mm (KRUMBIEGEL 1985). Der tatsächliche Wasserverbrauch wachsender Pflanzenbestände (AET) kann diese Werte bei nicht oder nur wenig eingeschränkter Evapotranspiration aber beträchtlich übersteigen, wie der Vergleich in Tabelle 1 zeigt.

Eine entscheidende Frage für die Pflanzenproduktion insgesamt, ganz besonders aber für Bewässerungsbedingungen, besteht darin, wieviel von diesem beträchtlichen Wasserverbrauch während der Periode hoher Biomasseproduktion in Form von Niederschlägen zur Verfügung stehen muß, um hohe Erträge zu gewährleisten. Die Beantwortung dieser Frage ist nur möglich, wenn die Beziehungen zwischen Niederschlagshöhe in der Hauptertragsbildungsperiode — hier gleichgesetzt mit der Beregnungszeitspanne — und den Erträgen an ökonomisch im Vordergrund stehenden Produkten, also an Korn, Zucker, Kartoffeln und Futtertrockenmasse, bekannt sind. Dazu wurden mehrjährige Wasserstaffelungsversuche auf drei grundwasserfreien Standorten mit unterschiedlichem Bodenwasserspeicherungs- und Bereitstellungsvermögen zu wichtigen Fruchtarten durchgeführt (method. Angaben s. ROTH u. a. 1985).

Aus den Ergebnissen dieser Wasserstaffelungsversuche geht zunächst hervor, daß sich die Beziehungen zwischen Niederschlagsmenge in der Hauptertragsbildungs-

Tabelle 1

Gemessener Wasserverbrauch von Winterweizen (AET) im Vergleich zur potentiellen Verdunstung (PE) (1. 4. bis 10. 7. 83)

AET Winterweizen (Lysimeter)	347 mm	100%
PE_{TURG}	280 mm	81%
$PE_{Standardkessel}$	248 mm	71%
$PE_{Kessel\ n. SCHÄFER}$	276 mm	80%
Wasserverbrauch n. KLATT	239 mm	69%

periode und den Erträgen der untersuchten Fruchtarten in allen Jahren mit meist hohem Bestimmtheitsmaß durch eine Funktion zweiten Grades beschreiben lassen (Abb. 1).

Die allmähliche Abnahme des Ertragszuwachses von einer bestimmten Wasserversorgungsstufe an ist vor allem auf folgende Ursachen zurückzuführen:

— Mit zunehmendem Ausgleich der klimatischen Wasserbilanz treten ertragsmindernde Wasserdefizite immer seltener und allenfalls nur noch kurzzeitig auf. Weiter steigende Wasserzufuhr bringt demzufolge immer geringere bzw. keine Ertragsvorteile mehr.
— Von einer bestimmten Niederschlagsmenge an kommt es zu Störungen im Bodenlufthaushalt und damit zu negativen, die Ertragsbildung hemmenden Einflüssen (vergl. hierzu BENETIN 1983, HILLEL 1971, ROTH 1979).
— Schließlich führen zu reichliche Niederschläge zu steigenden Versickerungsverlusten und z. T. zu Oberflächenabflüssen. Damit stehen sie für eine produktive Verwertung durch die Pflanze nicht mehr zur Verfügung.

Je steiler der Kurvenanstieg verläuft, um so größer ist die Abhängigkeit des Ertrages vom Niederschlag. Aus Abb. 1 geht hervor, daß diesbezüglich ein deutlicher Unterschied zwischen der flachgründigen Ton-Schwarzerde (ausgezogene Kurven) mit vergleichsweise geringem Bodenwasserspeichervermögen und der tiefgründigen Löß-Braunschwarzerde (unterbrochene Kurven) mit hoher Bodenwasserbereitstellung besteht. Auf der Löß-Braunschwarzerde kann ein wesentlich höherer Anteil des Ertrages aus dem Bodenfeuchtevorrat gebildet werden als auf der Ton-Schwarzerde. Die Niederschlags-Ertragsfunktion ordnet sich danach auf der Löß-Braunschwarzerde im oberen, bereits relativ flach verlaufenden Bereich einer (gedachten) Gesamtwasser-Ertragsfunktion ein. Der Niederschlagsbedarf zur Erzielung hoher Erträge und damit auch der Bedarf an Zusatzwasser ist dadurch wesentlich geringer als auf Standorten mit niedriger Bodenwasserbereitstellung.

Unterschiede bestehen auch zwischen den untersuchten Fruchtarten (Abb. 1). Arten mit ständig hohem Wasserbedarf während der gesamten Vegetationsperiode (W. Weidelgras), mit vergleichsweise spät einsetzender Periode mit hohem Wasserbedarf (Kartoffeln, Zuckerrüben) und/oder mit vergleichsweise geringer Wurzelleistung (Kartoffeln, z. T. auch W. Weidelgras) sind bei gleichen Bodenbedingungen stärker auf Niederschlagswasser angewiesen als die beiden Getreidearten mit frühem Wasserbedarf und mit hohem Bodenwasserausschöpfungsvermögen. Letzteres gilt ganz besonders für Winter-

Beziehungen zwischen Niederschlagsversorgung, bezogen auf die KWB, und den Erträgen wichtiger Fruchtarten auf 2 Standorten im zentr. Thüringer Becken (n. ROTH u. KACHEL)

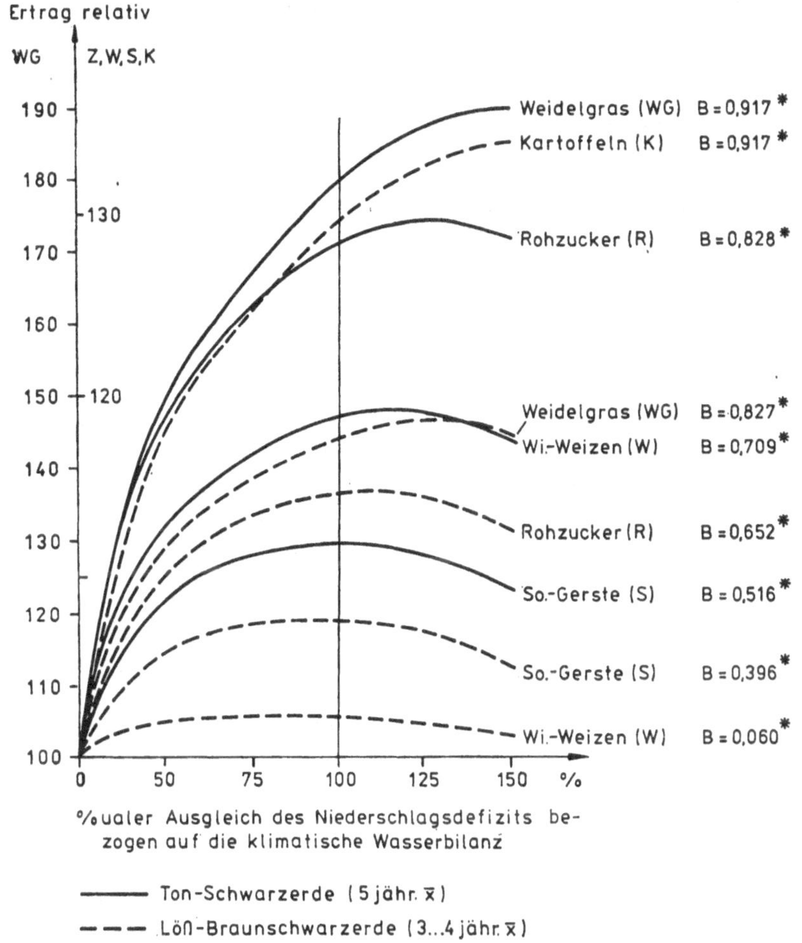

Abb. 1

weizen, und hier wiederum sehr ausgeprägt für tiefgründige Lößböden, wie der extrem flache Kurvenanstieg in Abb. 1 beweist. Bestätigt wird dies durch Untersuchungsergebnisse unserer Lysimeterstation. Aus der dort 1983 ermittelten Wasserbilanz geht hervor, daß Winterweizen auf Löß selbst bei starker Feuchteverarmung in 0...80 cm Bodentiefe seinen Wasserbedarf ohne erkennbare Transpirationseinschränkung längere Zeit aus Bodenschichten unter 80 cm Tiefe decken kann (Tab. 2).

Wesentlich ist, daß aus den Niederschlags-Ertragsfunktionen neben den angeführten allgemeingültigen Aussagen auch quantitative Ergebnisse abgeleitet werden können. U. a. läßt sich der erforderliche fruchtarten- und standortabhängige Niederschlags-

Tabelle 2
Wasserbilanz und Bodenfeuchteentzug von Winterweizen auf einer Löß-Braunschwarzerde (mm) (nach Roth u. Günther 1985)

Zeitraum	30. 5.–20. 6. 85	21. 6.–20. 7. 85
AET	102	131
Niederschlag	9	45
Versickerung	0	0
Bodenfeuchteentzug	93	86
davon aus 0…40 cm Tiefe	51	10
aus 41…80 cm Tiefe	45	9
unter 80 cm Tiefe	(+3)	67

bedarf in der Hauptertragsbildungsperiode ermitteln, der notwendig ist, um hohe Erträge zu gewährleisten. Die Niederschläge, die zur Erzielung des Maximalertrages erforderlich sind, lassen sich aus den Ertragsfunktionen einfach und sicher ablesen, sofern das Ertragsmaximum erreicht bzw. überschritten wurde (Abb. 2/Beispiel Zuckerrübe). Zur Ableitung von anwendungsorientierten Bedarfsrichtwerten sind diese Niederschlagsmengen aber wenig geeignet, da bereits vor Erreichung des Maximalertrages mit steigendem Wasseraufwand nur noch ein unwesentlicher Ertragszuwachs und damit eine sehr geringe Wasserausnutzung erreicht wird. Aus diesem Grunde wurde versucht, durch Vorgabe eines bestimmten Mindestmehrertrages je mm Niederschlag einen ertragsbezogenen „effektiven" Niederschlagsbedarf zu ermitteln. Unter dem erforderlichen „effektiven" Niederschlag verstehen wir diejenige Niederschlagsmenge, die in der Hauptertragsbildungsperiode der jeweiligen Fruchtart möglichst gleichmäßig verteilt zur Verfügung stehen muß, um hohe Erträge bei gleichzeitig günstiger Wasserausnutzung zu gewährleisten. Mit Hilfe der ersten Ableitung der Produktionsfunktionen $\left(\frac{d_y}{d_x}\right)$ und von Grenzwerten für die Wasserausnutzung lassen sich sowohl die erforderlichen „effektiven" Niederschläge als auch der Zusatzwasserbedarf bestimmen (Abb. 2). In Tabelle 3 ist der aus diesen Untersuchungen sowie aus Modellkalkulationen abgeleitete Niederschlagsbedarf für wichtige landwirtschaftliche Fruchtarten angeführt.

3. Maßnahmen zur Deckung des Wasserbedarfes und zur Verringerung ertragssenkender Wasserdefizite

Die angeführten erforderlichen Niederschläge stehen im Binnentiefland der DDR in den meisten Jahren nicht zur Verfügung. Die Folge davon sind Mindererträge, bei bestimmten Fruchtarten (vor allem Gemüse) kommen Qualitätsmängel hinzu. Aus Wasserstaffelungs- und Beregnungsversuchen kann abgeschätzt werden, daß sich vor allem auf Böden mit geringer bis mittlerer Bodenwasserbereitstellung die durchschnittlichen wassermangelbedingten Ertragsausfälle auf ca. 20% bei Hackfrüchten, ca. 35% bei Ackergras und ca. 10% bei Getreide belaufen. In Trockenjahren können diese Werte bei Hackfrüchten auf 40...50%, bei Ackergras auf über 50% und bei Getreide auf 20...30% ansteigen.

Niederschlags – Ertragsbeziehungen und Anteil des Zusatzwassers am Gesamtniederschlag in der Hauptwachstumsperiode bei Zuckerrüben in zwei Jahren mit unterschiedlichem klimat. Wasserdefizit

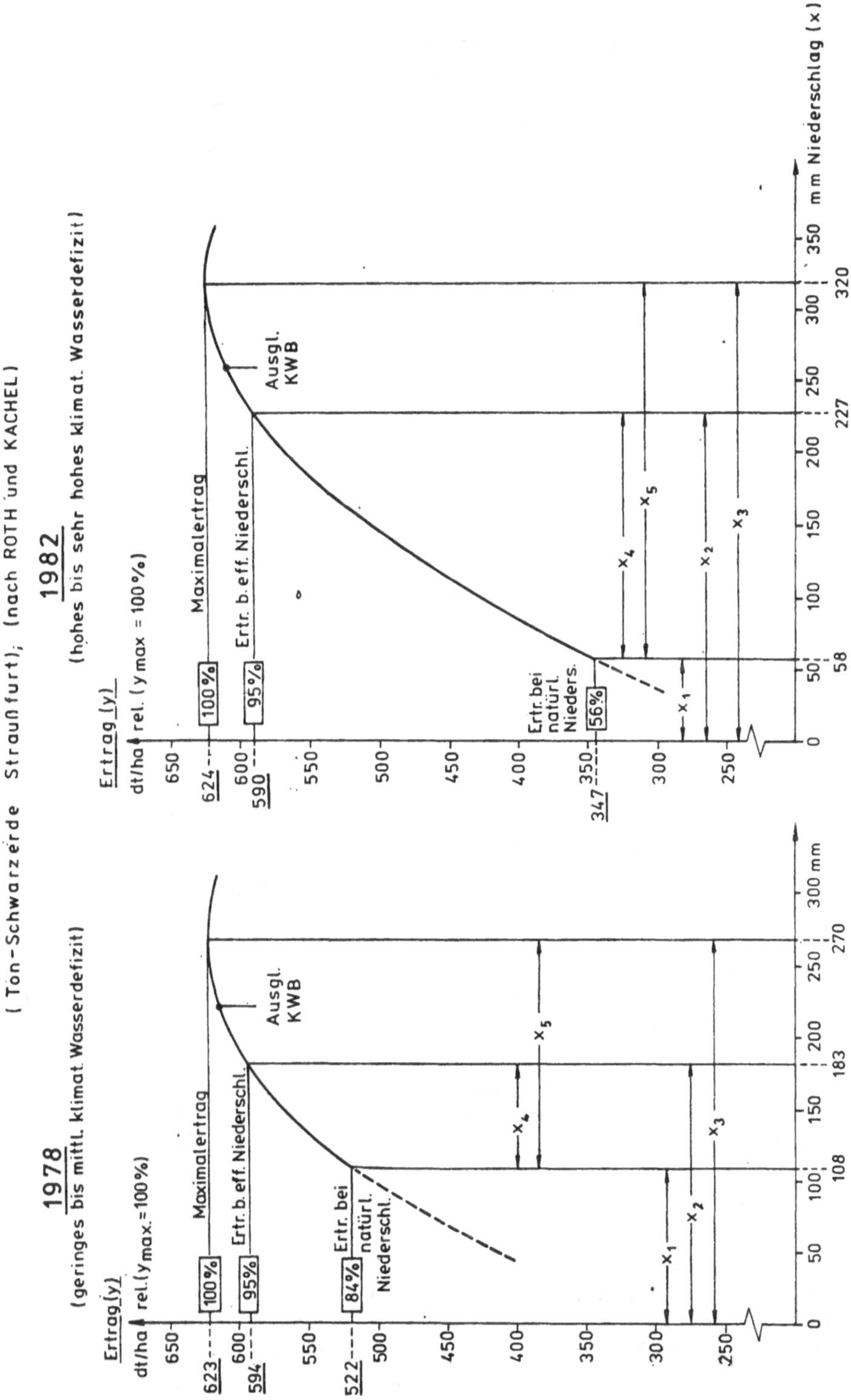

x₁ = natürlicher Niederschlag
x₂ = erforderlicher „effektiver" Niederschlag
x₃ = Niederschlag für Ertragsmaximum

x₄ = ökonom. effektive Zusatzwassermenge
x₅ = Zusatzwasser für Ertragsmaximum

Abb. 2

Tabelle 3

Richtwerte für den Niederschlagsbedarf[1] landwirtschaftlicher Fruchtarten im Zeitraum mit hoher Stoffproduktion im Binnentiefland der DDR (Auszug) (in mm)

Fruchtart (Beregnungszeitspanne)[2]	Bodenwasserbereitstellung			
	niedrig	mittel	hoch	sehr hoch
— Zuckerrüben (1./6. 7.—10./15. 9.)	240	225	185	175
— Kartoffeln (RG 3/4) (16./21. 6.—15./20. 8.)	225	210	175	170
— Ackergras (11./16. 5.—10. 9.)	400	390	370	360
— Mais (11./21. 6.—5. 9.)	280	265	225	215
— Winterweizen (11./21. 5.—10. 7.)	200	185	155	140
— Sommergerste (16./26. 5.—5. 7.)	170	155	115	100

[1] Langj. Durchschnitt; in Jahren mit hohem Verdunstungsanspruch etwa 10% höher
[2] Die längere Beregnungszeitspanne gilt jeweils für Standorte mit niedriger und mittlerer Bodenwasserbereitstellung

Die erste und für alle Bedingungen unerläßliche Voraussetzung für die Erzielung hoher Erträge bei begrenztem Wasserdargebot besteht darin, durch optimale Gestaltung und Kombination aller beeinflußbaren Ertragsfaktoren eine höchstmögliche Wasserausnutzung zu erreichen. Das gilt sowohl für die natürlichen Wasserreserven als auch für Zusatzwasser. Der positive Einfluß ausreichender Nährstoffversorgung auf die Wasserausnutzung ist bereits in Untersuchungen u. a. von v. SEELHORST (1899), MITSCHERLICH u. BEUTELSPACHER (1938) oder KLAPP (1962) eindeutig nachgewiesen worden. Die daraus abgeleiteten Grundsätze gelten sinngemäß für alle Wachstumsfaktoren.

Im engen Zusammenhang mit den acker- und pflanzenbaulichen Maßnahmen zur günstigen Gestaltung der Wachstumsbedingungen als Voraussetzung für eine hohe Wasserausnutzung stehen spezielle Maßnahmen zur Erhöhung des Wasserspeichervermögens der Böden und zur Verbesserung der Bodenfeuchteausschöpfung durch die Pflanze. Das Bodenfeuchtespeichervermögen ist zwar sehr stark texturabhängig und somit nur schwer beeinflußbar, der von der Pflanze durchwurzelbare Bodenraum und die Ausnutzung des Unterbodens als Wasserspeicher wird aber wesentlich von der Bodenstruktur bestimmt, die ihrerseits von ackerbaulichen und meliorativen Maßnahmen beeinflußt werden kann. Um eine möglichst vollständige Ausnutzung des Unterbodens als Wasserspeicher zu erreichen und um zu gewährleisten, daß die Pflanzenwurzeln Zugriff zum Feuchtevorrat tieferer Bodenschichten erhalten, sind sowohl genetisch als auch anthropogen bedingte Schadverdichtungen des Bodens durch bodenmeliorative Maßnahmen nachhaltig zu beseitigen. In der DDR ist nach WERNER (1985) sowie MORSTEIN, u. a. (1984) auf etwa 1,3 Mio ha mit genetisch bedingten Verdichtungen sowie auf über 1,2 Mio ha mit bewirtschaftungsbedingten Krumenbasisverdichtungen zu rechnen. Durch Anwendung geeigneter bodenmeliorativer und künftig zusätzlicher wurzelstimulierender Maßnahmen ist — je nach Standort, Verdichtungsgrad und anwendbarem Verfahren— eine um 10 und 40 mm höhere Bodenwasserausschöpfung mit Mehrerträgen überwiegend zwischen 2 und 6 GE/ha erreichbar. Hervorzuheben ist, daß durch diese Verfahren weitere Vorteilswirkungen erreicht werden, aus landwirtschaftlicher Sicht vor allem die Vermeidung von zeitweiliger Vernässung im Krumenbereich mit darauf beruhenden negativen Folgewirkungen. Ökologisch relevant ist die größere Wasserrückhaltung durch bessere Infiltration und vergrößerten Speicherraum, wodurch oberirdischem Abfluß und Wassererosionsschäden entgegengewirkt wird.

Einen wesentlichen Faktor zur Deckung des erforderlichen Wasserbedarfes und damit zur Ertragssteigerung und Ertragssicherung bildet die Bewässerung. Das gilt ganz besonders für Jahre mit ausgeprägtem Wasserdefizit in der Hauptertragsbildungsperiode und für Standorte mit niedriger bis mittlerer Bodenwasserbereitstellung. Die Bewässerungsfläche der DDR betrug Ende 1984 1,05 Mio ha davon 475 Tha Beregnungsfläche. Für 1985 ist ein weiterer Zugang geplant. Die unter Praxisbedingungen möglichen Ertragssteigerungen der Hauptbewässerungsverfahren liegen beim einfachen Anstau zur Abflußverzögerung zwischen 4 und 7 GE, auf den Einstau- und Beregnungsflächen je nach Standort zwischen 12 und 17 GE. Für die derzeitige Bewässerungsfläche ist eine potentielle Wasserbereitstellung von 1,5 Mrd. m^3 Wasser erforderlich. Für Praxis und Forschung besteht die dringende Forderung, das bereitgestellte Zusatzwasser sparsam und mit höchster Effizienz einzusetzen, d. h. hohe Erträge bei gleichzeitig günstiger Zusatzwasserausnutzung zu gewährleisten. Als wichtiges Hilfsmittel zur Erfüllung dieser Forderung wurde vom FZB Müncheberg der AdL das EDV-Beregnungsberatungssystem entwickelt, das inzwischen auf ca. 330 Tha Beregnungsfläche angewendet wird.

Die begrenzten Wasserreserven unseres Landes sowie die hohen materiellen und finanziellen Aufwendungen für die Erschließung neuer Bewässerungs- und vor allem Beregnungsflächen, aber auch für Bodenmeliorationsmaßnahmen, zwingen dazu, nach neuen Wegen zur Verringerung wassermangelbedingter Ertragsausfälle zu suchen. Dazu wurden Untersuchungen aufgenommen, die darauf abzielen, die Wasserausnutzung durch die Pflanze zu erhöhen und ihre Widerstandsfähigkeit gegenüber Trockenstreß so zu verbessern, daß positive Ertragseffekte erreicht werden (BERGMANN 1980). Das Arbeitskonzept beruht darauf, durch Anwendung geeigneter Wirkstoffe die natürlich vorhandene Fähigkeit der Pflanze zur Streßresistenz zu fördern. Von über 145 vorwiegend an Getreide geprüften Einzelsubstanzen und 45 Kombinationspräparaten erwies sich Monoethanolamin (EA) — Vorstufe des in der Pflanze als Streßmetabolit wirksamen Glycinbetains und Baustein der streßempfindlichen Biomembranen — als aussichtsreich (BERGMANN u. a. 1985). In bisher 30 Feldversuchen wurden mit EA zu Sommergerste Mehrerträge von 3,3 dt/ha erzielt. Da es sich bei dem Wirkstoff Ethanolamin um eine auch in der Pflanze vorkommende Substanz handelt, waren ökologische Bedenken von vorn herein gering. Untersuchungen zur Metabolisierung und zum Rückstandsverhalten ergaben, daß ein rascher Ab- und Umbau erfolgt, es wurden keine höheren Rückstände im Erntegut im Vergleich zur unbehandelten Variante gefunden.

Abschließend bleibt festzustellen, daß sowohl durch umfassende Anwendung der vorliegenden Erkenntnisse als auch durch weitere intensive Forschung auf dem Gebiet des Boden- und Pflanzenwasserhaushaltes beachtliche Ertragsreserven in der Pflanzenproduktion auch in unserem Klimaraum erschlossen werden können.

Literatur

[1] BENETIN, I.: Mathematisches Modell für das Wachstum von landwirtschaftlichen Kulturen und seine Verwertung in der quantitativen Beurteilung des Bewässerungseffektes auf die Steigerung der Ernteerträge. SAW. Math.-nat. Klasse, Berlin. — Sitzungsbericht **116**, 4 (1983)

[2] BERGMANN, H.: Biologische Grundlagen zur Erhöhung der Wasserausnutzung bei ausgewählten Kulturpflanzen unter besonderer Berücksichtigung der Anwendung von Phytoeffektoren. — Diss. (Prom. B), FSU Jena 1980

[3] BERGMANN, H.: Einfluß von Monoethanolamin auf den Ertrag und die Wasserausnutzung von Kulturpflanzen, insbesondere von Sommergerste. In: Agrochimija [einger. z. Druck 1985]

[4] HILLEL, D.: Soil and water — physical principles and processes. — Academic Press, New York, London 1971

[5] KLAPP, E.: Ertragssteigerungen und Wasserverbrauch landwirtschaftlicher Kulturen. In: Z. f. Kulturtechnik **3** (1962) S. 1—5

[6] KRUMBIEGEL, D.: Meteorologischer Dienst der DDR/Zentrale Wetterdienststelle Potsdam.— Schriftl. Mitt. 1985

[7] MITSCHERLICH, E. A., BEUTELSPACHER, H.: Untersuchungen über den Wasserverbrauch verschiedener Kulturpflanzen und den Wasserhaushalt des natürlich gelagerten Bodens. In: Pflanzenernährung u. Bodenkd. Weinheim 9/10 (1938) S. 337ff.

[8] MORSTEIN u. a.: Krumenbasisbearbeitung auf D-, Lö- und V-Standorten. — Agrabuch Markkleeberg 1984

[9] ROTH, D.; KACHEL, K.; RICHTER, W.: Studies in the Precipitation Needs of Agricultural Crops on Dependence on Site and Weather as Derived from Several-Year Experiments with Differentiated Water Supply. In: Z. Acker- u. Pflanzenbau. — Berlin/Hamburg **155** (1985) S. 17—29

[10] ROTH, D.: Beziehungen zwischen dem Bodenfeuchtegehalt und den Erträgen wichtiger landwirtschaftlicher Fruchtarten auf zwei unterschiedlichen Schwarzerdestandorten. In: Arch. Acker- u. Pflanzenbau u. Bodenkd. — Berlin **23** (1979) 7, S. 429—439

[11] v. SEELHORST: Journal f. Landwirtsch. — **47** (1899) S. 369; angef. In: ROEMER/SCHEFFER: Lehrb. des Ackerbaus 1953, S. 139

[12] WENDLING, U., SCHWEDE, K. O.: Einheitliche Tabellen zur Bestätigung der potentiellen Evapotranspiration für das Gebiet der DDR nach dem Verfahren von TURC. — Internes Arb.-Material des MD (unveröffentlicht) (1985a)

[13] WENDLING, U., SCHELLIN, H. G.: Neue Ergebnisse zur Berechnung der potentiellen Evapotranspiration. — Vortrag Kolloq. d. Meteorol. Gesellschaft Halle (20. 6. 1985b)

[14] WERNER, D.: Forschungszentrum für Bodenfruchtbarkeit Müncheberg/Bereich Jena der AdL. — Unveröff. Mitt. 1985

Prof. Dr. sc. Dieter ROTH
Forschungszentrum für Bodenfruchtbarkeit Müncheberg
Bereich Jena der Akademie der Landwirtschaftswissenschaften der DDR
Naumburger Straße 98a
Jena
6900

ZU EINIGEN FRAGEN DES EROSIONSSCHUTZES AGRARISCH GENUTZTER STANDORTE

MANFRED PRETZSCHEL

Im Zusammenhang mit der weiteren Intensivierung der sozialistischen Landwirtschaft und den sich aus der erweiterten Reproduktion der Bodenfruchtbarkeit ableitenden Aufgaben wird sowohl der Erosionsforschung als auch der standortspezifischen Anwendung bekannter Maßnahmen zur Verhinderung der Wasser- und Winderosion ein hoher Stellenwert beigemessen.

Die aktuelle Bedeutung des Erosionsschutzes in der DDR wird unter anderem dadurch dokumentiert, daß nach neueren Erkenntnissen in der DDR etwa 28,5% der AF (darunter 11% stark) wassererosionsgefährdet und rund 34% der AF (darunter etwa 10% stark) winderosionsgefährdet sind. Für die in ihrem Ausmaß je nach Standort und Witterungsablauf unterschiedlichen Erosionsschäden werden jährlich beachtliche finanzielle Entschädigungen gezahlt. Oft sind jedoch die Ausfälle an volkswirtschaftlich wichtigen Agrarprodukten und die landeskulturellen Langzeitschadwirkungen erheblich schwerwiegender einzuschätzen.

Die Ergebnisse der in den vergangenen Jahren zur Bodenerosion auf verschiedenen Standorten der DDR durchgeführten Untersuchungen beweisen, daß auf den erosionsexponierten Standorten die Intensität der Bodenerosion zugenommen hat. So wurde zum Beispiel als Ergebnis mehrjähriger Forschungsarbeiten bei den zur Wassererosion auf D3a- bis D5a-Standorten durch das Forschungszentrum für Bodenfruchtbarkeit Müncheberg der AdL (FRIELINGHAUS, Mo. u. a. 1985) in den Jahren von 1979 bis 1984 durchgeführten zahlreichen Abtragsmessungen ein durchschnittlicher Bodenabtrag von $10\,t \cdot ha^{-1} \cdot a^{-1}$ und ein dementsprechender Nährstoffabtrag von ca. 10 kg P, 20 kg N und 100 bis 200 kg C je ha ermittelt.

Unter Zugrundelegung des bisherigen Erkenntnisstandes zur Erosionsproblematik — Wind- und Wassererosionen sind bekanntlich hinsichtlich Ursachen, Phänomene und Wirkungen spezifisch einzuschätzen — so wie der Anforderung für eine industriemäßig produzierende Pflanzenproduktion ist die für Wissenschaft und Praxis gleichermaßen wichtige Weiterentwicklung der Diagnostik der Erosionsprozesse, d. h. insbesondere die exakte Einschätzung der jeweiligen Erosionsdisposition durch die Vervollkommnung und Entwicklung von Methoden zur Erfassung der Kausalfaktoren und Wirkungsgrößen von Erosionen von großer Bedeutung. Dies betrifft die weitere Präzisierung der Mittelmaßstäbigen Landwirtschaftlichen Standortkartierung, die Weiterentwicklung von Auswertemethoden zur Luftbildinterpretation von Erosionserscheinungen, die Anwendung von Tracersubstanzen zur Ermittlung des Bodenabtrages u. a. m.

Die in den vergangenen Jahren auf erosionsexponierten Löß- und Sandstandorten infolge Winderosion vor allem bei Zuckerrüben, Gemüsekulturen und Mais verursachten Schadwirkungen machen eine Vertiefung der Erkenntnisse zur Winderosionsdiagnostik, eine eingehende gebiets- und schlagbezogene Analyse der Deflationsgefährdung auf der

Grundlage erosionsbeeinflussender und erosionsauslösender Faktoren und Wirkungsgrößen sowie bodendeflationsverhütende Maßnahmen erforderlich. Neben acker- und pflanzenbaulichen sowie flurgestalterischen Maßnahmen (z. B. durch Nutzungsartenänderung und Reduzierung überdimensionierter Geländeschläge) kann auf derartig deflationsgefährdeten Standorten durch einen standort- und funktionsorientierten Anbau von Windschutzgehölzen unter Nutzung eines Mindestanteiles an landwirtschaftlicher Nutzfläche (LN) von nur 0,45 bis 0,80% der LN, wie dies auf Grund von Untersuchungen am Beispiel von Betrieben der Agrar-Industrie-Vereinigung Querfurt praktiziert wird, eine wesentliche Minderung der Winderosion erreicht werden. Außerdem können im Windschutzbereich beachtenswerte Mehrerträge bei landwirtschaftlichen Kulturen, je nach Fruchtart unterschiedlich, von 5 bis 15% und sogar bis 37% wie neuere Untersuchungen gezeigt haben, erzielt werden.

Die in den letzten Jahren auf verschiedenen Gebieten der Grundlagen- und angewandten Forschung erzielten Ergebnisse haben wesentlich zur Lösung praxisrelevanter Probleme beigetragen und unter anderem zur Entwicklung und Einführung einer „produktionsintegrierten Erosionsbekämpfung" geführt. Es sind Antierosionsmaßnahmen, die ohne zusätzliche bzw. größere materielle und finanzielle Aufwendungen im Rahmen der allgemein üblichen Produktionsprozesse der Pflanzenproduktion Anwendung finden. Grundlage hierfür ist eine schlagbezogene Einschätzung der Erosionsdisposition.

Es kommen im wesentlichen in Betracht:

- Eine den Standort- und Produktionsbedingungen sowie dem Erosionsschutz entsprechende Nutzungsartenverteilung,
- eine bodenschützende Schlag- und Fruchtfolgegestaltung,
    - die Vermeidung bzw. Reduzierung großer Geländeschläge,
    - eine in Abhängigkeit von der Hangneigung begrenzte Schlaglängenausdehnung bzw. Schlaglängenreduzierung,
    - die Einführung von Sonderfruchtfolgen für stark erosionsgefährdete Schläge,
- eine erosionsmindernde Bodenbearbeitung, insbesondere hinsichtlich Minderung von Fahrspuren und Strukturschäden und
- eine dem Nährstoffbedarf der jeweiligen erosionsgeschädigten Hangposition angepaßte spezielle Grund- bzw. Meliorationsdüngung.

Die zweckentsprechende Auswahl und komplexe Anwendung standort- und produktionsorientierter Antierosionsmaßnahmen sind entscheidend für eine wirksame Erosionsbekämpfung.

Dr. Manfred Pretzschel
Martin-Luther-Universität —HalleWittenberg
Sektion Pflanzenproduktion
Wissenschaftsbereich Standortkunde
Landwirtschaftliche Meliorationen und Landeskultur
Ludwig-Wucherer-Straße 2
Halle (Saale)
4020

UNTERSUCHUNG DER VERNÄSSUNGSURSACHEN LANDWIRTSCHAFTLICH GENUTZTER STANDORTE

Peter Menning

Bei der Untersuchung vernäßter Standorte zur Vorbereitung von Wasserregulierungsmaßnahmen müssen die Vernässungsursachen festgestellt werden, damit ausreichend wirksame Verfahren zur Anwendung gelangen. Im Hinblick darauf wird mit dem kürzlich überarbeiteten Vorschriftenwerk – TGL 42812 (1) und 24300 (2) – gefordert, zukünftig die Wasserverhältnisse der Böden u. a. mittels „Bodenwassertypen" zu charakterisieren, die die Herkunft des Bodenwassers und das Verhalten seines vernässungswirksamen Anteils – des Schadwassers – ausdrücken. Dazu reichen die bisher gebräuchlichen Verhaltensmodelle des Bodenwassers und die darauf beruhenden pedohydrologischen Klassifikationen in Stau- und Grundgleye, Amphigleye und Moorböden sowie deren morphologische Merkmale nicht mehr aus. Die neue Systematik soll hiermit vorgestellt und auf Untersuchungsmethoden dazu hingewiesen werden (3).

Zukünftig sind die in Tabelle 1 aufgeführten Herkunftsarten des Bodenwassers festzustellen. Dafür ist von großmaßstäbigen topographischen Karten und Luftbildern des Untersuchungsgebietes, vom Strömungsmodell der tangierenden Grundwasserleiter, von statistischen Analysen der Wasserführung in Oberflächengewässern u. a. m. auszugehen. Für die Naßstellenentwässerung in der DDR ist die Feststellung und Unterscheidung von Niederschlags-, Zulauf- und Drängewasserstandorten besonders wichtig. Auf Grund erweiterter hydrogeologischer Erkenntnisse zeigte sich in jüngster Zeit, daß auf Moränebildungen öfter als früher angenommen Drängewasser an der Vernässung beteiligt ist. Häufig kommt dazu Zulaufwasser, das im Bodenwassertyp mit ausgedrückt werden muß. Auch bei Auswertung der verfügbaren hydrogeologischen Unterlagen aus

Tabelle 1

Herkunftsarten des Bodenwassers (entspr. TGL 24300/09)

Bildung des Bodenwassers aus:	Benennung/Symbol	
am Ort gefallenen Niederschlägen, kein erkennbarer Verlust. o. Gewinn aus Zufluß o. oberflächigem/hypodermischem Abfluß	Niederschlags-	N
am Ort gefallenen Niederschlägen, jedoch erkennbare wesentliche Minderung infolge oberflächigem/hypodermischem Abfluß	Ablauf-	A
Niederschlägen unter erkennbarer wesentlicher Beteiligung von oberflächigem/hypodermischem Zufluß	Zulauf-	Z
Niederschläge unter erkennbarer wesentlicher Beteiligung von unterirdisch zufließendem Wasser	Drängewasser-	D
Niederschläge unter erkennbarer wesentlicher Beteiligung von Überflutungswasser	Überflutungs-	Ü

den Archiven ist jedoch noch nicht in jedem Falle die Herkunft des Bodenwassers von Naßstellen zweifelsfrei feststellbar.

Der Bindungszustand oder die Art des Schadwassers – Haft-, Stau- oder Grundwasser – kann aus seinem Verhalten während Nässeperioden erkannt werden. Dazu werden mehrere Piezometer eng nebeneinander in verschiedene Tiefen bis 1,5 m gesetzt. Bildet sich zumindest in einem der Rohre ein Wasserspiegel oberhalb 1 m u. Fl. aus, so sind Stau- oder Grundwasser an der Nässe beteiligt, anderenfalls nur Haftwasser. Bildet sich in einem oberflächennahen Piezometer ein Wasserspiegel, in einem tiefer angesetzten dagegen nicht, so liegt Stauwasser vor. Das Bodenwasser fließt in Richtung der Eintrittsöffnung des Rohres mit dem am tiefsten liegenden Ruhewasserspiegel: Liegt der Ruhewasserspiegel eines tieferen Rohres unter dem eines höher angesetzten,

Tabelle 2
Bindungszustände des Schadwassers
(entspr. TGL 24300/09)

Schadwasser gehört zum:	Symbol
Haftwasser (Haftnässe)	H
– vorherrschend ökologisch wirksam	HÖ
– vorherrschend technologisch wirksam	Ht
– ökologisch und technologisch wirksam	HÖt
Grundwasser (Grundnässe)	G
– natürliches Grundwasser, im Profil abwärts fließend	Gn
– ungespanntes Grundwasser, i. d. R. kein vertikales Fließen	Gu
– gespanntes Grundwasser, in Profil aufwärts fließend	Gd
Stauwasser (Staunässe)	S
– Stausohle tief, zwischen 0,8 und 1,2 m u. Fl.	Sa
– Stausohle < 0,8 m u. Fl., Stauer geht tiefer als 0,8 m u. Fl.	Sb
– Stausohle flach, Stauer geht *nicht* tiefer als 0,8 m u. Fl.	Sc

so fließt Bodenwasser abwärts, unter umgekehrten Bedingungen jedoch aufwärts (Druckwasser). Ist das Druckgefälle J zwischen zwei Piezometern – d. h. der Quotient aus der Höhendifferenz der Ruhewasserspiegel durch die Differenz der Piezometer-Eintrittshöhen – größer als 0,1, so befindet sich zwischen den Piezometeröffnungen ein Stauer. Außerdem ist es möglich, aus der Wiederanstiegsgeschwindigkeit des abgesenkten Ruhewasserspiegels im Piezometer den k_f-Wert des Bodens in der Tiefe der Rohröffnung und damit dessen Stauvermögen abzuschätzen (3). Werden dazu noch die Schichtfolge der Böden und ihre Hydromorphie ermittelt, so lassen sich die in Tabelle 2 dargestellten Bindungszustände des Schadwassers meist eindeutig feststellen. Es können auch am gleichen Ort gleichzeitig oder nacheinander mehrere Bindungszustände vorkommen. Das ist dann durch entsprechende Symbolkombinationen auszuweisen. Insgesamt wird der Bodenwassertyp mit den Symbolen für die Herkunft des Bodenwassers und den Bindungszustand des Schadwassers bezeichnet. Diese zusammenfassende Information bildet die Grundlage zur Beurteilung der Wirksamkeit von Wasserregulierungsmaßnahmen in den Meliorationseinheiten und damit für die Ableitung ökologisch und ökonomisch akzeptabler Meliorationsstrategien.

Literatur

[1] TGL 42812 Meliorationen – Bodenwasserregulierung – 9/85

[2] TGL 24300/09 Aufnahme landwirtschaftlich genutzter Standorte – Wasserverhältnisse – Entwurf 12/85

[3] Anleitung zur hydrologischen Standortaufnahme. Ing. Büro für Meliorationen, Bad Freienwalde 1985, 69 S.

Doz. Dr. sc. Peter Menning
Sektion Meliorationswesen und Pflanzenproduktion der WPU Rostock
Justus von Liebig-Weg
PSF 27/13–14
Rostock
2500

EINSATZ VON ABPRODUKTEN ZUR VERBESSERUNG DER BODENFRUCHTBARKEIT VON SICKERWASSERBESTIMMTEN SANDEN UND DAMIT ZUSAMMENHÄNGENDE LANDESKULTURELLE PROBLEME

ROBERT SAUERBREY

Bei der notwendigen systematischen Steigerung der Hektarerträge nimmt die Bodenfruchtbarkeit eine zentrale Stellung ein.

Besondere Schwierigkeiten bereiten der Erhalt und die Steigerung des Fruchtbarkeitszustandes der ca. 140000 ha D1/D2-Standorte. Ihr Ertragsvermögen und die Ertragsstabilität ist auf Grund der geringen Sorptionsfähigkeit und des niedrigen Wasserspeichervermögens beeinträchtigt. Eine Melioration dieser sickerwasserbestimmten Sande ist durch Bewässerung und/oder das Einbringen von Stoffen mit bodenverbessernden Eigenschaften möglich. Da die zur Reproduktion der Bodenfruchtbarkeit vorrangig einzusetzende organische Substanz aus dem Bereich der Landwirtschaft nicht in ausreichendem Umfang zur Verfügung steht, ist der Einsatz entsprechend wirksamer Stoffe aus anderen Bereichen der Volkswirtschaft zu prüfen. Vorrangig kommen dafür die in größeren Mengen anfallenden kommunalen Abprodukte, wie Klärschlamm, Müll- und Müllklärschlammkomposte sowie unter bestimmten Voraussetzungen Braunkohlenaschen oder Gemische dieser Stoffe in Frage.

An Klärschlamm fallen gegenwärtig in unserer Republik rund 11,3 Mio $m^3 \cdot a^{-1}$ in Form von Frischschlamm mit durchschnittlich 5% Trockenmasse an. Der Gesamtanfall von Verbrennungsrückständen der Braunkohle beträgt gegenwärtig etwa 17 Mio $t \cdot a^{-1}$.

Zu den genannten Problemen wurden seit 1983 vom Bereich Meliorationswesen und Landeskultur der Sektion Pflanzenproduktion Gefäß- und Feldversuche angelegt. So wurden u. a. im Gefäßversuch unterschiedliche Mischungen von Sandboden, Asche und Klärschlamm in ihren Auswirkungen auf die Veränderung bodenphysikalischer Eigenschaften sowie Wachstum und Ertrag geprüft.

Über die Mischungsverhältnisse, das nach einem halben Jahr erreichte Porenvolumen und die pF-Werte informiert die nachstehende Tabelle.

Der Sandboden wurde dem Ap-Horizont des Versuchsfeldes Münchehofe (Sandrosterde) entnommen. Er bestand aus 2,8% Grobsand, 26,6% Mittelsand, 70% Feinsand und 0,6% Schluff. Der Kohlenstoffgehalt betrug 0,43%. Die verwendete Braunkohlenfilterasche hatte einen Schluffanteil von 40,7%, einen Glührückstand von 90,7% und enthielt 5,77% CaO sowie 0,31% Salze. Der Trockensubstanzgehalt des Abwasserklärschlammes betrug 35,31%. Darin waren 44,3% organische Substanz, 2,7% Gesamtstickstoff und 6,74% CaO enthalten.

Wie der Tabelle zu entnehmen ist, konnte durch Zugabe von Klärschlamm-Asche-Gemischen das Porenvolumen und die Wasserhaltefähigkeit erheblich gesteigert und die Porengrößenverteilung günstiger gestaltet werden. Bei der Korrelationsanalyse ergab sich die gut gesicherte Funktionsgleichung $y = 3{,}63 + 0{,}37x_1 + 0{,}304x_2$, wobei y dem Wassergehalt beim Feuchteäquivalent (= pF 2), x_1 dem Vol.-%-Anteil Asche, x_2 dem Vol.-%-Anteil Klärschlamm entspricht. Das multiple Bestimmtheitsmaß yx_1x_2 dieser Funktionsgleichung beträgt 0,967.

Tabelle 1
Mischungsvarianten, Porenvolumen und pF-Werte
(jeweils 6 Wiederholungen)

Variante	Sand	Asche	Klär-schlamm	PV	Wassergehalt bei pF in Vol.-%				
	Vol.-%				1,0	1,8	2,0	2,2	2,98
1	100	—	—	39,7	24,67	15,79	6,94	5,65	4,32
2	80	2	18	46,3	31,18	14,35	9,61	9,15	7,03
3	60	4	36	53,5	36,67	22,7	16,58	15,43	13,27
4	80	6	14	46,3	30,75	15,98	9,08	8,81	8,01
5	60	12	28	54,6	35,50	26,44	16,27	15,42	13,30
6	80	10	10	49,5	31,55	19,80	9,58	8,80	7,90
7	60	20	20	58,6	37,26	20,85	14,16	13,86	12,21

Durch die so erreichte Zunahme der Wasserspeicher- und Sorptionskapazität wird gleichzeitig eine bessere Nutzung der natürlichen Gratisproduktionsfaktoren durch ein günstigeres Verwerten der Niederschläge, geringe Nährstoffverluste durch Auswaschen und damit zusammenhängend ein verbesserter Schutz des Grundwassers vor Eutrophierung verbunden. Beim Werten der vorgestellten Ergebnisse ist zu beachten, daß Probleme einer durch kommunale oder industrielle Abprodukte möglichen Schadstoffkontamination der Böden hier vorerst ausgeklammert waren. Für eine Nutzung der Ergebnisse dieser oder ähnlich gelagerter Versuche sind dazu aber sichere Aussagen notwendig.

Prof. Dr. sc. Robert SAUERBREY
Bereich Meliorationswesen u. Landeskultur
der Sektion Pflanzenproduktion
Humboldt-Universität zu Berlin
Josef-Nawrocki-Str. 7
Berlin
1162

PROBLEMATIK DES EINTRAGES VON SCHWERMETALLIONEN DURCH ABWASSER, ABWASSERSCHLAMM UND ABPRODUKTE BEI DER ABWASSERBEHANDLUNG

Karl-Franz Busch

In den kommenden Jahren wird besonders durch die verbesserten Wohnverhältnisse der kommunale Abwasseranfall, der gegenüber den früheren klassischen Inhaltsstoffen „verdünnt“ ist, weiter ansteigen. Gewisse Abwässer der Industrie können hingegen z. B. durch Mehrfachnutzung „verdickt“ werden. Besondere Industrieabwässer, aber auch kommunales Abwasser, können mehr oder weniger Schwermetalle enthalten. Der bei der Abwasserbehandlung als Endprodukt entstehende Klärschlamm wird durch den Aus- und Neubau von Abwasserreinigungsanlagen und auch durch notwendig werdende weitergehende Reinigungsverfahren in zunehmenden Mengen anfallen. Auch er kann in verstärktem Maße Schwermetalle enthalten.

Durch Schwermetalle, die durch Nahrungs- und Futterpflanzen aufgenommen werden, können bei Tieren und Menschen Schädigungen eintreten, sie können auch zum Tode führen. Bei gleichzeitigem Vorhandensein mehrerer Schadstoffe können sich diese in ihrer Wirkung auf Lebewesen beeinflussen. Hier kann es entweder zu einer Summierung oder zu einer Vervielfachung der Giftwirkung kommen, wobei nicht nur die akute Toxizität gesehen, sondern auch die Langzeitwirkung beachtet werden muß.

Für die Unterbringung behandelten oder unbehandelten Abwassers bestehen nur zwei Möglichkeiten: die Unterbringung im Milieu „Boden“ oder im Milieu „Wasser“. Außer Frage steht, daß im Prinzip der Boden als Unterbringungsmilieu für Abwasser und seine Inhaltsstoffe viel besser geeignet ist als das Oberflächenwasser, welches außerdem auch für die Trinkwasserversorgung genutzt wird, sei es direkt oder indirekt als Uferfiltrat oder künstlich angereichertes Grundwasser.

Die landwirtschaftliche Verwertung von Abwasser und Abwasserschlämmen ist auch nicht problemlos. In den Boden eingebrachte Schwermetalle werden meist in relativ kurzer Zeit festgelegt. Durch Remobilisierung können sie jedoch aus der festen Phase des Bodens wieder in die Bodenlösung rückgeführt werden, aus der sie von den Pflanzenwurzeln aufgenommen werden können und mit dem Sickerwasser sogar bis ins Grundwasser transportierbar sind. Dabei verhalten sich die Schwermetalle sehr unterschiedlich. Von besonderer Bedeutung sind hierbei die Bodenparameter, besonders der pH-Wert (bei seiner Erniedrigung erfolgt eine Mobilisierung der Schwermetalle). Böden langjähriger Schlammverwertungsflächen der DDR wiesen in den oberen, etwa 30 cm starken Bodenschichten sehr hohe Gehalte an Chrom, Kupfer, Zink, Nickel und Kadmium auf. Mit zunehmender Tiefe verringerten sich die Werte, um sich jedoch in einer Tiefe von 180 bis 200 cm wieder zu erhöhen. Unter ungünstigen standörtlichen Gegebenheiten ist bei hohem Grundwasserstand demnach eine Schwermetallkontamination nicht von der Hand zu weisen.

Die Ausschaltung bzw. ausreichende Eindämmung von Gefahrenherden kann u. a. geschehen durch: Verdünnung; weiträumige Unterbringung; beschränkte und dosierte Aufbringungsmengen; strikte Einhaltung von auf der sicheren Seite liegenden Kriterien, Orientierungs- und Richtwerten; Ausschließen von bestimmten Standorten (Schutzgebiete); kontrollierte Ausbringung und ständige Umweltkontrolle, besonders der Gewässer; Untersuchungen der Akkumulation von Schwermetallen in den Pflanzen und im Boden; gezielte Grundlagenuntersuchungen, die besonders das Langzeitverhalten der Auswirkungen mehrjähriger Anwendung von Abwasser- und Abwasserschlammeintrag unter spezifischen Standortbedingungen und Pflanzenarten erfassen; Aufstellung von Fachbereichsstandards, deren lfd. Aktualitätserhaltung und strikte Überwachung in der Praxis.

In den Fällen, in denen die vorgegebenen Grenzwerte von 5 t/ha Schlammtrockenmasse nach TGL 26056 nicht überschritten werden, können Landflächen, wie forstliche Nutzflächen, Bergbaufolgelandschaften, Ödländer u. a. m., durch gezielte Aufbringung von Abwasser und Abwasserschlämmen erheblich verbessert werden.

Wohl schließen die z. Zt. festgelegten Grenzwerte eine akute Schädigung der menschlichen Gesundheit aus, über die Möglichkeiten des Eintretens chronischer Schäden fehlen noch die nötigen Kenntnisse. Da die Schwermetalle auch im Boden nicht entgiftet, nur gespeichert werden, ergibt sich die Forderung, daß letzten Endes die Technologien der Industrie so zu verbessern sind, daß Schwermetalle nicht in den Kreislauf der Natur gelangen können.

Im ungünstigsten Fall, der allerdings dem Regelfall zustrebt, ergeben sich für die weitere Zukunft für die Schwermetallproblematik folgende notwendige Schritte:

- getrennte Ableitung der Abwässer entsprechend ihren Inhaltsstoffen und ihrer anschließend vorgesehenen Behandlung
- Zerstörung der hochgiften Metallverbindungen bzw. Metallkomplexe durch Oxydation, Reduktion oder Umwandlung in ungiftige Verbindungen oder Neutralisierung der Abwässer durch dafür geeignete technische Verfahren
- weitere Verwendung des entschlammten Abwassers auf Landflächen oder Einleitung in die Vorfluter nach Erreichung der Normalwerte
- Eindicken des Dünnschlammes, Entwässern des Dickschlammes, Wiedernutzung der Metallhydroxide oder ihre Lagerung in unlöslicher Form in Sonderdeponien.

Zur Zeit ist die Abwasserlandbehandlung des kontaminierten Abwassers und Abwasserschlammes in den aufgezeigten Grenzen noch die einzige umweltverträgliche Methode, die von der Speicherfähigkeit des Bodens hinsichtlich der Schwermetalle gesehen jedoch lediglich für etwa die nächsten 20 bis 40 Jahre möglich erscheint, bis dahin muß und kann auch die vorstehend skizzierte Lösung erreicht worden sein.

Prof. Dr.-Ing. habil., Dr.-Ing. E. h. Karl-Franz BUSCH
Waldparkstraße 2
Dresden
8053

HINWEISE ZUR NEUBEARBEITETEN TGL 6466/01 „GÜTEANFORDERUNGEN AN BEWÄSSERUNGSWASSER“

Klaus Dörter

Mit der einleitenden Formulierung „Bewässerungswasser muß Schädigungen von Menschen, Tieren, Pflanzen und Boden ausschließen und hohe Erträge in der Pflanzenproduktion gewährleisten“ ist in der DDR für jeglichen Bewässerungseinsatz der Fachbereichstandard 6466 „Bewässerung landwirtschaftlicher Nutzflächen“, zu dem seit 1970 das TGL-Blatt 01 „Güteanforderungen an Bewässerungswasser“ zählt, verbindlich.

Eine derartige Standardisierung des Bewässerungswassers mit Regelungen in komplexer Betrachtungsweise ist auf Grund der Vielfalt von Güteanforderungen einerseits und der Notwendigkeit einer hohen Ertragswirksamkeit für den Kulturpflanzenanbau andererseits erheblichen Schwierigkeiten ausgesetzt. Die Auswirkung der verschiedensten Inhaltsstoffe des Bewässerungswassers steht u. a. in Abhängigkeit von der Konzentration der Stoffe, von der Art der Verbindungen und deren Kombinationen, von den spezifischen chemischen, physikalischen und biologischen Bodenverhältnissen, von der Art und der Wachstumsphase der Feldfrüchte, aber auch von den klimatischen und Witterungsbedingungen, welche z. B. die Eigenschaften und Bewegungen des Bodenwassers, den Verlauf der Bodenprozesse sowie die Assimilation der Pflanzen und dadurch auch den Wirkungsgrad von schädlichen Stoffen beeinflussen. Weiterhin komplizieren Aspekte, wie die Bewässerungsart und die Bewässerungshöhe, die Bewertung von Schadstoffen im Bewässerungswasser. Dabei ist nicht nur auf die Quantität des Ertrages, sondern besonders auch auf die Inhaltsstoffe der Pflanzen und damit auf die Qualität der Nahrungs- und Futtermittel zu achten.

Wegen der genannten Schwierigkeiten beschränkten sich aus internationaler Sicht Vorschriften, Richtlinien und Standards zur Qualität des Bewässerungswassers nur auf einzelne Stoffe und auf spezifische Situationen oder stellen Rahmenbedingungen bzw. pauschale Empfehlungen dar, ohne eindeutige Grenzwerte für Wasserinhaltsstoffe zu geben. Dieser Situation gegenüberstehend, stellt die TGL 6466/01 den bisher durchaus erfolgreichen Versuch dar, unter Beachtung einer Reihe der angeführten Faktoren und deren Abhängigkeiten bei der Einschätzung von Verträglichkeitsgrenzen differenzierte Werte für verschiedene biologische und chemische Eignungsklassen festzulegen und durch weitere spezifische Anwendungsbedingungen zu untersetzen. Bis heute ist weltweit kein vergleichbarer Standard bekannt.

In Verbindung mit den jahrelangen Erfahrungen bei der praktischen Anwendung der TGL ist jedoch in gewissen zeitlichen Abständen eine Aktualisierung erforderlich. So fand 1977 eine erste Überarbeitung statt. Im Jahre 1982 erfolgte eine weitere Überprüfung, die folgende Aktivitäten nach sich zog:

— Als 1. Stufe wurde kurzfristig ein 1. Änderungsblatt zur TGL — verbindlich ab 1. 6. 1984 — mit Korrekturen von zu diesem Zeitpunkt überschaubaren biologischen

Gütemerkmalen im Hinblick auf eine erweiterte Einsatzmöglichkeit von Oberflächenwasser und aufbereiteten kommunalen Abwässern herausgegeben.

- In einer 2. Stufe wurde im März 1984 eine interdisziplinäre Arbeitsgruppe aus den Bereichen der Ministerien für Gesundheitswesen, Umweltschutz und Wasserwirtschaft, Land-, Forst- und Nahrungsgüterwirtschaft, der AdL und wissenschaftlichen Einrichtungen des Hochschulwesens zur Überarbeitung des gesamten biologischen und chemischen Bereiches der TGL gebildet mit den Zielen
  - durch eine weitere Konkretisierung und teilweise Neufestlegung von Güteparametern auch künftig einen umfassenden Schutz von Menschen, Tieren und Pflanzen vor Schädigungen unter Vermeidung möglicher Langzeitwirkungen durch Schwermetalle und andere Stoffe voll zu gewährleisten,
  - durch eine hygienisch vertretbare Korrektur von Grenzwerten eine Erweiterung der Anwendungsmöglichkeiten von Bewässerungswasser zu erreichen
  - und durch überschaubare Regelungen zu organisatorischen Fragen und zur Methodik eindeutige Aussagen und damit eine höhere Anwendungsfreundlichkeit der TGL zu bewirken.
- Die Vorlage des bestätigten Entwurfes der aktualisierten TGL ist im 4. Quartal 1986 vorgesehen.

Insgesamt kann festgestellt werden, daß die Kommission bemüht ist, den bewährten Aufbau und die bisherige inhaltliche Gliederung ebenso wie den bisherigen Umfang der TGL „Güteanforderungen an Bewässerungswasser" beizubehalten.

Literatur

G. BRUHS, K. KRANNICH, H. GROPP: Güteanforderungen an das Bewässerungswasser — TGL 6466/01. In: Standardisierung Land-, Forst- und Nahrungsgüterwirtschaft Jg 24 (Berlin 1983) H. 4, S. 101—102

Prof. Dr. Klaus DÖRTER
Elsa-Brändström-Straße 190
Halle (Saale)
4020

BETRACHTUNGEN ZUR GESCHICHTE DES WASSERRECHTS

Rolf Lieberwirth

Als am 17. April 1963 das Wassergesetz der DDR mit seinen Normen über die Nutzung und über den Schutz des Wassers sowie über den Schutz vor Wasser in Kraft trat, war auf dem Territorium der DDR erstmalig ein einheitliches Gesetz zu diesem Gegenstand entstanden. In der BRD war im Jahre 1957 zwar ebenfalls ein einheitliches Wasserhaushaltgesetz verabschiedet worden, aber die Wassergesetze selber blieben nach wie vor Ländersache, wie aus der entsprechenden Gesetzgebung ab 1960 zu entnehmen ist. Zweifellos haben wichtige Gesichtspunkte einer straffen Lenkung und Leitung der Wasserwirtschaft in der DDR zu einer einheitlichen Regelung führen müssen. Gleichzeitig mußte dieses Gesetz auch die Aufgabe lösen, den komplizierten Rechtszustand nach der Bodenreform und nach der Veränderung der territorialen Struktur im Jahre 1952 überschaubarer zu gestalten. Immerhin war die überraschende Rechtslage zu verzeichnen, daß bis Anfang der 60iger Jahre in beiden deutschen Staaten nach wie vor die Wassergesetze der früheren deutschen Einzelstaaten galten, deren Zuständigkeit für diese Rechtsmaterie nach den Artikeln 65 und 66 des Einführungsgesetzes zum Bürgerlichen Gesetzbuch vom 18. April 1896 ausdrücklich gewahrt blieb und nach 1945 im Grundsätzlichen nicht verändert wurde. So galten bis 1963 in der DDR noch das Sächsische Wassergesetz vom 12. März 1909, das Preußische vom 7. April 1913, das Mecklenburgische vom 9. Juli 1928 und das Thüringische vom 21. Dezember 1932, die ihren Gegenstand durchaus nicht nach einheitlichen Grundsätzen regelten, sondern von zum Teil sehr unterschiedlichen Positionen ausgingen. Aus der frühzeitlichen Praxis unserer geschichtlichen Vergangenheit entstanden, ragen diese Rechtsvorstellungen auf dem Gebiet des Wasserrechts bis in die Gegenwart hinein. Einzelne waren bewußt von anderen Völkern übernommen worden, weil sie sich als praktisch erwiesen haben. Einige Regelungen weisen sogar große Ähnlichkeit mit den Bestimmungen ältester Rechtsaufzeichnungen auf, wie das am Beispiel des Codex Hammurapi aus dem 18. Jh. vor der Zeitenwende aufgezeigt werden kann. Daraus wird deutlich, daß schon die ältesten Kulturen der Menschheit mit Problemen konfrontiert waren, die heute zum großen Gebiet des Wasserrechtes zählen.

Nun leuchtet es ein, daß das Verhältnis des Menschen zum Wasser sehr unterschiedlich sein konnte, je nach dem, ob zuviel oder zuwenig von dem lebenswichtigen Element, ob es immer oder ob es nur zeitweilig zur Verfügung stand, ob die Allgemeinheit oder nur bestimmte Einzelpersönlichkeiten oder Gruppen nutzungsberechtigt waren und ähnliches mehr. Die jeweilige Interessenlage bestimmt dann auch die gesellschaftlichen Regelungen im einzelnen. Wie kompliziert sie sein können, soll an dem praktischen Beispiel des in der deutschen Rechtsgeschichte berühmten Müller Arnold-Prozesses einmal dargelegt werden, wenn damals auch nicht nur wasserrechtliche Fragen im Vordergrund standen.

An dem rechtsseitig in die Oder fließenden Krebsbach — heute nördlich von Zielona

Góra/Grünberg — betrieb um 1770 der Müller Arnold als Erbpächter eine Wassermühle. Der zuständige Grundherr des Gebietes beiderseits des Krebsbaches war der Graf Schmettau. Oberlieger am Krebsbach war der Landrat von Gerssdorf, dessen Familie mit den Rechtsvorgängern des Grafen Schmettau im Jahre 1566 einen Vertrag abgeschlossen hatten, wonach die Gerssdorfs berechtigt sein sollten, am Krebsbach eine Schleuse einzubauen, um bei Bedarf Wasser des Baches in drei geplante Fischteiche zu leiten. Erst zweihundert Jahre später wurde dieser Plan verwirklicht. Gerssdorf legte im Jahre 1770 sowohl die Fischteiche als auch die zur Wasserversorgung dieser Teiche notwendige Schleuse an. Aufgrund dieser Sachlage blieb der Wassermüller Arnold 1771 die Pacht an Schmettau teilweise schuldig, was er damit begründete, daß die Gerssdorfer Schleuse den Zufluß verringere, wodurch seine Produktion gestört sei. Der Grundherr Schmettau klagte gegen Arnold vor seinem (Schmettaus) Patrimonialgericht, welches Arnold zur Zahlung der Rückstände verurteilte. Arnold appellierte daraufhin an das Justizkollegium bei der Regierung zu Küstrin. Die Appellation wurde abgewiesen, weil die Rechtslage eindeutig für den Grundherrn sprach. Drei Jahre später klagte Arnold erneut gegen Schmettau auf Erlaß der Mühlenpacht und wenig später auch gegen Gerssdorf auf Schadenersatz. Sowohl beim Justizkollegium als auch beim Appellationssenat des Kammergerichts hatte Arnold keinen Erfolg. Graf Schmettau ließ schließlich 1778 die Mühle gerichtlich versteigern.

Die Eheleute Arnold begaben sich daraufhin zum König nach Potsdam, wo sie durch entstellende Angaben den Argwohn des Königs schürten. Ihre Aussagen wurden zu Protokoll genommen und danach ein Oberst beauftragt, den Fall an Ort und Stelle zu untersuchen. Die Regierung in Küstrin gab dem Oberst mit dem Rat Neumann einen Rechtsbeistand mit. Beide kamen zu verschiedenen Ergebnissen. Der Oberst gab eine für Arnold günstige Darstellung, der Jurist bestätigte die bisher vertretene Rechtsauffassung. Die Küstriner Regierung wies ferner daraufhin, daß der Mühlgraben genügend Wasser führe. Der König befahl nunmehr, eine gerichtliche Entscheidung über die Beschwerden des Müllers herbeizuführen. Nach erneuter Überprüfung wies das Justizkollegium 1779 die Beschwerden sowie die Anträge auf Rückgabe der Mühle und auf Schadensersatz ab, weil der Bach Privatgewässer und die bisherigen Maßnahmen rechtsfehlerfrei gewesen wären. Auch das vom mißtrauischen König zur Entscheidung beauftragte Kammergericht bestätigte das Ergebnis des Vorgerichts, worauf der erboste König den Großkanzler v. Fürst seines Amtes enthob und die drei Kammergerichtsräte verhaften ließ. Dem Kammergericht wurde befohlen, gegen die Beteiligten Juristen ein Strafverfahren wegen Rechtsbeugung einzuleiten und sie mindestens mit Festungshaft zu bestrafen. Als der Kriminalsenat den befohlenen Spruch verweigert, wiederholte der König energisch die Anweisung. Doch der neue Justizminister v. Zedlitz stellte sich schützend vor die unter Druck gesetzten Richter, so daß der König am 1. Januar 1780 das Urteil selbst fällte, nach welchem bis auf zwei der an den verschiedenen Verfahren beteiligten Räte Festungshaft erhielten und die Arnolds entschädigen mußten. Letztere bekamen ihre Mühle zurück, und die Fischteiche der Gerssdorfs wurden zugeworfen. Erst unter dem neuen König erfolgte die Rehabilitation und Entschädigung der Räte sowie eine Fortsetzung des durch Machtspruch unterbrochenen Zivilverfahrens, das mit seinem Kompromiß abgeschlossen wurde. Das Ergebnis der Vorinstanz fand seine Bestätigung; der Müller behielt allerdings die Mühle.

Das rechtshistorisch Interessante ist der Machtspruch des Königs, der international großes Aufsehen erregte und der seinen eigenen theoretischen Grundsätzen, aufgestellt in den Politischen Testamenten von 1752 und 1768, widersprach. Nunmehr als Mißbrauch der Justiz angesehen, wurden Machtsprüche der Landesherren am Ende des 18. Jhs. in Zivilsachen, Anfang des 19. Jhs. in Strafsachen abgeschafft.

Doch auch für das hier in erster Linie interessierende Wasserrecht ergeben sich aus dem Sachverhalt wichtige Hinweise auf die Kompliziertheit der Rechtslage. So war im Prozeß einerseits von Privatgewässern die Rede, was für alle Bachanlieger von Bedeutung sein mußte, andererseits galt es für die Richter, die Berechtigung für den Mühlenbetrieb zu beachten. Es entsteht also die Frage, welche Grundsätze damals für die zahlreichen Nutzungsarten des Wassers vertreten und welche rechtlichen Regelungen daraus abgeleitet wurden.

Nach gemeinem wie nach dem mittelalterlichen deutschen Recht wird zwischen öffentlichem und privaten Gewässern unterschieden, wobei die grundlegenden Merkmale für eine genaue Differenzierung durchaus umstritten sind. Übereinstimmung herrscht eigentlich nur darüber, daß die schiffbaren- und floßbaren Ströme und Flüsse als öffentliche bezeichnet werden, Bäche hingegen als private. Wann aber ein Gewässer als Fluß, wann als Bach anzusehen ist, und was im einzelnen unter öffentlich zu verstehen ist, ob diese Gewässer als Staatseigentum einzustufen sind, andere als privates, ob an der fließenden Welle überhaupt Eigentum entstehen kann, wie etwa an Ufergrundstücken oder am Flußbett, ober ob diese Gewässer im Gemeingebrauch stehen und trotzdem daran spezielle Nutzungen möglich sind, die dem König, später dem Staat vorbehalten bleiben, aber gegen Entgelt an Einzelne weitergegeben werden können, das ist nur schwer zufriedenstellend zu beantworten. Die verschiedenartigsten Interessen haben sich in den vielfältigsten Theorien niedergeschlagen, die dann auch Eingang in die zahlreichen deutschen Landesgesetze zum Wasserrecht fanden. Im Rahmen dieses Überblicks ist es einfacher, zunächst einmal das einigermaßen Übereinstimmende herauszustellen.

Schiffbare Flüsse standen jahrhundertelang im Gemeingebrauch. Sie konnten frei benutzt werden, soweit daraus kein Nachteil für das Ganze erwuchs. Das galt insbesondere für die sog. kleine Nutzung, nämlich das Baden, Schwimmen, Schwemmen, Waschen, Trinken, Viehtränken, Schöpfen, Pumpen, Angeln, Kahnfahren. Jedoch auch die Schiffahrt, d. h. der Transport größerer Lasten zu Wasser, und die Floßfahrt mit verbundenem Holz waren in der Benutzung frei, worunter zu verstehen ist, daß sie von staatswegen nicht gänzlich verboten, aber in der Regel mit Abgaben belegt werden konnten (Konzessionsgeld für das Schiff, Steuer für die Ladung). Die Bezeichnung Floßfahrt weist daraufhin, daß auf den dem Holz-, insbesondere dem Langholztransport dienenden Flößen ähnlich der Schiffahrt häufig auch Personen, Waren und kleinere Hölzer befördert wurden, und zwar sowohl bei der Gestör- als auch bei der Hauptflößerei. Beide unterschieden sich darin, daß die Hauptflößerei auf tiefgründigen Flüssen mit Hilfe von Rudereinrichtungen betrieben werden mußte, während die Gestörflöße, in einzelne, untereinander verbundene Einheiten (Gestör) gegliedert, mit Floßstangen geführt und gelenkt wurden. Auf kleineren, also nicht schiffbaren Flüssen war die kleine Nutzung und unter Umständen die Floßfahrt weitgehend denselben Regeln unterworfen, wobei grundsätzlich Abgabenfreiheit bestand.

Während bei schiffbaren wie nichtschiffbaren Flüssen die staatlichen Hoheitsrechte überwogen, wurde bei den Bächen das Recht der Grundstückseigentümer, durch deren Gebiete die Bäche flossen, zum Bezugspunkt genommen. Es galt dabei zu beachten, daß die Interessen aller Eigner, deren Grundstücke beiderseits des Baches lagen oder für deren Grundstücke der Bach die Grenze bildete, berücksichtigt werden mußten. Das Wasser des Baches durfte also auf einem Grundstück nicht zum Nachteil der bachabwärts gelegenen Grundstücke und damit der Untereigner gänzlich verbraucht, sein natürlicher Lauf nicht verändert und seine Wasserqualität nicht durch Einführung von Schadstoffen vermindert werden.

Ein kurzer Rückblick auf den Müller Arnold-Prozeß läßt erkennen, daß sich Gerssdorff als Obereigner an einem Privatgewässer durchaus im Rahmen des geltenden Rechts bewegte, sich darüber hinaus mit dem Unterlieger vertraglich über die Wasserentnahme für seine Fischteiche geeinigt hatte, um allen Eventualitäten begegnen zu können. Der Rechtsstreit zeigt ferner, daß die wirtschaftlichen Interessen am Wasser — hier zunächst erst einmal an den fließenden Gewässern — schon damals weit über die sog. kleine Nutzung, über Schiff- und Floßfahrt und über die Bewässerung von Grundstücken hinausgingen.

Nachdem etwa um 3000 v. u. Z. das Wasserrad erfunden worden war und im Laufe der Zeit als Kraftmaschine zunehmende Bedeutung erlangte, konnte sich der Mensch die Kraft des Wassers auf vielfältige Weise nutzbar machen. Zunächst als Schöpfrad eingesetzt, trieb das Wasserrad seit der Zeitenwende auch Getreidemühlen, seit dem 14. Jh. ferner Hammerwerke, Sägewerke, Pochwerke und Walkmühlen, später sogar Webstühle an. Um eine gleichbleibend nutzbare Wassermenge für diese Anlagen zu gewährleisten, mußte das Wasser in der Regel durch Wehre gesteuert werden. Dadurch mußte zwangsläufig eine Interessenkonkurrenz zwischen den Anlagenbetreibern, den Eigentümern der Ufergrundstücke, die vor zusätzlichen Überschwemmungen zu sichern waren, sowie den Schiffsführern und Flößern eintreten, welche den Fluß weiter als Wasserstraße benutzen wollten, was nur durch den Einbau von Schleusen gewährleistet werden konnte. Daher war die Errichtung einer Mühlenanlage jeder Art an eine staatliche Konzession geknüpft, die erst nach Anhörung aller Interessenten bei gleichzeitiger Festlegung der erlaubten Stauhöhe erteilt werden konnte. Der spätere Betrieb der Anlage war ebenfalls an die strenge Einhaltung von Rechtsvorschriften zugunsten der übrigen Wassernutzer gebunden, die ihrerseits für schuldhafte Schädigung der Mühlen verantwortlich gemacht werden konnten. Die verschiedenen Wassernutzungsarten an fließenden Gewässern konnten in der Regel nur an großen Flüssen ungehindert nebeneinander ausgeübt werden. An kleineren Flüssen oder gar an Bächen bedeutete die eine Nutzung ein Hemmnis für die andere. Das extremste Beispiel ist die Flößerei mit ungebundenen Stämmen, wo im eigentlichen Sinne kein Floß entsteht, sondern gleichzeitig eine größere Menge Holz etwa gleicher Länge in die Floßstraße geworfen und der Strömung überlassen werden. Hieraus entstanden Gefahren für alle Wasseranlagen und für die Schiffahrt, weil durch die Auffangstelle der Hölzer zusätzlich eine Sperrung des Wasserweges eintrat. Da sich diese Art Flößerei mit den anderen Benutzungsarten nur schlecht vertrug, wurde sie auf bestimmte Flüsse beschränkt und darüber hinaus an strenge Floßordnungen gebunden, deren strikte Einhaltung überwacht wurde. Traten dennoch Schäden ein, mußten sie ersetzt werden.

In gewisser Hinsicht bilden auch Brücken ein Hindernis für Schiff- und Floßfahrt, wie umgekehrt Ströme und Flüsse die Benutzung der Landwege erschweren können: Der Bau von Brücken stand dem Staat zu (Brückenregal), der dieses Recht an Einzelne weitergeben konnte. Dieser besaß dann die Brückengerechtigkeit, unterstand der staatlichen Brückenhoheit und hatte die Brückenordnung einzuhalten. Dem selben Zweck wie die Brücken dienten die Fähren. Auch hier konnten aufgrund des staatlichen Fährregals an Einzelne Fährgerechtigkeiten verliehen werden, deren Inhaber sich streng an die Fährordnungen zu halten hatten, um zu vermeiden, daß der Fährbetrieb die Schiff- und Floßfahrt behindert.

Nach gemeinem wie deutschem Recht erstreckte sich das Grundstückseigentum der Uferanlieger bis zur Wasserlinie, aber dieses Eigentum war gesetzlich eingeschränkt; denn der Ufereigentümer mußte alle Maßnahmen dulden, die der öffentliche Gebrauch des Flusses mit sich brachte. Dafür wurden Uferordnungen erlassen, in denen z. B. das Leinpfadrecht geregelt ist, d. h. das Recht, den Leinpfad zu betreten und daran zu landen, dort Anker zu werfen, Leinen zum Ziehen des Schiffes zu spannen, mit Zugpferden den Leinpfad zu betreten, die Schiffsladung in Notfällen dort zu bergen.

Dieser bewußt kurze Überblick läßt schon deutlich werden, daß zwar die Grundarten der Wassernutzung auch unter Berücksichtigung der bisher noch nicht erwähnten Fischerei und der Eisgewinnung nicht übermäßig zahlreich waren, daß diese aber durch Konkurrenz untereinander ebensoviel Komplikationen hervorriefen wie durch die im Verlaufe der Jahrhunderte steigende Zahl der Wassernutzer einer Art wie z. B. der Betreiber von Wasserkraftanlagen, der Fischer, Flößer oder Schiffer. Dazu kommen nun notwendigerweise Maßnahmen zur Erhaltung der Wasserstraßen, der Wasserkraft und des Wassers als Nahrungsquelle wie Wasser-, Ufer-, Deichbau und -unterhaltung, Bau und Unterhaltung von Brücken und Schleusen, Schutz vor Abwasserbelastung, zu denen sowohl der Staat, zunehmend auch die Anlieger und Nutzer verpflichtet waren.

In der Gegenwart fällt das alles in den Bereich der Wasserwirtschaft, der ein umfassendes Wasserrecht als Regulierungsmittel zur Seite steht. Die Anfänge einer rationellen Nutzung des Wassers liegen allerdings schon früher, wie im deutschen Bereich aus den wasserrechtlichen Vorschriften seit dem 16. Jh. hervorgeht. Dabei waren die Regelungen an einem Bach, etwa am Krebsbach des Müller Arnold-Prozesses noch relativ einfach zu treffen. Hier konnte noch das gemeine, auf das römische zurückgehende deutsche Recht mit seinen ursprünglich auf die Verhältnisse der Apenninhalbinsel zugeschnittenen wasserrechtlichen Regelungen zugrundegelegt werden. Bei den zahlreichen konkurrierenden Wassernutzungen und -nutzern konnte das gemeine Recht wie auch das gemeine Sachsenrecht nur noch einen Rahmen bilden, gewissermaßen ein Grundmuster für die territorial-staatliche Vielfalt darstellen; doch für die notwendig gewordene staatliche Aufsicht zur Durchsetzung von Maßnahmen zur rationellen Nutzung und zur Erhaltung der Gewässer hielten diese beiden Rechte keine Vorschriften bereit. Eine neue Situation war oft auch dadurch gegeben, daß die vielen Klein- und Kleinststaaten, aber auch die großen Territorialstaaten an Grenzen stießen, die für Gewässer von Natur her keine darstellen, die aber damals wie heute staatsrechtlich andere Zuständigkeiten begründeten. Doch davon noch einmal abgesehen, allein schon die zahlreichen Wasserkraftanlagen an einem Fluß machten eine strenge Staatsaufsicht erforderlich, weil die Betreiber dieser Anlagen nicht selten die vorgeschriebene Wasserstandshöhe für ihre Mühlgräben überschritten, so daß die Ufergrundstücke durch den Rückstau überschwemmt wurden und allmählich versumpften. Auch die unmittelbar am Fluß liegenden Ortschaften erlitten dadurch Schäden an ihren Gebäuden und Einrichtungen sowie am Vieh. Deshalb wurden Mühlordnungen, Fischordnungen u. ä. für einzelne Flüsse erlassen, wie die Unstrut-Mühlenordnung von 1653, auf die noch 100 Jahre später verwiesen wurde, als die dort eingesetzte Untersuchungskommission wiederum eine Reihe von Übertretungen zu bemängeln hatte und strenge

Maßnahmen zur Sicherung des Flusses und seiner Ufer einleitete. Ähnliche Ordnungen wurden seit dieser Zeit auch für andere deutsche Flüsse erlassen.

Erst als sich die jeweiligen Staaten in den kleineren Bereichen mit ihren Maßnahmen durchgesetzt hatten, konnten allgemeinere Vorschriften für das Wasserrecht erlassen werden. Neben das gemeine Recht traten also große Gesetze das Allgemeine Landrecht für die preußischen Staaten von 1794, später für die linksrheinischen Gebiete und für das Großherzogtum Baden Vorschriften auf der Grundlage des französischen Code civil von 1804 und ab 1863 das Sächsische Bürgerliche Gesetzbuch für das Königreich Sachsen. Sie enthielten auch wasserrechtliche Bestimmungen, aber innerhalb ihres Geltungsbereiches waren ferner noch eine Fülle von Provinzialrechten und speziellen Ordnungen in Kraft, weil die Besonderheiten der einzelnen Gewässer zu groß für eine abschließende Regelung des Wasserrechtes waren. Als schließlich der politischen Einheit von 1871 die rechtliche folgen sollte, trat zwar nach längerer Vorarbeit mit dem Bürgerlichen Gesetzbuch von 1896 ein einheitliches Zivilrecht in Kraft, die davon berührten Fragen des Wasserrechts wurden aber nicht geregelt, sondern als Ländersache angesehen, und so traten nach und nach die eingangs erwähnten Länderwassergesetze in Kraft, die noch lange in Geltung blieben. Das Wassergesetz der DDR von 1963 stellt also ein Novum in der deutschen Rechtsgeschichte dar, weil mit ihm eine einheitliche Regelung versucht und erreicht wurde.

Prof. Dr. Rolf Lieberwirth
Rainstraße 3b
Halle (Saale)
4020

III. Landschaftsökologische Erforschung von regionalen Einheiten

GEOÖKOLOGISCHE GRUNDLAGEN DER NATURRAUMERKUNDUNG IM MITTLEREN MASSSTAB

Günter Haase

Die Orientierung auf eine umfassende und konsequente Intensivierung der gesellschaftlichen Produktion und aller nachgeordneten volkswirtschaftlichen und gesellschaftlichen Bereiche ist der Hauptweg der weiteren Entwicklung einer leistungsstarken materiell-technischen Basis der sozialistischen Gesellschaft. Dieser Weg erfordert die Einbeziehung der gesamten Naturnutzung in eine solche Strategie. Dazu ist ein möglichst einheitliches Herangehen in den einzelnen Wirtschaftszweigen — vor allem den landnutzenden Zweigen und Bereichen — an die Nutzung und Inanspruchnahme des Naturdargebots und seiner Gestaltung anzustreben, um eine rationelle und effektive Bewirtschaftung aller verfügbaren Ressourcen und zugleich deren Reproduktion, d. h. ihre Erhaltung sowie die Erweiterung ihrer Leistungsfähigkeit, zu ermöglichen.

Die ökologisch ausgerichteten Geo- und Biowissenschaften sowie die den landnutzenden Wirtschaftszweigen zugeordneten technischen Wissenschaftsdisziplinen sind aufgerufen, dafür geeignete, raumbezogene und die Komplexität des Naturraums beachtende naturwissenschaftliche Unterlagen zu schaffen und diese für die Planung und Projektierung vielfältiger Landnutzungsprozesse aufzubereiten. Die bisher vorgenommenen Erkundungen und Kartierungen stellen zumeist die Interessen eines einzelnen Wirtschaftszweiges an der Naturnutzung (Bergbau, Steine-und-Erden-Industrie, Wasserwirtschaft, Land- und Forstwirtschaft, Siedlungswesen, Entsorgungswirtschaft u. a.) in den Vordergrund. Das schränkt ihre Verwendung bei Entscheidungen wesentlich ein, die auf die systemhafte Reaktion des Naturraums als Ganzes bezogen werden müssen.

Bei der gegenwärtig bereits bestehenden und zukünftig in noch erweitertem Rahmen zu erwartenden flächenhaften Ausdehnung von Nutzungsanforderungen an den Naturraum (Großflächenwirtschaft in der Land- und Forstwirtschaft, Bewirtschaftung von ganzen Einzugsgebieten, Aufbau von Wohnkomplexen und Umgestaltung ganzer Siedlungskörper, Ausdehnung von Rekreationsbereichen u. a.) ist neben der Vorbereitung von Projektierungen in großen Maßstäben (1:1000 bis 1:10000) eine mittelmaßstäbige Inventur der Naturbedingungen und von Nutzungskonsequenzen notwendig, die es erlaubt, Aussagen über größere Planungsregionen und Projektierungsbereiche zu vermitteln. Das von einer Forschungskooperation bearbeitete Projekt „Naturraumtypen-Karte der DDR" entspricht dieser Forderung und orientiert auf Maßstäbe von 1:50000 und 1:200000 (Haase u. a. 1985).

Aus der Einordnung der Naturraumerkundung in diese Aufgaben leiten sich vor allem folgende Gesichtspunkte für die ***Konzeption der Naturraumkartierung*** ab:

- **Eine Naturraumkarte muß eine ausreichend detaillierte, nach objektiv zu ermittelnden Merkmalen gekennzeichnete und weitgehend reproduzierbare Inventur der Naturraumeigenschaften, d. h. der Ausstattung, der Arealstruktur und der Funktionsweise von Naturräumen vermitteln.**

- In der Naturraumkarte sind solche Merkmale der Naturraumstruktur hervorzuheben, die das Systemverhalten des Naturraums bei der Nutzung sowie bei (technischen) Eingriffen und (naturbedingten sowie technisch verursachten) Störungen einzuschätzen erlauben.
- Aus Naturraumkarten sollten weitgehend die Konsequenzen abzuleiten sein, die sich aus der Entscheidung für eine (Haupt-)Nutzung gegenüber anderen Nutzungsformen ergeben, sowie auf Rückwirkungen, die sich aus den Naturbedingungen auf beabsichtigte (geplante) Nutzungen ergeben können. Naturraumkarten sollten deshalb auf Erscheinungen hinweisen, die sich aus zeitlichen Folge-, kumulativen Summen- und unbeabsichtigten (zeitlichen und räumlichen) Nebenwirkungen im Naturraum und auf die Funktionsweise von Nutzungsprozessen ergeben können.
- Eine Naturraumkarte muß — neben der Orientierung auf das Gesamtsystem „Naturraum" — auch zuverlässige Aussagen über einzelne Teilstrukturen (Geokomponenten, Kompartimente, Geo- und Ökofaktoren) vermitteln. Dabei sollten sowohl deren Einbindung in die Gesamtstruktur des Naturraums als auch die Konsequenzen aus einer selektiven Nutzung der Teile und deren Folgewirkungen im Natursystem dargelegt werden. Damit wird die Beziehung der komplexen Naturraumkartierung zu den auf einzelne Teilstrukturen (Geokomponenten) ausgerichteten Kartierungen deutlich gemacht.

Die Gestaltung der Naturraumkarte muß eine übersichtliche Form der Datenbereitstellung und ihrer Dokumentation gewährleisten. Es hat sich als zweckmäßig erwiesen, eine mittelmaßstäbige Naturraumkarte in drei Teilen anzulegen:

1. *Naturwissenschaftliche Basiskarte:* Sie dient der Abbildung von Naturraumstrukturen und deren Eigenschaften nach naturwissenschaftlichen Grundsätzen, wobei die Auswahl der Kriterien und Merkmale die spätere Interpretation der Kartierungseinheiten nach Nutzungsanforderungen zu berücksichtigen hat. Die Kartierungseinheiten stellen korrelative Merkmalskombinationen mehrerer Kompartimente des Naturraums und ihrer Merkmale dar, sind also nach ihrem Inhalt Naturraum-Typen. Die Aufgliederung der Typen in die einzelnen Merkmale und ihre Parameter muß durch geeignete Dokumentations- und Darstellungsformen auf der Karte und in Legendenkatalogen vorgenommen werden.
2. *Ergänzungskarten und -materialien:* Sie enthalten weitere Angaben zu naturräumlichen oder nutzungsstrukturellen Merkmalen sowie zu Elementen der landeskulturellen Infrastruktur, die in der Basiskarte, die als eine naturräumliche Komplexkarte konzipiert ist, nicht untergebracht werden können, aber für die Interpretationsanforderungen benötigt werden.
3. *Serie von Auswerte- und Interpretationsmaterialien:* z. T. auch *Auswerte- und Interpretationskarten:* Sie dienen der Überleitung der Ergebnisse der Naturraumerkundung in die Volkswirtschaft und weitere Nutzerbereiche. Dafür sind insbesondere nutzerfreundliche Formen der Ergebnisdarstellung anzuwenden. Die Auswerte- und Interpretationsmaterialien enthalten z. B. Aussagen über das Leistungsvermögen des Naturraums, Belastungsgrade und Belastbarkeit, über Stabilitätseigenschaften und deren Persistenz, über korrespondierende oder neutrale Mehrfachnutzung, über Störungen aus konkurrierenden Nutzungsformen, über die Verfügbarkeit von Nutzungsarealen, über noch ausschöpfbare natürliche Ressourcen u. a. Die Auswerte- und Interpretationsmaterialien können auf der Grundlage der naturwissenschaftlichen Basiskarte und ihrer Ergänzungen ständig neuen Anforderungen und Interpretationszielen angepaßt werden.

Als *Kartierungseinheiten* einer mittelmaßstäbigen Naturraumtypen-Karte eignen sich vor allem chorische Naturraumeinheiten der unteren Ordnungsstufen: Nano- und Mikrogeochoren. Deren Eigenschaften ergeben sich sowohl aus der Vergesellschaftung einer bestimmten Menge topischer Naturräume (Ausstattungsstruktur) als auch aus der räumlichen Anordnung und den Lagebeziehungen dieser Tope (Arealstruktur). Aus diesen spezifischen Struktureigenschaften erwachsen ihre ebenso spezifischen ganzheitlichen (systemaren) Reaktionsweisen (HAASE 1979; HAASE u. a. 1985).

Mit der „*Richtlinie für die Bildung und Kennzeichnung der Kartierungseinheiten einer Naturraumtypenkarte der DDR im mittleren Maßstab*" (HAASE, DIEMANN, MANNSFELD, SCHLÜTER 1985) wurden die Grundsätze der geochorologischen Naturraumerkundung in eine allgemeingültige, anwendungsbereite Verfahrensweise für die Erfassung und Kartierung von Geochoren überführt. Die vorliegende Fassung der „Richtlinie..." von 1985 stellt eine dritte Überarbeitung des Erstentwurfs von 1980 dar. Für große Teile wurde mit dieser Fassung von 1985 ein relativer Abschluß der Verfahrensentwicklung für das Projekt „Naturraumtypenkarte im mittleren Maßstab" erreicht.

Als ein Hauptproblem bei der Entwicklung von Verfahren der geochorologischen Erkundung, die einheitliche und reproduzierbare Ergebnisse zu gewährleisten vermögen, erweist sich die Bewältigung der Vielfalt von Merkmalen und Parametern, die zur Kennzeichnung der Eigenschaften von Geochoren herangezogen werden können. Daraus ergibt sich die Notwendigkeit einer strengen Begrenzung der Merkmale auf die zur Lösung der Aufgabe zweckmäßigen Mindestmenge und der Auswahl von wesensbestimmenden Merkmalen, um Ausgewogenheit in der Kennzeichnung der unterschiedlichen chorischen Geokomplexe zu sichern. Eine weitere Anforderung leitet sich aus der angestrebten Auswertung und Interpretation der Naturraumtypen bzw. einzelner Kartierungseinheiten für verschiedene gesellschaftliche Nutzungsziele ab. Schließlich muß eine rationelle Erkundung oder eindeutige Ableitung der ausgewählten Merkmale gesichert sein.

Unter Beachtung dieser Gesichtspunkte sollten

- gefügebezogene und komponentenbezogene Merkmale berücksichtigt,
- Merkmale der abiotischen und der biotischen Geokomponentengruppe einbezogen,
- naturbedingte und durch die Nutzung beeinflußte bzw. beeinflußbare Eigenschaften beachtet sowie
- ein für die Kartierungsarbeit zweckmäßiges Verhältnis von primär erkundbaren und sekundär abgeleiteten Merkmalen angestrebt werden.

Diesen Forderungen wird mit einer *mehrstufigen Merkmalsgruppierung* entsprochen. Es werden unterschieden:

- *Leitmerkmale* für die Kennzeichnung von Geochoren, getrennt für die Ordnungsstufen der Nano- und Mikrogeochoren,
- *Ergänzungsmerkmale* für die Kennzeichnung von Geochoren und
- *Zusatzmerkmale* von Geochoren für spezielle Interpretationen.

Als Leitmerkmale für die Kennzeichnung von Nano- und Mikrogeochoren werden herangezogen:

Leitmerkmale zur Kennzeichnung von Nanogeochoren (kurz: Nanochoren):

(A) 1 Geotop-Kombinationen

2 Kopplungseigenschaften von Geotopen
3 Verteilungsmuster von Geotopen
(B) 4 Bodenformen-Kombination (bei technogenen Substraten: Substrattypen-Kombination)
5 Reliefformen-Kombination
6 Hydrotop-Kombination
7 Aktuelle Vegetationsformen-Kombination

Leitmerkmale zur Kennzeichnung von Mikrogeochoren (kurz: Mikrochoren):

(A) 1 Nanochoren-Kombination und/oder Geotop-Gesellschaft
2 Anordnungsmuster-Typ
(B) 3 Geologisch-strukturelle Einheit
4 Mesorelief-Mosaiktypen
5 Boden(formen)-Gesellschaft
6 Hydromorphieflächen-Typ
7 Makroklimagebiet/Makroklimastufe
8 Vegetationsmosaiktyp

Diese Merkmalsauswahl geht von folgenden Gesichtspunkten aus:

1. Beide Leitmerkmal-Kataloge enthalten unter (A) *gefügebezogene Inventar- und Anordnungsmerkmale.* Sie beschreiben die Haupteigenschaften der Geochoren in der jeweiligen Rangstufe nach integrativen, komplexanalytisch wesentlichen Parametern. Damit wird eine Kennzeichnung der Geochoren erreicht, die zu einer hinreichend eindeutigen Trennung sowohl von Individuen als auch Typen chorischer Einheiten führt. Die (A)-Merkmale sind daher auch die entscheidenden Trennmerkmale für die Ansprache und Kartierung der Geochoren.
Die in der Aufstellung der Leitmerkmale gegebene Reihenfolge (A) 1 bis (A) 3 ist zugleich eine Rangfolge in der Bedeutung als Ansprache- und Trennmerkmal, die zur Typenordnung bzw. Klassifizierung von Geochoren der jeweiligen Rangstufe genutzt werden.
Die Ansprache der Geotop- bzw. Nanochoren-Kombination (oder Geotop-Gesellschaft) ist gegenwärtig nur in solchen Gebieten möglich, wo ein regional gültiger Geotop- bzw. Nanochoren-Katalog besteht, der zur Aufstellung der betreffenden Merkmalstabelle herangezogen werden kann (vgl. MANNSFELD 1983; KNOTHE, SCHRADER 1984). Als Zwischenlösung wird auf „Stellvertreter-Merkmale" zurückgegriffen, unter denen die Bodenformen-Kombinationen (bzw. Boden(formen)-Gesellschaften) und die Vegetationsformen-Kombinationen (bzw. Vegetationsmosaiktypen) wegen ihres geosynergetisch und ökologisch integrativen Charakters besonders geeignet erscheinen.
2. In der Gruppe (B) sind alle *geokomponenten-bezogenen Inventarmerkmale* zusammengefaßt. Damit wird darauf hingewiesen, daß bei der Kennzeichnung von Geochoren nicht in jedem Fall alle diese Merkmale herangezogen werden müssen, sondern das „Prinzip der äquivalenten Eigenschaften" bewußt angewendet werden kann.
So kann unter bestimmten regionalen Bedingungen die Substrattypen-Kombination mit der Bodenformen-Kombination ausgetauscht werden bzw. in der Aussage ein Merkmal das andere ersetzen. Dabei erscheint im Bergland die Substratangabe vielfach von größerem Gewicht, vor allem wenn sie mit Angaben über petrographisch-geochemische Eigenschaften verbunden wird, da die Trophiemerkmale unmittelbar davon abhängen. Im pleistozänen Tiefland hingegen erhält die Bodenformen-Kombination mehr Aussagekraft, da hier die periglaziäre und bodengenetische Prägung der gleichen Substrate enger mit Trophiemerkmalen korrespondiert.

Demgegenüber enthalten die auf den Naturhaushalt bezogenen Merkmale (Bodenfeuchteregime-Typen, Rahmentypen der hydrographischen Bedingungen, Lage im Makroklimagebiet u. a.) weniger äquivalente Aussagen und können nicht ausgetauscht werden. Nicht austauschbar sind auch die Vegetationsmerkmale als einzige Ansprache der biotischen Eigenschaften.

Neben den Leitmerkmalen werden zur Kennzeichnung der Geochoren weitere Ergänzungs- und Zusatzmerkmale verwendet. Diese dienen zur Vertiefung der komplex- oder elementaranalytischen Beschreibung der Naturraumausstattung, vor allem auch zur Dokumentation von Merkmalen und deren Parameter, die für die Interpretation der naturwissenschaftlichen Basiskarten von Bedeutung sind. Sie gliedern sich wie die Leitmerkmale in mehrere Gruppen:

Ergänzungs- und Zusatzmerkmale zur Kennzeichnung von Nano- und/oder Mikrogeochoren:

(C) 1 Flächennutzungsformen-Kombination
2 Grad der technogenen/anthropogenen Beeinflussung und Überprägung der Naturausstattung:
2.1. Natürlichkeitsgrad der Vegetation
2.2. Oberbodenzustandsformen (Humusformen in Forstflächen)
2.3. Immissionstypen
2.4. Landschaftlicher Hemerobiegrad

(D) 3 Grad der Arealheterogenität
4 Geosynergetisch-ökologische Kontrasteigenschaften
5 Kompositionsmerkmale von Anordnungsmustern (Mensurmaße)
6 Topgefüge-Indices zur Kennzeichnung von Komponentenmerkmalen

(E) 7 Kennzeichnung von petrographischen Eigenschaften für Fest- und Halbfestgesteine
8 Ergänzungsmerkmale zur Reliefkennzeichnung
9 Substratflächentypen
10 Substratflächentypen-Gruppen
11 Nährkraftstufen (für forstliche Standorte)
12 Perkolationsbedingungen des naturräumlichen Hauptstockwerks
13 Wasserhaushalt und hydrologische Lagebeziehungen
14 Arealausstattung mit Oberflächengewässern und Naßstandorten
15 Merkmale von Fließgewässertypen
16 Geländeklimatische Kennzeichnung von Mikrogeochoren
17 Charakteristik meso- und makroklimatischer Lageeigenschaften

Bei dieser Auswahl von Merkmalen wurden folgende Gesichtspunkte beachtet:

1. In der Gruppe (C) werden *nutzungsbezogene Eigenschaften* oder die durch Nutzungsvorgänge leicht veränderbaren bzw. veränderten Eigenschaften des Naturraums angesprochen. Diese Erweiterung der Naturraumerkundung ist bei dem gegenwärtigen Einfluß der anthropogen-technogenen Überprägung und Veränderung naturbedingter Eigenschaften notwendig, um den Anforderungen an die Naturraumerkundung voll zu entsprechen. Die nach den Merkmalstabellen (C) 1 und (C) 2 vorzunehmende Kennzeichnung dieser Eigenschaften des Naturraums ist jedoch trotz der in den letzten Jahren erzielten Fortschritte noch weiter auszubauen.

   Eine Einbeziehung der nutzungsbezogenen Eigenschaften in die Typenbildung ist jedoch — im Gegensatz zu früher gehegten Erwartungen — nicht möglich, da meist keine hinreichende Arealkongruenz zwischen Nutzungs- und Naturraumstruktur besteht.
2. Die Gruppe (D) enthält Ergänzungs- und Zusatzmerkmale zur Kennzeichnung von *Gefügeeigenschaften* der Choren und von *Mensurmerkmalen* (innere Maßverhältnisse). Die Angaben zur Arealheterogenität und zum geosynergetisch-ökologischen Kontrast erlauben vertiefte Aussagen

V2 Vegetationsmosaiktypen (Phytogeochoren)
(H. Schlüter)

Vegetationsmosaiktyp	Leitvegetationsformen	Begleitvegetationsformen
Kollines Birken-Stieleichenwald-Mosaik überw. staunasser Platten (Typ Wermsdorfer Forst)	Pfeifengras-Birken-Stieleichenwald	Zitterseggen-/Adlerfarn-Bi-StEi-Wald Zitterseggen-Hb-StEi-Bu-Wald
Kollines Wadlgersten-Hainsimsen-Buchenwald-Mosaik frischer Löß-Muschelkalkplateaus (Typ Tautenburger Forst)	Waldgersten-Buchenwald	Wintergrün-Hainsimsen-TrEi-Bu-Wald, Bingelkraut-Bu-Wald Graslilien-Bu-Wald
Kollines Eschen-Hainbuchen-Stieleichenwald-Mosaik wechselfeuchter Kalktonböden (Typ Isserstedt)	Waldprimel-Eschen-Hainbuchen-Stieleichenwald	Märzenbecher-WiLi-Ah-StEi-Wald
Kollines Traubeneichen-Buchenwald-Mosaik auf Oberrotliegendem (Typ Eisenacher Rotliegendes)	Wachtelweizen-Traubeneichen -Buchenwald	Waldrispen-Hb-TrEi-Wald Waldschwingel-Bu-Wald, -Perlgras-Bu-Wald, Flattergras-Bu-Wald submont.Hainsimsen-Bu-Wald
Montanes Hainsimsen-Buchenwald-Mosaik (Typ Oberer Ruhlaer Glimmerschiefer	Heidelbeer-Hainsimsen-Buchenwald	Waldreitgras-Hainsimsen-Bu-Wald, typ.Hainsimsen-Bu-W.,Waldschwingel-Bu-W., Zahnwurz-Bu-Wald Flattergras-Bu-Wald
Hochmontanes Heidelbeer-Wollreitgras-Fichtenwald-Mosaik (Typ Beerberg-Schneekopf-Kammlag.)	Heidelbeer-Wollreitgras-Fichtenwald	Sauerklee-Wollreitgras-Fi-Wald Preiselbeer-Wollreitgras-Fi-Wald
Hochmontanes Sauerklee-Wollreitgras-Fichtenwald-Mosaik (Typ Schmücker Graben)	Sauerklee-Wollreitgras-Fichtenwald	Heidelbeer-Wollreitgras-Fi-Wald Torfmoos-Wollreitgras-Fi-Wald Farn-Wollreitgras-Fi-Wald

Erläuterungen: Bu - Buche, StEi - Stieleiche, WiLi - Winterlinde, El - Erle, Hb - Hainbuche, TrEi - Traubeneiche, Es - Esche, Fi - Fichte

Abb. 1

zu der inneren Gliederung und zu den möglichen Reaktionen der Naturräume auf natürliche oder nutzungsbedingte Einflüsse bzw. Eingriffe. Damit sind sie von großem Wert für die Interpretation der naturwissenschaftlichen Basiskarte.

3. In der Gruppe (E) werden schließlich alle Ergänzungs- und Zusatzmerkmale zusammengefaßt, die zur *erweiterten Kennzeichnung von komponentenbezogenen Eigenschaften* der Geochoren verwendet werden können. Der Katalog von derartigen Ergänzungs- und Zusatzmerkmalen kann noch wesentlich ausgeweitet werden, doch führt das zu einer zu starken Hervorhebung analytischer Aussagen. Deshalb wurden vor allem solche Merkmale herangezogen, die zur Betonung der ganzheitlichen Eigenschaften von Geochoren dienen können.

   In methodischen Richtlinien und Verfahrensanleitungen zu komponentenorientierten oder wirtschaftszweiglichen Kartierungen sind noch zahlreiche weitere Naturraummerkmale aufgeführt und definiert, die als Ergänzungs- und Zusatzmerkmale auch für die Naturraumtypenkarte im mittleren Maßstab verwendet werden können.

Die „Richtlinie ...“ ist nach dem *Baukastenprinzip* gestaltet, so daß neue Erkenntnisse in den Geo- und Biowissenschaften zwanglos in die Kartierungsrichtlinie und die Merkmalstabellen eingeordnet werden können. Deshalb ist jede einzelne Merkmalstabelle möglichst ergänzungsfähig gestaltet. Die Merkmalstabellen haben im allgemeinen einen hohen Reifegrad erreicht, so daß sie als vorläufig abgeschlossen gelten können. In den Abb. 1—3 sind einige Auszüge daraus wiedergegeben. Abb. 4 zeigt die Anwendung der Tabellen zur Dokumentation der Erkundungsergebnisse.

Ergänzungen, Überarbeitungen und Neufassungen sind vor allem *für folgende Merkmalstabellen* notwendig:

a) *Kennzeichnung der vegetationsökologischen Merkmale*

Bisher wurden in der DDR Naturraumeinheiten vornehmlich nach den abiotischen Geokomponenten gekennzeichnet, typisiert und ausgegrenzt. Eine umfassende Inhalts-

ergänzende Vegetationsformen	Kontrast	sekundäre Vegetationsformen
Zitterseggen-Wi-Li-Hb-StEi-Wald Hainsimsen-StEi-Bu-Wald Gilbweiderich-Erlbruch	3	Pfeifengras-RotEi-Forst, Pfeifengras-Fi-Forst, Kümmel-Kammgr.-Frischfeuchtwiesen-VFK, Sumpfziest-Kamillenacker-VFK
Hasenohr-Ei-Hb-Bu-Wald Wunderveilchen-Es-Wald Waldprimel-Es-Hb-StEi-Wald	3	Tollkirschen-/Kletten-/Walderdbeerschläge Trespen-Trockenwiese Sommeradonis-Ritterspornacker-VFK
Maiglöckchen-Bu-Wald Bingelkraut-Bu-Wald Wunderveilchen-Es-Wald Hasenohr-Hb-Ei-Wald	3	Sommeradonisacker-VFK
Ki-TrEi-Graslilien-Flechten-Felsheide-Komplex SoLi-Es-Ah-Schluchtwald El-Es-Gründchenwald	4	Weidenröschenschlag Glatthafer-/Kohldistelwiesen-VFK Drahtschmielen-/Moos-/Farn-Fi-Forste
Springkraut-Ah-Es-Wald Hainsternmieren-El-Es-Wald	2	Fingerhut-Weidenröschenschlag Moos-/Drahtschmielen-Fi-Forste Borstgras-/Goldhaferwiesen-VFK
Heide-Torfmoos-Beerkraut-Fi-Hochmoorkomplex, Bazzania-Heidel-beer-Fi-W.,Wollgr.-Rauschbeeren-Fi.W.	4	Wollreitgras-Heidekrautschläge Borstgraswiesen-VFK
Widerton-Torfmoos-Hainkreuzkraut-Fi-Quellmoorkomplex Alpenfrauenfarnflur	4	Wollreitgras-/Sauerklee-/Binsen-Wollreit-grasschläge Grauseggen-Wollgras-Fi-Moorkomplex

RotEi - Roteiche Ah - Ahorn Ki - Kiefer
Bi - Birke SoLi - Sommerlinde Kb - Kombination

Abb. 1 (Fortsetzung)

ansprache und Interpretation erfordert jedoch unbedingt die gebührende Berücksichtigung der Vegetation, die in ihrer strukturellen, räumlichen und anthropogenen Differenziertheit als wesentliche landschaftliche Biokomponente einen hohen Aussagewert hat.

Für das Kartierungsverfahren mußte daher aus den theoretisch-methodischen Grundlagen der Vegetationskunde unter Beachtung der vorliegenden Erkundungsmaterialien eine spezielle Methodik zur vegetationsökologischen Kennzeichnung von chorischen Naturräumen entwickelt werden (Schlüter 1984 und Abb. 1).

b) *Kennzeichnung von klimatisch-meteorologischen Merkmalen*

Bei der klimatisch-meteorologischen Kennzeichnung der mikro- und nanochorischen Naturraumeinheiten ergeben sich erhebliche Lücken. Die vorliegenden Untersuchungen bleiben, sofern sie auf das Gesamtgebiet der DDR bezogen sind, entweder in einem sehr allgemein-beschreibenden oder — bei Verwendung quantitativer Parameter — in einem räumlich sehr wenig differenzierenden Rahmen. Detailliertere Untersuchungen liegen für den Gesamtkomplex des Klimas bzw. für einzelne Teilkomplexe oder Klimaelemente nur in wenigen Beispielsgebieten vor, die keine einheitliche Übertragung auf das DDR-Territorium erlauben.

Als Beitrag zur Lösung dieser Aufgabe sind im Hauptamt für Klimatologie des Meteorologischen Dienstes der DDR sowie in einzelnen Einrichtungen der Forschungskooperation Untersuchungen eingeleitet, die in der Folgezeit zu einer erheblichen Verbesserung der Materialgrundlage führen können.

c) *Ergänzung der Merkmalstabelle „Geologisch-strukturelle Einheiten“*

Die Ansprache der lithosphärischen Eigenschaften von Naturräumen dient dazu, ihren substantiellen Aufbau sowie die geologisch-strukturellen Merkmale des Baustils des naturräumlichen Hauptstockwerks und seiner Beziehungen zum Untergrundstockwerk

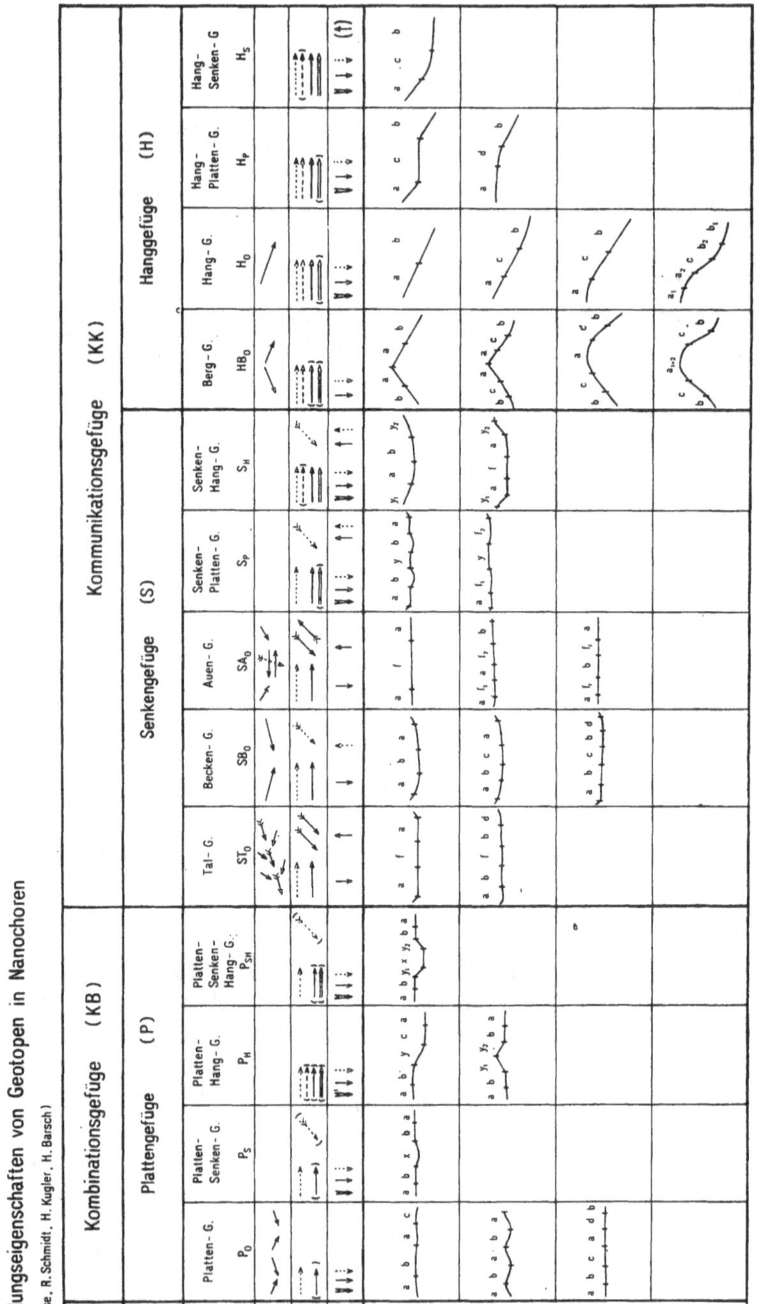
M 2 Kopplungseigenschaften von Geotopen in Nanochoren
(G. Haase, R. Schmidt, H. Kugler, H. Barsch)
Typengruppe
Kombinationsgefüge (KB)
Kommunikationsgefüge (KK)
Typ
Plattengefüge (P)
Senkengefüge (S)
Hanggefüge (H)
Untertyp
Platten-G. P0
Platten-Senken-G. PS
Platten-Hang-G. PH
Platten-Senken-Hang-G. PSH
Tal-G. ST0
Becken-G. SB0
Auen-G. SA0
Senken-Platten-G. SP
Senken-Hang-G. SH
Berg-G. HB0
Hang-G. H0
Hang-Platten-G. HP
Hang-Senken-G. HS
Richtungsorientierung d. Exodynamik
Form der lateralen Prozesse
Intensität der vertikalen Prozesse
Varianten
1
2
3
4

Abb. 2

B1 Bodenformen-Kombinationen (BK)
(R. Diemann, R. Schmidt unter Nutzung von Material von D. Kopp und W. Schwanecke)

Gruppen-Nr. 1	Kurzkennzeichnung der BK 2	Flächenanteil[1] 3
1. Bodenformen-Kombinationen des pleistozänen Tieflands (ohne Sandlößgürtel und Moorböden)		
1.1.	BK mit Sickerwasser-Bodenfeuchteregime	
1.1.1	Podsolbestimmte BK	
-1	Sand-Ranker-BK	IV
-2	Sand-Ranker/-Podsol-BK	III-II
-3	Sand-Ranker/-Podsol-BK mit Sand-Rostgley (-Podsolgley, -Gleypodsol)	III-II mit I
-4	Podsol-BK	IV
-5	Sand-Podsol/-Braunpodsol(Rosterde)-BK	III-II
-6	Sand-Braunpodsol (Rosterde)-BK	IV
-7	Sand-/Bändersand (lehmunterlagerter Sand/ -Braunpodsol(Rosterde)-BK	IV-III
-8	Bändersand (lehmunterlagerter Sand)-Braunpodsol(Rosterde)-/Sand-Braunerde-BK z. T. mit Tieflehm-Fahlerde	III-II mit I
-9	Sand(Bändersand, lehmunterlagerter)-Braunpodsol(Rosterde)-BK mit Sand-Rostgley (Braungley) bis -Grundgley	III-II mit I
1.1.2	Braunerdebestimmte BK	
-1	Sand-Rendzina/Bändersand-Braunerde-BK	
-2	Sand-Braunerde/-Braunpodsol(Rosterde)-BK	III-II
-3	Kiessand-Braunerde/-Rosterde(Braunpodsol)-BK	
-4	Kiessand-Braunerde(Rendzina)-BK	
-5	Sand-Braunerde-BK	IV
-6	Bändersand(lehmunterlagerte Sand, Decklehmsand)-Braunerde/(Sand-Braunerde)-BK	IV-III
-7	Sand(Bändersand, lehmunterlagerte Sand, Decklehmsand)-Braunerde(Rosterde)-BK mit Tieflehm-Fahlerde	III-II mit I
-8	Sand(Bändersand, lehmunterlagerte Sand)-Braunerde(Rosterde)-BK mit Sand-Braungley bis -Grundgley, z. T. mit Tieflehm-Fahlerde	III-II mit I

1 Angabe in Stufenwerten für die Leitbodenform(en)

67

Abb. 3

Dokumentation: Mikro-Geochoren (Mikrochoren) Hochstein-Steinberge-Rücken — A

1. Kennungen

1.1. Kataster-Nr.

111	Mikrochore 82	112	Typ	113	Fläche 5,4 km²

1.2. Mikrochoren-Typ

121	Bezeichnung des Mikrochoren-Typs: schwach hydromorphe, trophisch-mittelmäßige Berglöß/Bergsandlehm-Braunerde/Fahlerde/Staugley-Mosaike der lehn- bis steilhängigen Bergrücken in feuchten Lagen
122	Kurzbezeichnung des Mikrochoren-Typs Berglehm-Braunerde-Parabraunerde-Granit-Rücken

2. Gefügemerkmale

2.1. Nanochoren-Kombination und Geotopgefüge

211	Nanochoren-Kombination - mäßig frische bis frische löß- bis stark lößbeeinflußte Hügel, Rücken und Kuppen - stark stauvernäßte, hangwasserbeeinflußte Löß-Mulden und Bachtälchen
212	Geotop (Geokomplexformen)-Gesellschaft
213	Leit-Geotope (Geokomplexformen) - Löß-Granit-Solifluktionsschutt an Mittel-und Oberhängen - staunässebeeinflußte Hanggleye aus Löß-Granit-Solifluktionsschutt an schwach geneigten Unterhängen
214	Begleit-Geotope (Geokomplexformen) - Sauerbraunerden der südexponierten Oberhänge sowie der Kammbereiche der Bergrücken - Hanggley aus lößbeeinflußter Solifluktionsdecke an stark geneigten Mittelhängen
215	Kontrast schwach, an nordostexponierten Hängen z. T. mäßig

2. 2. Areal-Eigenschaften

221	Anordnungsmuster-Typ Bh = Streckhang-Bergrücken-Mustertyp
222	Arealheterogenität schwach heterogen
223	dominante Kopplungstypen der Geotype Hanggefüge (Hang-Senken-Gefüge)
224	Mensur-Merkmale mittlerer D/F-Quotient 17,6 Verbreitungsdichte der Tope 5,3/km² Zerlappungsgrad 86 m/ha

Abb. 4 (A)

Dokumentation: Mikro-Geochoren (Mikrochoren) -B 1-

3. Komponentenmerkmale

3. 1. Boden/Gestein

3 1 1	geologisch-strukturelle Einheit Lößderivat-Decke auf Granitverwitterung
3 1 2	vorherrschende Gesteine Westlausitzer Granodiorit, Berglöß, Quarzglimmerfels, Kolluviallehm und -salm
3 1 3	Substratflächentyp Berglöß 40–60 % Lößlehm 5–20 % Lößlehm üb. Gestein 20–40 % Berglehmsand 5–20 %
3 1 4	Böden (formen) - Gesellschaft D 8
3 1 5	Leit-Bodenformen Berglöß-(Parabraunerde)-Braunerde 40–60 % Berglöß-Braunstaugley 20–40 % Lößlehm-Staugley üb. Gestein 20–40 %
3 1 6	Begleit-Bodenformen Löß-Braunerde üb. Gestein 5–20 % Berglehmsand-Braunerde 5–20 %
3 1 7	Nährkraftstufe mittelmäßig (z. T. kräftig, selten ziemlich arm)

3. 2. Relief

3 2 1	Mesorelief-Mosaiktyp EBr lehn- bis steilhängiger Bergrücken (schwach asymmetrisch)
3 2 2	Reliefamplitude 180 m (im Mittel 60 – 100 m)
3 2 3	Neigungsflächentyp < 3° = 5–20 % NFT 13 < 12° = 20–40 %
3 2 4	Höhenlage / Niveaustufe 320–380 (449 – 280 m)

3. 3. Wasser

3 3 1	Hydromorphieflächentyp im grundwasserfernen Bereich Stufe 2 (3): schwach-mäßig hydromorph (hangwasserbeeinflußt) im grundwasserbestimmten Bereich
3 3 2	Gebietswasserhaushalt und hydrologische Lageeigenschaften Abzugslage
3 3 3	Oberflächengewässer und Naßstandorte Unterhang-Anmoore auf dem NO-exponierten Hang
3 3 4	Fließgewässertypen

Abb. 4 (B1)

Dokumentation: Mikro-Geochoren (Mikrochoren) -B 2-

3.4. Klima

3 4 1	Lage im Makroklimagebiet (Makroklimastufe) unteres Bergland, feuchte Lagen (Uff) Ø-Niederschlagssumme 830-880 mm
3 4 2	Niederschlagsbezirk Pulsnitzer NB
3 4 3	meso- und makroklimatische Lageeigenschaften Bestandsklima; Advektivfrostgefährdung; nur wenig warme Hangbereiche; windexponierte Kuppen
3 4 4	Geländeklima-Mosaiktyp B 1.1 (Bergrücken, lehnhängig, sehr starke Reliefamplitude)

3.5. Vegetation

3 5 1	Vegetationsmosaiktyp krautreicher Buchen-Tannen-(Fichten)-Wald
3 5 2	Leitvegetationsformen Hainsimsen-(Buchen)-Fichten-Wald/Forst
3 5 3	Begleitvegetationsformen Heidelbeer-Drahtschmielen-Fichten-Forste
3 5 4	sekundäre Vegetationsformen Forstflächen 80-100% (vorh. Fi-Forst)

4. Nutzungsmerkmale

4.1. Flächenbeanspruchung

4 1 1	Flächennutzungsformen-Kombination (-gefüge) Forstgebiet mit geringem Ackerlandanteil (keine Siedlungen)
4 1 2	Immissionstyp schwacher SO_2-Fernimmissionstyp
4 1 3	Besonderheiten der Nutzung teilweise Steinbruchbetrieb, Kleinhalden

4.2. technogen anthropogene Veränderungen der natürlichen Ausstattung

4 2 1	Natürlichkeitsgrad der Vegetation optimal entwickelter Forst (6), z. T. regenerierender „Halbforst" (7)
4 2 2	Oberbodenzustandsformen (moderartiger) Rohhumus
4 2 3	landschaftlicher Hemerobiegrad mesohemerob, z. T. oligohemerob

Abb. 4 (B2)

zu charakterisieren. Als zusammenfassendes Merkmal dienen dazu „chorische“, d. h. auf die Größenordnung und den Gefügestil von (Mikro-)Geochoren zu beziehende geologisch-strukturelle Einheiten.

Eine umfassende Merkmalstabelle zu diesen Einheiten konnte bisher im Rahmen der Forschungskooperation noch nicht erarbeitet werden. Die in der entsprechenden Merkmalstabelle dargestellten Einheiten verweisen auf die Grundsätze der Bestimmung und Kennzeichnung am Beispiel einiger ausgewählter Klassen, die aber einen repräsentativen Überblick über die DDR erlauben.

Eine Vervollständigung der Merkmalstabelle müßte auf Grund der vorliegenden geologischen Erkundungsergebnisse, vor allem mittels der für große Teile der DDR bereits vorliegenden „Lithofazieskarte Quartär 1:50000“ (1975) vorgenommen werden.

Trotz der Forderung, in die Kennzeichnung von Geochoren mehr Merkmale einzubeziehen, die auch dynamische (zeitstrukturelle) Aussagen und Ableitungen erlauben, liegen dafür sehr wenige brauchbare Lösungen vor. Daher wird die *Arealstruktur von aktuellen Prozessen im Naturraum* zunächst am ausführlichsten über die Kopplungseigenschaften von Geotopen in Nanogeochoren (vgl. Abb. 2) ermittelt, wobei die räumlichen Randbedingungen für den Ablauf und die Richtungsorientierung pedolithosphärischer und atmosphärischer Prozeßgruppen erfaßt sind.

Für eine Charakteristik des dynamischen Geschehens in Geochoren (vor allem in Nanogeochoren) ist die Ansprache folgender Merkmale notwendig:

— dominierende aktuelle geomorphologische Prozesse,
— dominierende pedo-bio-geochemische Prozeß-Kombinationen,
— dominierende hydrologische und klimatisch-meteorologische Prozesse,
— nutzungsbedingte Prozeß-Kombinationen.

Für die Kennzeichnung der (auf dem Areal einer Geochore) *dominierenden aktuellen geomorphologischen Prozesse* werden in der geomorphologischen Literatur zahlreiche Merkmale vorgeschlagen. Sie können auf die Rahmenform des Mesoreliefs bezogen — bei großflächig auftretenden, die Chore insgesamt prägenden Vorgängen — oder differenzierend für subordinierte Formen bzw. Relief-Kombinationen angegeben werden.

Eine Ansprache der *dominierenden pedo-bio-geochemischen Prozesse* und ihrer Kombinationen ist noch nicht zusammenfassend bearbeitet worden, obwohl bereits zahlreiche physikalische, chemische und biologische Kennwerte untersucht und ermittelt worden sind (vgl. u. a. Schmidt 1985 und Abb. 3). Es ist anzustreben, die Horizontfolgetypen der Pedosphäre mit Substratschichten und Schichten des Bios im Boden (durchwurzelte Zone, Humushorizonte u. a.) als Abbilder des pedo-bio-geochemischen Prozeßgeschehens aufzufassen und entsprechende Verallgemeinerungen für die chorische Ebene davon abzuleiten. Folgende Kriterien kommen für eine solche Typenbildung in Betracht:

- Zusammensetzung der Humusstoffe (Fulvo- und Huminsäuren, Humine)
- Zusammensetzung des Mineralbodens unter besonderer Berücksichtigung der Tonfraktion einschließlich der unterschiedlichen Mineralneubildungen
- Kationen-Austausch (KAK, charakteristische austauschbare Kationen)
- Bodenreaktion und Redox-Potential
- charakteristische Formen und Zustände organo-mineralischer Komplexe sowie Hauptprodukte organo-mineralischer Reaktionen (unbewegliche und bewegliche Fraktionen, ihre Wirkungen und die sekundär gebildeten und angehäuften Produkte).

Die in *Atmosphäre und Hydrosphäre ablaufenden naturräumlichen Prozesse* werden z. Z. durch allgemeine klimatisch-meteorologische und hydrologische Kennwerte und deren geländeklimatische bzw. hydrotopische Differenzierung erfaßt. Daraus lassen sich zunächst hinreichend genaue Schätzwerte ableiten, die diese Lücke in der Prozeßkennzeichnung nicht so deutlich werden lassen wie im pedo-biologischen Bereich.

Nutzungsbedingte Prozeßkombinationen können z. Z. ebenfalls nur über Flächennutzungszustände und den Grad der technogen-anthropogenen Veränderung bzw. Beeinflussung von Geochoren beschrieben werden. Die zusammenfassende Beschreibung und Typisierung von Prozessen ist eine von der Grundlagenforschung noch zu lösende Aufgabe.

Eine wesentliche Erweiterung hat die „Richtlinie ..." durch die Entwicklung von *methodischen Grundlagen und Verfahren für die Erfassung und Kennzeichnung von Seen als chorische Naturraum-Typen* erfahren (vgl. Succow, Kopp 1985). Im Vergleich mit der ausführlichen Bearbeitung der mineralischen Landflächen und der Moorstandorte stand eine entsprechende Bearbeitung der Gewässer noch aus.

Die Methodik für die naturwissenschaftliche Kennzeichnung und Typisierung von Naturräumen über geokomponenten-bezogene und komplexanalytische Verfahren wird darin auf Seen chorischer Größenordnung angewendet. Dabei werden die biotischen Geokomponenten (vor allem die Pflanzenwelt) und die abiotischen Merkmale zu komplexen Naturraumtypen zusammengeführt. Im Gegensatz zu Naturräumen der Landflächen haben Gewässer-Naturräume als Besonderheit das im Medium Wasser begründete vollständige stoffliche Austauschvermögen, eine ausgeprägte Jahresrhythmik und eine rasche biotische Veränderbarkeit.

Die Stillgewässer werden zusammenfassend in eine generelle Typenordnung eingestuft (Succow, Kopp 1985). Danach erfolgt eine Feinkennzeichnung, die getrennt nach den Merkmalen Wasserkörper (Gestalt, Größe, Wassergüte, Wasserregime), Gewässerboden (Arealinneres, Uferbereich), Relief, Klima und Vegetation (Arealinneres, Uferbereich) durchgeführt ist. Jede dieser Geokomponenten wird gekennzeichnet als Rahmenmerkmal, das die für die ganze Hydro-Geochore zutreffenden Eigenschaften ausdrückt, und in Form von Kompositionsmerkmalen, welche die Gliederung in topische Areale wiedergeben.

Mit den Merkmalstabellen der „Richtlinie ..." ist eine in hohem Maße *reproduzierfähige Erfassung und Kennzeichnung der Ausstattungs- und Arealstruktur von chorischen Naturräumen* gewährleistet. Die Tabellen stellen zugleich weitgehend standardisierfähige Grundlagen für die Naturraumerkundung im mittleren Maßstab dar. Die weiteren Anwendungsbeispiele sollten neben der Überprüfung des Verfahrens der Vorbereitung TGL-gerechter Standards für Planung und Projektierung in den landnutzenden Wirtschaftszweigen sowie in der Territorialplanung dienen. Die Einordnung der Ergebnisse der Naturraumerkundung in EDV-gerechte Dokumentationen eines landschaftsbezogenen oder eines umfassenderen territorialen Informationssystems (Datenbanken, Datenverarbeitung, automatisierte Datenausgabe einschließlich Kartenherstellung) ist ein weiteres Arbeitsfeld, das in Angriff genommen werden muß.

Literatur

Haase, G.: Entwicklungstendenzen in der geotopologischen und geochorologischen Naturraumerkundung. In: Petermanns Geogr. Mitteilungen, **123**, 1, 1979

Haase, G., H. Hubrich, H. Schlüter, K. Mannsfeld, H. Kugler, H. Richter, R. Diemann, H. Barsch, D. Knothe, D. Kopp, W. Schwanecke, R. Schmidt, M. Altermann und H. Hurttig: Methodische Grundlagen und Kartierungsverfahren für eine Naturraumtypenkarte der DDR im mittleren Maßstab (1:50000/1:200000). Wissenschaftlicher Bericht. F/E-Bericht „Projekt NTK", Inst. f. Geographie und Geoökologie d. AdW, Leipzig 1985

HAASE, G., R. DIEMANN, K. MANNSFELD und H. SCHLÜTER: Richtlinie für die Bildung und Kennzeichnung der Kartierungseinheiten der „Naturraumtypen-Karte der DDR im mittleren Maßstab". In: Wiss. Mitteilungen, Sonderheft **3**, Inst. f. Geographie u. Geoökologie d. AdW d. DDR, Leipzig 1985

KNOTHE, D. und F. SCHRADER: Zur Gestaltung von Naturraum- und Flächennutzungskarten im Rahmen einer ressourcenbezogenen Landschaftsbewertung. In: Fortschritte in der geographischen Kartographie. Wiss. Abh. Geogr. Gesellschaft d. DDR, **18**, Gotha 1985

KOPP, D., K.-D. JÄGER und M. SUCCOW: Naturräumliche Grundlagen der Landnutzung, Akademie-Verlag Berlin 1982

MANNSFELD, K.: Landschaftsanalyse und Ableitung von Naturraumpotentialen. In: Abh. Sächs. Akademie zu Leipzig, math.-nat. Klasse, Bd **55**, 3, 1983

SCHLÜTER, H.: Die „Vegetationsform" als Elementareinheit landschaftlicher Vegetationsmosaike. In: Wiss. Mitteilungen, Heft **14**, Inst. f. Geographie u. Geoökologie d. AdW. d. DDR, Leipzig 1984

SUCCOW, M. und D. KOPP: Seen als Naturraumtypen. In: Petermanns Geogr. Mitteilungen, **129**, 3, 1985

Prof. Dr. Günter HAASE
Akademie der Wissenschaften der DDR
Institut für Geographie und Geoökologie
Bereich Geographie
Georgi-Dimitroff-Platz 1
Leipzig
7010

LANDSCHAFTSÖKOLOGISCHE FORSCHUNGEN DER SÄCHSISCHEN AKADEMIE DER WISSENSCHAFTEN IM BEZIRK DRESDEN – DERZEITIGER FORSCHUNGSSTAND UND AUSBLICK

Arnd Bernhardt

Die bis 1984 von E. Neef geleitete Arbeitsgruppe „Naturhaushalt und Gebietscharakter" der Sächsischen Akademie der Wissenschaften betreibt seit 20 Jahren landschaftsökologische Forschungen. Ihr Sitz ist Dresden und das vorrangige Arbeitsfeld konzentriert sich auf den Bezirk Dresden, zeitweilig auch auf den Bezirk Karl-Marx-Stadt. Neben dieser Arbeitsgruppe besteht mit der Sektion Geographie der Pädagogischen Hochschule Dresden noch eine weitere wissenschaftliche Einrichtung im Bezirk, die landschaftsökologische Forschung tätigt. Beide Einrichtungen stehen in gegenseitiger Absprache, um räumliche und sachliche Doppelarbeit zu vermeiden und beide wirken im Forschungsverband „Physische Geographie der DDR" mit.

Landschaftsökologische Forschungen bedürfen der ständigen konkreten Verbindung mit dem Naturraum und mit allen Formen der Flächennutzung und Inanspruchnahme durch die Gesellschaft daselbst. Es war deshalb eine erste Aufgabe der Arbeitsgruppe, Experimentierfelder oder Testgebiete zu schaffen. Diese mußten in Nähe des Arbeitsortes gelegen und zugleich repräsentativ, also verallgemeinerungsfähig sein. Ausgewählt wurden hierfür zuerst Teile der Westlausitzer Platte (östlich des Elbtales), die Elbtalwanne und deren südlicher Hügellandsaum bis zum Osterzgebirge. Hier galt es, die Naturraumstrukturen zu erkunden, sowohl auf topischer (standörtlicher) Basis als auch auf mikro- und nanochorischer Basis (standörtlich heterogene Naturraumeinheiten, wie z. B. größere Täler, Plateaus oder Kuppengebiete). Es galt ferner, die Flächennutzungsstrukturen sowie sonstige Formen und Intensitäten der gesellschaftlichen Inanspruchnahme der Naturräume zu erfassen.

Bereits die Arbeit in den Testgebieten erbrachte mit der umfangreichen Erkenntnis der bestehenden Strukturen nicht nur viele verallgemeinerungsfähige Resultate über repräsentative Naturräume und Landschaften sondern auch eine Reihe nicht unwesentlicher erkenntnistheoretischer Fortschritte zur Methodik und Theorie der Landschaftsdiagnose. Hieraus entsprangen u. a. Forschungsberichte, wie z. B. „Rahmenmethodik Landschaftskataster" oder „Naturraumpotentiale", die im Rahmen des Forschungsverbandes als bedeutsam erklärt wurden. Das Eindringen in die Landschaftsstrukturen erlaubte es zugleich, oft schon sehr frühzeitig, auch in die Wirkungsmechanismen des Naturhaushaltes und deren gesellschaftlich gesteuerte Einflußnahme Einblicke zu nehmen und schrittweise in das außerordentlich vielseitige und komplexe Gebiet der sogenannten Landschaftsdynamik einzudringen.

Mit der landschaftlichen Strukturforschung und der Landschaftsdynamik sind die beiden Schwerpunkte der wissenschaftlichen Tätigkeit der Arbeitsgruppe umrissen. Die Strukturforschung stellt dabei nicht nur die Grundlage für das Eindringen in die Landschaftsdynamik dar, sie erbringt die unbedingt erforderliche Materialbasis, die notwendig ist, wenn Praxisanforderungen verschiedenster Art relativ kurzfrist zu beantworten und zu realisieren sind. Die landschaftsdynamische Forschung beschäftigt sich vorrangig mit den Wirkungsmechanismen, wobei neben der Aufhellung von generellen Vorgängen vor allem die Frage von Veränderungen, von Impulsantworten auf Innovationen, ein bedeutendes Gewicht für die Landschaftsprognose erlangen.

Fußte die Landschaftsdynamik bisher auf der Strukturforschung, so ist gegenwärtig ein Forschungsstand erreicht, wo die landschaftsdynamischen Erkenntnisse auch befruchtend auf die Strukturforschung zurückwirken und sich künftig beide Forschungsrichtungen auf einer neuen Qualitätsstufe schrittweise integrieren werden.

1. Die Strukturforschung

Eine von den Testgebieten unserer Arbeitsgruppe ausgehende entscheidende flächendeckende räumliche Ausdehnung der Naturraumerkundung und -kartierung auf der Basis heterogener Naturraum-Einheiten der chorischen Dimension gelang in den letzten sechs Jahren. Im Rahmen eines zentralen Forschungsvorhabens des Forschungsverbandes „Physische Geographie DDR“ unter dem Thema „Naturraumtypenkartierung und Interpretationsbeispiele für die praktische Nutzung“ konnte sich die Arbeitsgruppe mit dem sogenannten Musterblatt Dresden beteiligen [1], das 49% der Bezirksfläche umfaßt, wobei auch Teile des von der PH Dresden bearbeiteten Kreises Meißen einflossen. Es handelt sich um ein Kartierungsvorhaben, das mit vertretbarem Aufwand die Naturraumeinheiten abgrenzt und deren Inventar nach einheitlichen Gesichtspunkten erfaßt (Geologie, Substrat/Böden, Relief, Wasser/Wasserhaushalt, klimatische und mesoklimatische Erscheinungen, Art und Intensität der Flächennutzung). Für jedes der insgesamt 268 Individuen liegt ein ausführliches Dokumentationsblatt vor. Des weiteren wurden die Mikrochorenindividuen typisiert und solcherart kartographisch dargestellt. Für einen Teil des 3300 km² umfassenden Musterblattes, nämlich für eine Fläche von 660 km², die sich an Teile der genannten Testgebiete anschließt, liegt in gleicher Weise eine Nanochorenkartierung vor. Damit ist ein umfangreiches Dokumentationsmaterial geschaffen, das es nunmehr ermöglicht, ohne zeitaufwendige sowie witterungs- und saisonabhängige Geländearbeiten, relativ kurzfristig verschiedenartige Auskünfte zu geben und Anforderungen zur Inanspruchnahme und Nutzung der Naturräume im Rahmen der Kartierungsunterlagen bearbeiten zu können. Dies stellt eine neue Qualitätsstufe in der angewandten landschaftsökologischen Forschung dar. Ein erster direkter Nutzen dieses Materials konnte 1983 belegt werden, als es sehr rasch galt, für den Rat des Bezirkes Dresden die auf gesetzliche Anordnung hin erforderliche Ausweisung „Unwettergefährdeter Gebiete im Berg- und Hügelland“ zu erarbeiten. Auf eine zweite gezielte Anwendung hinsichtlich der Planung, nämlich mittels Ausweisung von Naturraumpotentialen, orientiert ein Diskussionsbeitrag von MANNSFELD in diesem Heft. Weitere erste Interpretationsbeispiele für die Nutzbarkeit der Naturraumerkundung konnten für das Dresdener Beispiel 1984 erarbeitet werden [1]. Es handelt sich

1. um eine Analyse der Verwertbarkeit der naturräumlichen Grundlagen für die Beurteilung der landschaftlichen Gegebenheiten in Hinsicht auf das Rekreationspotential,
2. um Aussagen bezüglich der Gunst und Ungunst von Geofaktoren in Naturräumen mit modernem Obstbau und der von den Impulsen dieser neuen Flächennutzungsart ausgehenden neuartigen Veränderungen landschaftsdynamischer Vorgänge,

3. für ein Testgebiet von 17 Mikrochoren um einen ersten Versuch, die Bewirtschaftungs- und Nutzungsformen in ihrer naturbezogenen Differenzierung hinsichtlich ihres Nutzungs- und Wirkungsgefüges komplex zu charakterisieren.

Damit ist vorerst die Streubreite einer sehr weiten Palette möglicher Anwendungs- und Auswertungsformen der Naturraumerkundung angedeutet. Daraus seien ohne Wertung der Reihenfolge genannt:

1. Das vor Jahren entwickelte Naturraumpotential-Konzept läßt sich nunmehr verfeinern und großflächig anwendungsadäquat konkretisieren, womit der Planung neuartige Unterlagen zur Verfügung gestellt werden können.
2. Die gewonnenen Naturraumtypen lassen sich hinsichtlich ihrer Strukturen, ihrer Verhaltensweisen und Prozeßabläufe, ihrer Potenzen und Eignungen umfassend analysieren und charakterisieren, z. B. bezüglich Wasserhaushaltseigenschaften, Pufferungsvermögen, Heterogenitätsgrade, Erosionsanfälligkeit, klimatischer Eigenarten.
3. Ergebnisse oder gezielte Aussagen der Naturraumanalyse und -synthese können sowohl auf territoriale Einheiten (Bezirk, Kreise, Gemeinden, LPG's) als auch auf Flußeinzugsgebiete orientiert werden.
4. Schließlich bietet die Naturraumkartierung und deren Datenfundus eine hervorragende Grundlage für die Abgrenzung und Systematisierung von Naturräumen und Landschaften im mittleren Maßstab.

Zusammenfassend läßt sich sagen, daß mit Hilfe einer flächendeckenden naturräumlichen Grundlagenforschung die Voraussetzungen gegeben sind, um im Sinne von „Ökonomie und Ökologie" an der Förderung einer umweltschonenden und effektiven Naturraumnutzung beitragen zu können und evtl. auch noch nicht oder ungenügend genutzte Reserven aufzuschließen. Die Untergrenze der mikrochorischen Aussagebasis dürfte etwa in der Größenordnung von LPG'en erreicht sein, d. h. in der Ausweisung der von einer LPG bewirtschafteten Naturräume, deren Strukturen, Eigenarten und Besonderheiten, die sich fördernd oder hemmend auf die Produktion auswirken, wobei die in- und outputs von und in angrenzende Einheiten oder Bewirtschaftungsformen berücksichtigt werden können.

2. Landschaftsdynamik und Landschaftswandel

Immer deutlicher zeigt sich, daß jede Innovation, jede technische Neuerung und jede neue Bewirtschaftungsweise, die in die Landschaft eingeführt wird, nicht nur Impulse auslöst, die im Sinne der gewünschten Wirkung ablaufen, sondern daß damit auch stets Gleichgewichtsveränderungen und Nebenwirkungen im Landschaftshaushalt verbunden sind.

Diese anthropogen induzierten Veränderungen der Landschaftsdynamik führen nicht selten zu einem Landschaftswandel und sind inhärente Bestandteile der Menschheitsentwicklung. So ist für die mitteleuropäischen Kulturlandschaften im Rahmen des historischen Landschaftswandels die größte Mannigfaltigkeit an pflanzlichen und tierischen Arten um die Mitte des 19. Jahrhunderts zu registrieren, gleichsam als Ausdruck vielfältigster und nicht standortnivellierter Bewirtschaftungsweisen der Kulturräume.

Mit der industriellen Revolution und vor allem mit der industriell-technischen Revolution wurden und werden die gesellschaftlichen Innovationen auf die Landschaften laufend reichhaltiger und zunehmend kurzfristiger, weshalb immer weniger Zeitraum zur Einpegelung auf neue Gleichgewichtsstadien zur Verfügung steht. Zudem erfolgt in diesen beiden jüngsten Entwicklungsphasen eine sich potenzierende Freisetzung fossiler Brennstoffe und die permanent zunehmende Einsteuerung naturfremder chemischer Substanzen in den Landschaftshaushalt. Hieraus resultiert die in ihrer Vielgestaltigkeit kaum noch überschaubare Umweltproblematik der Gegenwart, die nunmehr globale Bedeutung erlangt.

Die landschaftsökologische Forschung sieht sich auch mit diesem Problemkreis konfrontiert. Daraus erwächst die Aufgabe, zur Aufhellung solcher Beziehungsgeflechte beizutragen, um unerwünschte Nebenwirkungen, die oft zunächst verdeckt ablaufen und durch Summationseffekte oder durch unterschwellige Anstöße aus anderen Steuersystemen zu unerwarteten und hochbrisanten Qualitätsumschlägen führen können, zu erfassen, denn nur durch frühzeitige Kenntnis solcher Vorgänge wird es möglich, rechtzeitig vorzubeugen bzw. weniger aufwendige Korrekturen vorzunehmen.

Der rezente Landschaftshaushalt und Landschaftswandel ist ohne eine Kenntnis seines *historischen Werdeganges*, zumindest dessen wesentlicher Entwicklungsphasen, nur unvollständig zu verstehen. Solche konnten durch die Arbeitsgruppe für Mitteleuropa nach einer größeren Literaturanalyse erarbeitet werden [2]. Erste konkrete Recherchen in einem Testgebiet erbrachten weitere und tiefere Einsichten, die z. T. verallgemeinerungsfähig sind. So ergaben sich erhebliche negative Veränderungen des Wasserhaushaltes, insbesondere des natürlichen Wasserrückhaltevermögens, wovon besonders das Lößhügelland betroffen ist. Die letzten wesentlichen Phasen dieser Entwicklung entfallen auf die Mitte des 19. Jahrhunderts und auf die jüngste Vergangenheit. Nachweisbar sind ferner mehrere historische Phasen mit hohen Intensitäten der Bodenerosion, eine z. T. erstaunlich genaue Anlehnung historischer Landnahmephasen an Naturraumgrenzen, und Beziehungen zwischen Wüstungskomplexen und Naturräumen mit sehr heterogenen Standortbedingungen. In einem anderen Zusammenhang konnte für Teile des Bezirkes Karl-Marx-Stadt nachgewiesen werden, wie und welcherart eine einzige historische technische Neuerung, nämlich die Ablösung der Sense durch die vom Pferd gezogene Grasmähmaschine, etwa ab 1910, zu einer bedeutsamen Umgestaltung und Homogenisierung kleinerer Hohlformen geführt hat, um diese maschinengängig zu machen [3].

Rezente Veränderungen im Landschaftshaushalt wurden im Bezirk Dresden bislang in vier Fallstudien erfaßt, deren Ergebnisse sich größtenteils als extrapolationsfähig erweisen:

1. Die Fallstudie „Intensivobstbau auf bindigen Böden“ [4 bis 6], die auf ein besonders vielseitiges Interesse stieß, ermöglicht aus dem derzeitigen Erkenntnisstand heraus, unter dem Aspekt der kontinuierlichen Sicherheit dieser Hochertragsproduktionsrichtung, vorzuschlagen, die Anbauflächen unter Benutzung zweier möglichst benachbarter und gleichartiger Naturräume von Rotationsperiode zu Rotationsperiode auszutauschen, denn es zeichnen sich keine entscheidenden Bewirtschaftungsmöglichkeiten ab, die der hohen bodenphysikalischen und chemischen Dauerbelastung dieser Plantagennutzungsart entgegen wirken könnten. Besonders beachtenswert erscheinen die starken Bodenverdichtungen, die dadurch erheblich aktivierte Erosionsanfälligkeit, die

negative Beeinflussung des Wasserhaushaltes, aber auch eine erhebliche Beeinträchtigung des Edaphons und der Fauna. Hinzu kommen Nachbarschaftswirkungen, wie etwa auf Trinkwassereinzugsgebiete oder auf den Lebensbereich von An- und Inwohnern.

2. Die Fallstudie „Intensivviehhaltung und Umland" [7] ergab, daß in der Standortwahl von Großställen die landschaftlichen Voraussetzungen des Umlandes hinsichtlich ihrer Begüllbarkeit, besonders im Hügel- und Bergland, oft nicht genügend beachtet wurden. So sind dauerhafte ökonomische Mehraufwendungen die Folge, wenn im optimalen Gülleausbringungsradius Sektoren von 20—40% ausfallen, z. B. wegen unbeachtet gebliebener Trinkwasserschutzzonen und zu hoher Hangneigung. Da zudem die Lagerkapazitäten für Gülle meist sehr knapp bemessen sind, kommt es verbreitet und besonders in der Vegetationsperiode, zu häufiger Übergüllung mit allen negativen Folgen, wie Porenverkleisterung, Abflußerhöhung, Sickerwasserverluste und Stickstoff-Überangebot im Boden und in den Vorflutern. Über kurz oder lang sind deshalb Korrekturmaßnahmen vonnöten, auch im Interesse einer optimalen Nutzung hochwertiger organischer Substanz.

3. Die Fallstudie „Ländliche Siedlung und Umland" stellt die Probleme der Ver- und Entsorgung der ländlichen Siedlungen als besonders beachtenswert heraus. Hier handelt es sich vorwiegend um schleichende Summationseffekte, die auf die Dauer in mehrerlei Hinsicht bedeutsam werden. So zeigt die Trinkwasserqualität bei Versorgung aus lokalen Einzugsgebieten in ländlicher Umgebung fast überall eine allmählich aber kontinuierlich ansteigende organische und chemische Belastung, und dies trotz ausgewiesener Trinkwasserschutzzonen. Diese Qualitätsverschlechterung, aber auch der steigende Wasserbedarf der ländlichen Siedlungen, werfen die Frage einer künftigen Fernwasserversorgung mit allen Investkosten und Investkapazitäten für die meisten ländlichen Siedlungen auf. Die Verbesserung unseres Lebensstandards hat in fast allen Dörfern zu einer schrittweisen regen Neubau- und Ausbautätigkeit und zu einer umfassenden Haushaltmodernisierung geführt. Steigender Wasserverbrauch und vor allem die moderne Haushaltchemie haben die Abwasserlast quantitativ und qualitativ allmählich aber beachtlich stark erhöht, ohne daß, von wenigen Ausnahmen abgesehen, die Klärkapazität mitgehalten hätte. Die Folge ist, daß in den hochkollinen und Bergland-Gebieten innerhalb der letzten 15—20 Jahre die meisten dörflichen Vorfluter, besonders die kleineren, als Salmonidengewässer schrittweise zusammengebrochen sind, ein Prozeß, der schon Ende der 50er Jahre in den Bächen der Lößhügelländer einsetzte, deren natürliches Selbstreinigungsvermögen geringer anzusetzen ist. Es scheint nur eine Frage der Zeit, bis auch die restlichen größeren Salmonidengewässer des Berglandes aus gleichen Gründen ausfallen, sofern dies nicht, wie in einigen pufferungsschwachen Naturräumen aus anderen Gründen durch Versauerung, schon eingetreten ist. Als dritter Komplex sei die Frage der stark anwachsenden ländlichen Müllentsorgung angesprochen. Sie scheint noch am ehesten vertretbar gesichert dort, wo alte künstliche Aufschlüsse (wie Steinbrüche und Ziegeleigruben) zur Verfügung stehen. Fehlen solche, so werden vorrangig natürliche Hohlformen genutzt, die in jedem Falle Vorfluter darstellen. Mangelt es auch an diesen, so treffen wir meist wilde Mülldeponie an, nur selten aber Fernentsorgung.

4. 1984 konnte ferner mit vergleichenden Aufnahmen von Pflanzengesellschaften nach einem Zeitraum von 20 Jahren begonnen werden, und zwar im landschaftlich sehr abwechslungsreichen Moritzburger Kleinkuppengebiet. Die Ergebnisse bestätigen auch

hier wesentliche Veränderungen, ausgelöst von der Großschlagwirtschaft, der Flur- und Hydromelioration, der Agrarchemie, der Veränderung von Fruchtfolgen und von Nutzungsumwidmung. Acker- und Graslandgesellschaften zeigen eindeutige Homogenisierungen und eine entsprechende Reduzierung der Artenmannigfaltigkeit und der Abundanz an, die übrigens auch für die Fauna nachweisbar ist. Im Gegensatz zu anderen Agrargebieten konnten sich aber hier, begünstigt durch den z. T. kleinflächigen Struktur- und Nutzartenwandel, eine Reihe ökologischer Nischen mit z. T. sehr selten gewordenen Pflanzenarten und -gesellschaften halten, deren Fortbestehen mit einfachen Maßnahmen stabilisiert werden könnte. Unerwartet gravierend sind nur teilweise erklärbare Veränderungen auf den fast ohne Eingriffe verbliebenen Gehölz-Kuppen. Hier zeigen einige Baumarten keinerlei Nachwuchs mehr, die Strauch- und Krautschicht ist in starker Umstrukturierung begriffen (insbesondere durch nitrophile Arten) und Reptilien verzeichnen einen besorgniserregenden Schwund.

Landschaftsökologische Fallstudien erweisen sich in der Erarbeitung als nicht einfach. Das ist begründet in der meist sehr komplexen und fast stets interdisziplinären Materie, in der Datenerhebung, im Meßaufwand und in notwendigen mehrjährigen Geländebegehungen zu allen Jahreszeiten. Eine noch höhere Effektivität bei der Bearbeitung derartiger Fallstudien erscheint dann gegeben, wenn die für die jeweilige Problemstellung wichtigen Wissenschaftsdisziplinen und Flächennutzer sowie Praxisorgane kooperieren.

3. Ausblick

Die bisherigen Ergebnisse der landschaftsökologischen Struktur- und Prozeßforschung im Bezirk Dresden waren einerseits nicht unwesentliche Bestandteile der Grundlagen- und Entwicklungsforschung innerhalb des Forschungsverbandes „Physische Geographie der DDR“, sie haben andererseits mit ihrer territorialen Ausdehnung auf die Hälfte der Bezirksfläche und mit ihrer inhaltlichen Vielfalt in letzter Zeit zunehmende Interessen seitens verschiedener Praxisorgane gefunden. Für den kommenden Fünfjahrplan zeichnet sich ein breites Spektrum nutzungsorientierter Anforderungen ab. Es umfaßt sowohl Beratungen, Handreichungen und Zuarbeiten für spezielle Probleme und Fragestellungen als auch Vereinbarungen über mehrjährige Zusammenarbeit. Als Interessenten seien Organe des Rates des Bezirkes, Einrichtungen für die Erschließung von Oberflächenwasserreserven oder LPG und VEG genannt. Aber auch Publikationen, wie etwa zur Naturraumgliederung oder für die Buchreihe „Werte unserer Heimat“ sind gefragt.

Aus der zunehmenden Praxisrelevanz landschaftsökologischer Forschungen sowie dem derzeitigen Forschungsstand lassen sich folgende Aufgaben als vorrangig für die nächsten Jahre formulieren:

1. Das geschaffene naturräumliche Grundlagenmaterial muß inhaltlich methodisch und kartographisch optimal auf- und durchgearbeitet werden, um es für vielseitige Anforderungen und Nutzungen griffbereit zu haben.
2. Territorial sollte die landschaftsökologische Strukturerkundung auf den gesamten Bezirk Dresden ausgedehnt werden, womit sich das konkrete Aussagefeld wesentlich erweitert.
3. Die Charakteristik von Naturraumindividuen und -typen ist schrittweise weiter zu qualifizieren, um über die Kennzeichnung von Potentialen, Prozeßabläufen und

Dynamik unter Einbeziehung der an die jeweiligen Flächennutzungsartenkombinationen gebundenen Reaktionen schließlich die hochintegrierten Landschaftsindividuen und -typen fassen zu können. Vorrangig ist dabei auf repräsentative Landschaftsräume und auf solche mit hoher Nutzungsproblematik zu orientieren.

4. Es erscheint ferner möglich, nicht oder wenig genutzte Reserven in den Landschaften aufzuspüren sowie noch effektivere Nutzungen vorhandener Naturraumpotentiale in die Wege leiten zu können, insbesondere über den Einsatz von Gratisleistungen der Natur.

Literatur

[1] Mannsfeld, K., Bernhardt, A., Bieler, J. & Hartsch, I.: Beispielskartierung Dresden. Anlage 12 zum F/E-Bericht A4: Methodische Grundlagen und Kartierungsverfahren für eine „Naturraumtypenkarte der DDR im mittleren Maßstab". Dresden, 1985, 75 S., 29 Beilagen

[2] Bernhardt, A. & Jäger, K.-D.: Zur gesellschaftlichen Einflußnahme auf den Landschaftswandel in Mitteleuropa in Vergangenheit und Gegenwart. In: Sitzungsber. SAW, math.-nat. Kl. **117** (1985) H. 4, S. 5–56

[3] Bernhardt, A.: Veränderungen im Landschaftsbild durch eine technische Neuerung — die Grasmähmaschine. In: Erzgeb. Heimatblätter, 1981, H. 3, S. 65–68

[4] Bernhardt, A.: Eine Fallstudie: Flächennutzungswandel mit der Bildung einer kooperativen Abteilung Obstbau. In: Abh. SAW, math.-nat. Kl., **54** (1979) H. 1, S. 18–30

[5] Bernhardt, A. & Jäger, K.-D.: Zur aktuellen Landschaftsdynamik auf Intensivobstflächen. In: Abh. u. Ber. d. Naturkundemuseums Görlitz, **54**, 1981, Nr. 7, S. 83–87

[6] Bernhardt, A.: Intensivobstanlagen und ihre Nachbarschaftswirkungen aus wasserwirtschaftlicher Sicht. In: Graf: Ökonomie und Ökologie der Naturnutzung; Fischer-Verl. Jena, 1984, S. 172–183

[7] Hartsch, Inge: Folgeerscheinungen von Intensivviehhaltung im Verhältnis zur Landschaftsstruktur des Umlandes. In: Sitzungsber. SAW, math.-nat. Kl., **117** (1985) H. 4, S. 71–86

Dr. rer. nat. Arnd Bernhardt
Abteilungsleiter der Arbeitsgruppe „Naturhaushalt und Gebietscharakter"
der Sächsischen Akademie der Wissenschaften zu Leipzig
Zellescher Weg 19
Dresden
8027

MÖGLICHKEITEN EINER STABILISIERUNG DER FORSTLICHEN PRODUKTION UNTER DEM EINFLUSS VON LUFTVERUNREINIGUNGEN

HANS-GÜNTHER DÄSSLER

Nur wenige Probleme des Umweltschutzes haben bisher so großes Interesse in der breiten Öffentlichkeit gefunden wie die an den europäischen Waldbeständen auftretenden Schäden. Zwar sind Immissionsschäden schon seit langem bekannt und von STÖCKHARDT, SCHRÖDER und WISLICENUS eingehend untersucht worden. Diese Vegetationsbeeinträchtigungen wurden allerdings ausschließlich in der Nähe von Industrieanlagen oder Ballungsräumen festgestellt und ließen sich bestimmten Emittenten zuordnen.

Seit etwa 6 Jahren tritt jedoch in den Industrieländern Europas verbreitet eine neue, bisher unbekannte Schädigungsform auf, die sich ausbreitet und offensichtlich nicht nur Nadel-, sondern auch Laubgehölze erfaßt. Nach Angaben des IUFRO-Berichtes 1985 sind derzeit etwa 6 Millionen ha Waldfläche in Europa beeinträchtigt oder geschädigt.

Von dieser durchaus bedenklichen Entwicklung haben nun vielerorts die Medien Besitz ergriffen und eine mehr oder weniger sachkundige und sachdienliche Diskussion entfacht. Da werden unhaltbare Behauptungen verbreitet, Schlagworte in die Debatte geworfen, bedenkenlos vermeintliche Gegenmittel angeboten und Faktoren ins Gespräch gebracht, die lediglich von den eigentlichen Schadursachen ablenken. Viele der Diskussionen zeugen von wenig Einblick in die Zusammenhänge. Es erscheint deshalb vorteilhaft, eine Einschätzung der Gesamtproblematik nach dem derzeitigen Erkenntnisstand zu geben, bevor im weiteren auf die nur beschränkten Möglichkeiten einer Stabilisierung der forstlichen Produktion unter Schadstoffbelastung eingegangen wird.

Aus der Vielzahl der Erklärungsversuche und Deutungen für die Ursachen der Waldschädigungen lassen sich sieben Hypothesen in die engere Wahl ziehen, die entweder von bekannten Arbeitsgruppen verschiedener Forschungsdisziplinen entwickelt wurden oder einer Diskussion wert sind und die zum Teil auch durch Untersuchungsergebnisse belegt werden konnten.

Die ersten drei der Hypothesen negieren die Mitwirkung von Luftverunreinigungen, die weiteren vier berücksichtigen die Schadstoffbelastung als ausschlaggebenden Faktor.

Eine vornehmlich von der Industrie vorgebrachte Ursachenerklärung beschuldigt die Forstwirtschaft *langjähriger falscher Wirtschaftsführung*, die infolge des Anbaues von Monokulturen und der verstärkten Holznutzung zu Bodenversauerung und Nährstoffverarmung geführt und damit eine verhängnisvolle Schwächung des Ökosystems ausgelöst habe. Übermäßiger Einsatz von Biociden und vorhandene Durchforstungsrückstände trügen zur Verschärfung der Situation bei.

Wirtschaftsmaßnahmen der Forstwirtschaft können jedoch als Ursache ausgeschlossen werden, da die Schädigungen auf gut und schlecht nährstoffversorgten Böden auftreten und selbst Hochleistungsbestände auf besten Böden nicht verschont bleiben. Sowohl Rein- als auch Mischbestände werden betroffen, das gleiche gilt für mangelhaft durchforstete wie für gut gepflegte Wälder.

Viroide, Rickettsien und Mykoplasmen, die als *Krankheitserreger* in Betracht gezogen werden, ließen sich bisher nur in wärmeren Klimagebieten nachweisen, breiten sich nicht schnell über große Flächen aus und sind als primäre Ursache auszuschließen. Bei bisher in Schadgebieten festgestellten Erregern handelte es sich ausschließlich um Schwächeparasiten und Sekundärschädlinge.

Witterungsextreme wie Sturm- und Schneebruchkatastrophen können der Forstwirtschaft erhebliche Verluste zufügen. *Trockenperioden* führen jedoch vorwiegend zu Vitalitäts- und Zuwachsverlusten, die sich meist in den Folgejahren, wenn auch langsam, wieder ausgleichen. Absterbeerscheinungen treten dagegen nur in extremen Fällen auf. Ein direkter Zusammenhang der Trockenjahre mit den sich ausbreitenden Waldschädigungen läßt sich aber nicht herstellen. In Gebieten mit hohem Niederschlagsdefizit sind die Schadbilder keineswegs ausgeprägter. Junge flachwurzelnde Bäume weisen geringere Schädigungen auf als die weniger dürregefährdeten tiefwurzelnen Altbäume und das Auftreten besonders markanter Schadbilder auf trockenen Standorten trifft auch nicht zu.

Übereinstimmung besteht dagegen unter den Experten darüber, daß die Hypothesen, die Immissionen in den Schädigungsursachenkomplex einbeziehen, der Realität wesentlich näher kommen. Unter „Immissionen" ist dabei die Gesamtheit der in ein Territorium eindringenden Luftverunreinigungen zu verstehen, ein Gemisch unterschiedlicher Schadstoffkomponenten, deren physikalische und chemische Eigenschaften und deren anteilige Deposition mehr oder weniger spezifische Schädigungsformen auszubilden vermögen. Die in den Wäldern europäischer Länder auftretenden Schadbilder lassen sich jedoch keinesfalls der Wirkung spezieller Noxen eindeutig zuordnen, sondern deuten vielmehr darauf hin, daß ein Faktorkomplex für ihre Auslösung verantwortlich ist. Die Beteiligung folgender Immissionsschadensformen ist in Betracht zu ziehen:

Da sind zunächst die *klassischen Immissionsschäden* zu nennen. Sie treten im Bereich bis zu 40 km Entfernung von Großemittenten wie Kraftwerken oder Hüttenwerken auf und sind Folgen wiederholter, meist kurzfristiger Episoden höherer Schadstoffkonzentrationen von Schwefeldioxid, Fluorwasserstoff oder Chlorwasserstoff. Derartige Schäden sind an der Südabdachung des Erzgebirges anzutreffen, sie erstrecken sich aber auch über den Erzgebirgskamm bis in das Gebiet der DDR hinein. Sie sind ebenso im Werra- und Unstrutgebiet in der Umgebung der Kaliindustrie zu finden wie im Immissionsbereich großer Hüttenwerke. Es handelt sich dabei um direkte phytotoxische Wirkungen von Luftverunreinigungen, die über die Stomate in die Pflanzen gelangen, Einfluß auf die Biomembranen der Zellen und den Stoffaustausch nehmen und den pflanzlichen Stoffwechsel beeinträchtigen. Die Ausbildung der Schadenssymptome ist schließlich die Folge schwerer Stoffwechselstörungen.

Sicher ist die trockene Schadstoffdeposition für einen großen Teil der Waldschäden verantwortlich zu machen. Die Ausbreitung der Vegetationsschäden in Reinluftgebieten vermag sie jedoch nicht zu erklären.

Ein weiterer Ursachenkomplex, der zur Diskussion steht, ist der Eintrag säurebildender Substanzen aus Industrieanlagen der Kraftwerke in die Atmosphäre mit seiner Auswirkung als *saurer Regen*. Die Verfrachtung von Sulfataerosolen und anderen Säurebildern wie nitrose Gase, Fluorwasserstoff und Chlorwasserstoff als Ursache für die Versauerung von Gewässern und Böden sowie als schadauslösender Faktor für Waldschäden in Höhenlagen wurde vor etwa 10 Jahren von den nordeuropäischen Ländern erstmals zur Diskussion gestellt.

Unter saurem Regen wird ein Niederschlagswasser mit anthropogen überhöhtem Wasserstoffionengehalt verstanden, wobei nicht unbeachtet bleiben darf, daß das normale Regenwasser auf Grund seiner Reaktion mit dem CO_2-Anteil der Luft bereits einen pH-Wert von 5,6 aufweist. Neuere Untersuchungen von Delmas und Gravenhorst ergaben sogar einen „Normalwert" von 5,2–4,9 pH. Begünstigt durch Hochschornsteine werden die Säurebildner in höhere Schichten der Atmosphäre eingetragen, zum Teil chemisch umgewandelt, über längere Strecken verfrachtet und gelangen nach Kontaktaufnahme mit Wasser als Regen, Nebel oder Tau zu Boden.

Beim Auftreffen auf die Baumkronen und auf den Boden kommt es zu Auswaschvorgängen; Ca- und Mg-Mangel der geschädigten Bäume ist die Folge. Neben der Nährstoffauswaschung kann der H^+-Ioneneintrag zur Bodenversauerung und Beeinträchtigung des Bodenlebens (Bakterien, Regenwürmer) führen sowie die Streuzersetzung erschweren. Hinzu kommen Schädigungen der Feinwurzeln durch aus Tonmineralien freigesetzte Aluminiumionen.

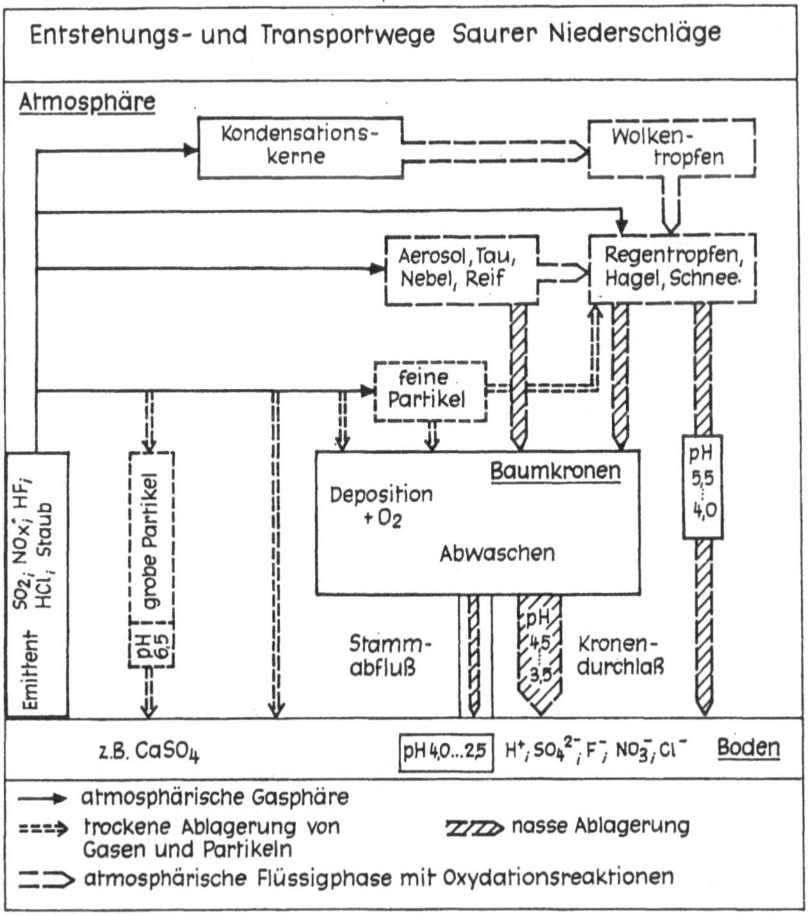

Abb. 1

Die sogenannte Aluminiumhypothese scheint in ihrer Bedeutung ebenso wie die Wirkung des sauren Regens überschätzt worden zu sein.

Zum einen ist festzustellen, daß auch bei längerer Einwirkung sauren Regenwassers weder Wachsüberzüge von Nadeln noch Blattoberflächen merklich zerstört werden. Zum anderen ist es bisher in keinem Immissionsgebiet gelungen, freie Al-Ionen in außergewöhnlich hohen Mengen nachzuweisen. Für die Schadgebiete der DDR hat der saure Regen ohnehin offensichtlich keine große Bedeutung. Wie die Auswertung von Niederschlags-pH-Werte-Messungen der vergangenen 15 Jahre ergab, liegen diese Werte zwischen 4,6 und 6,2. Auch die pH-Werte der Oberböden weichen nur geringfügig von früher gemessenen Größenordnungen ab.

Im Mittelpunkt der Betrachtungen bei der *Dauerstreß-Hypothese* steht die Störung der Photosynthese. Die jahrzehntelange Belastung der Pflanze durch geringe Schadstoffkonzentrationen führt zunächst zu einem Defizit an Stoffwechselprodukten, zu geringerer Vitalität, zu verminderter Zuwachsleistung und erhöhter Empfindlichkeit gegen Schädlinge. Das Wurzelsystem wird in Mitleidenschaft gezogen und reagiert mit geringerer Reservestoffbildung. Der Mangel an sekundären Pflanzeninhaltsstoffen erhöht die Anfälligkeit der Pflanzen gegen Wirkungsextreme und Krankheitserreger. Dieser Deutung steht das schlagartige Einsetzen der umfangreichen Waldschädigungen entgegen sowie die Feststellung, daß Kombinationen geringer Schadstoffmengen schon lange auf Waldbestände einwirken, ohne jedoch schon früher derartige Auswirkungen zu zeigen.

Die *Ozon- und Photooxidantienhypothese* schließlich versucht die neue Schädigungsform zu erklären, die vornehmlich an Fichten auftritt und sich in einem neuartigen Erscheinungsbild äußert. Zunächst werden ältere Bäume befallen. An der Oberseite der betroffenen Fichtenzweige färben sich die Nadeln vom zweiten Jahrgang ab gelb, werden später braun und fallen ab. Der Nadelverlust schreitet von innen nach außen fort, die Kronen verlichten von unten nach oben. Die Schäden haben ihren Schwerpunkt in Lagen über 500 m, treten aber auch in tieferen Lagen auf.

Verantwortlich werden Ozon- und Photooxidantien gemacht, deren Bildung durch von der Industrie und dem Kraftverkehr emittierte nitrose Gase und Kohlenwasserstoffe begünstigt wird.

$$NO_2 \rightarrow NO + O$$
$$O + O_2 \rightarrow O_3^* \qquad \text{Ozonbildung}$$
$$O_3^* + M \rightarrow O_3 + M^*$$

$$NO + O_3 \rightarrow NO_2 + O_2$$
$$R + O_2 \rightarrow RO_2 \qquad \text{Peroxy-Radikale}$$
$$NO + RO_2 \rightarrow NO_2 + RO$$

$$CH_3CHO + OH^* \rightarrow CH_3C(O) + H_2O$$
$$CH_3C(O) + O_2 + NO_2 \rightarrow CH_3C(O)O_2NO_2 \qquad \text{PAN aus Aldehyden}$$

Die Phytotoxizität von Ozon und Photooxidantien ist bekannt. Die Verträglichkeitsgrenze für Nadelhölzer liegt nach GUDERIAN bei 150 μg/h. Die Ozonwerte in den europäischen Mittelgebirgen sind auch angestiegen, die Spitzenwerte lagen 1982/1983 bei 300 μg.

Einige Phänomene sprechen für diese These. Einwände ergeben sich jedoch aus der

Tatsache, daß auch früher schon höhere Ozonkonzentrationen in europäischen Mittelgebirgen festzustellen waren und dennoch keine Schäden aufgetreten sind und daß Ozonschäden im Experiment andere Schadbilder auslösen.

Faßt man das bisher Mitgeteilte zusammen, so ist festzustellen, daß

1. Bisher allein für die klassischen Immissionsschäden aussagekräftige Ergebnisse und Erkenntnisse vorliegen;
2. sich die klassischen Immissionsschäden von der neuartigen Erscheinungsform in Reinluftgebieten unterscheiden;
3. besondere Aufmerksamkeit dem Auftreten und der Ausbreitung der neuartigen Schädigungsformen gewidmet werden muß, zumal in Überlagerungsgebieten, in denen bereits klassische Imissionsschäden vorhanden sind, mit einer raschen Verschärfung der Schadsituation zu rechnen ist.

Es ist deshalb nur möglich, die weiteren Ausführungen auf die Auswirkungen der klassischen Immissionsschädigungen zu beschränken und die, wie bereits ausgeführt, nur begrenzten Möglichkeiten einer Stabilisierung der forstlichen Produktion unter dieser überwiegend trockenen Schadstoffdeposition zu erklären.

Die in unserem Land vornehmlich betroffenen Baumarten sind Kiefer und Fichte, die Tanne spielt hierzulande keine Rolle mehr. Insbesondere gibt bekanntlich der Zustand der Fichtenwälder zu ernster Besorgnis Anlaß. Beeinträchtigt bzw. geschädigt werden diese forstlichen Kulturen durch die komplexe Wirkung mehrerer Faktoren, unter denen Schadstoffkonzentration und Einwirkungsdauer, also die Schadstoffdosis die dominierende Rolle einnehmen. Der Einfluß der Schadstoffdosis wirkt sich im Stoffwechsel aus und führt zur Schwächung der Pflanze. Die Reaktion des Stoffwechsels wiederum wird von Genotyp und Pflanzenalter bestimmt, während die Schadstoffwirkung durch Witterungsfaktoren wie Frost, Dürre, Wind oder durch Nährstoffmangel, zu hohes Wasserangebot und durch Schädlinge verschärft wird.

Unter den derzeit in den meisten Schadgebieten vorhandenen Immissionsbelastungen kann von einer Anpassung bzw. Stabilisierung der forstlichen Produktion nicht die Rede sein. Es handelt sich hier vielmehr um eine Verzögerung und Verminderung des Schadfortschrittes in diesen Beständen, um deren produktive und kulturelle Wirkungen so lange wie möglich zu erhalten und die Nutzholzentwertung möglichst einzuschränken.

Voraussetzung für eine Anpassung, für eine wirkliche Stabilisierung der forstlichen Produktion ist und bleibt die merkliche Senkung der Emissionen. Zur Zeit sind also die Anstrengungen darauf gerichtet, mit allen forstlichen Mitteln den Schädigungsfortschritt einzudämmen.

Grundlagen der forstlichen Bewirtschaftung von immissionsbelasteten Gebieten sind die nach dem Schadzustand und dessen Trend ausgeschiedenen Schadzonen I (stark geschädigt) bis III (gering geschädigt) sowie Gefährdungszonen, für die eine Belastungs- und Schadzunahme vorauszusehen ist.

Folgende Maßnahmen erweisen sich als nützlich:

Die Beachtung einer geregelten *Jungwuchs-* und *Jungbestandespflege.*

In Kieferngebieten ergeben sich bis auf die Erhaltung eines geringen Weichlaubholzanteils wenig Änderungen gegenüber der normalen Bewirtschaftung. Sichtbare Schäden stellen sich in der Regel erst ab Baumholzalter ein. Im Fichtengebiet macht sich neben Standraumregulierung die Entnahme immissionsempfindlicher (schwach benadelt) Bäume notwendig. In stark geschädigten Gebieten (Schadzone I) sind regelmäßige

Eingriffe erforderlich. Trotz Forderung nach Geschlossenhaltung der Bestände sind Schneebruchsicherheit und normale Kronenausbildung zu garantieren. Mischholzanteile müssen in waldbaulich vertretbarem Maße erhalten bleiben.

Als weitere Maßnahmen sind Durchforstung und Pflege im Zuge einer *verzögerten Abnutzung der Baum- und Althölzer* auf immissionsempfindliche und geschädigte Exemplare (Spitzendürre, schüttere Benadelung, Lamettabäume) zu beschränken. Bestandesunterbrechungen sollten so weit als möglich verzögert werden. Dürrhölzer müssen in 3- bis 5jährigem Abstand entnommen werden, wenn keine Gefahr des Borkenkäfer- bzw. des Prachtkäferbefalls an der Kiefer besteht.

Die Fichtenbestände werden vielfach vom Süd- oder Südwestrand her aufgelöst (Hauptwindrichtung + Immissionsangriff). Selbst teilweise dürre Bestandesränder können noch Deckungsschutz bieten. Ihr Einschlag ist deshalb unter Beachtung der Holzentwertungsgrenze (bis 3 Jahre nach dem Absterben) zu verzögern. Besondere Vorsicht ist geboten, wenn das Anwachsen von Kulturen durch den Ausfall der Schutzwirkung vorgelagerter Bestände gefährdet ist.

Eine gewisse Stabilisierung der Bestände läßt sich in bestimmten Fällen durch *Düngung* erreichen. Über eine Verbesserung des Nährstoffangebotes sind bei Kiefernbeständen auf armen Standorten mit Stickstoffgaben (3× aller 8—10 Jahre) Verbesserungen des Vitalitätszustandes zu erzielen. Bei ärmeren Standorten des Hügellandes und in den unteren Lagen des Mittelgebirges müssen Phosphat- und Kalidüngemittel zusätzlich eingesetzt werden. In Fichtengebieten der Mittelgebirgslagen ist unter NPK-Düngung nur eine Verzögerung des Schadfortschrittes zu erreichen. Kaliumhaltige Düngemittel erzielen dabei eine Frosthärteverbesserung. Auf Kiefernflächen in Mittelgebirgslagen hat sich eine NKMg-Düngung bewährt. Die *Beherrschung der Forstschutzsituation* ist eine wichtige Voraussetzung für die Minderung der Schadwirkungen. Immissionsbeeinflußte Wälder fallen durch Vitalitätsschwächung relativ rasch dem Angriff tierischer und pflanzlicher Schädlinge zum Opfer. Jeder Übervermehrung muß deshalb entgegengewirkt werden. Im Kieferngebiet ist besonders auf den Blauen Prachtkäfer, Borken- und Rüsselkäferarten zu achten. In Fichtengebieten sind dem Buchdrucker, Borken- und Bastkäferarten, Lärchenwickler und Gespinstblattwespen besondere Aufmerksamkeit zu widmen. Nicht bekämpfte Kalamitäten führen dazu, daß Bestände 1—2 Jahrzehnte früher eingeschlagen werden müssen.

Für die Umwandlungsbaumarten sind der Hallimasch und das Rotwild zur Zeit die schlimmsten Feinde. Die erforderliche Zäunung der Kulturen gegen Wildverbiß bringt den Betrieben erheblichen Mehraufwand.

In den stark geschädigten Waldbeständen (Schadzone I, z. T. II) ist der *Holzartenwechsel* die einzige Möglichkeit der Weiterbewirtschaftung. In den oberen Lagen der Mittelgebirge schränken die klimatischen Bedingungen die Auswahl der Alternativbaumarten stark ein, weiterhin müssen Immissionsresistenz und Standorteignung berücksichtigt werden. Für den Mittelgebirgsraum ist im kommenden Jahrhundert ein Mischwald mit Fichte, Rotbuche, Lärche, Weymouthskiefer und Douglasie zum Anbau vorgesehen. Für Lagen über 700 m stehen jedoch nur wenige Baumarten wie Murraykiefer, Rumelische Strobe, Blaufichte, Omorikafichte, Bergahorn, Eberesche und Krummholzkiefer zur Verfügung.

Die entstandenen Großkahlflächen erfordern bei der Kulturbegründung meliorative Maßnahmen (Wasserbau, Düngung, Kalkung) und die Begründung von Vorwäldern und Windschutzstreifen für diese Kulturen.

Die *Neugestaltung der Waldränder* mit immissionstoleranten klimabeständigen Baum- und Straucharten und die zielgerichtete Komplettierung bereits vorhandener Bestände der Baumarten Buche, Lärche, Eberesche und Birke zu Immissionsschutzriegeln ist eine wichtige Aufgabe.

Ein mehrjähriger Vorlauf bei der *Pflanzenanzucht* von Umwandlungsbaumarten ist Voraussetzung für den Holzartenwechsel auf größeren Flächen. Dafür ist der Aufbau moderner Baumschulen notwendig, die eine hohe Zahl an Folienzelten und Gewächshäusern besitzen, denen aber auch leistungsfähige Topfungsmaschinen, geeignetes Substrat für Anzucht und Topfung sowie Transportmittel für die Ballenpflanzenanzucht zur Verfügung stehen. Erforderlich sind eine ganzjährig durchgehende Pflanzenproduktion, steigende Anzahl der Bereitstellung von Container- und Ballenpflanzen sowie die Anlage von Plantagen zur generativen und autovegetativen Vermehrung immissionstoleranterer Baumarten.

Problematisch ist und bleibt die *Züchtung immissionsresistenter Baumarten.* Um der derzeitigen Situation in unseren Hauptschadgebieten gerecht zu werden, hätte mit gezielten Versuchen bereits vor 20 Jahren begonnen werden müssen. An Hinweisen hat es nicht gefehlt. Um geeignetes Pflanzenmaterial in größerer Menge zur Verfügung stellen zu können, werden Zeiträume von 30—40 Jahren benötigt. Hinzu kommt noch, daß es bisher erst bei Lärche gelungen ist, immissionsresistentere und gut wüchsige Hybriden der japanischen und europäischen Lärche zu erhalten. Für das bisher bei Fichte selektierte und für brauchbar befundene Ausgangsmaterial ist noch nicht erwiesen, ob die Nachkommen durchweg immissionstoleranter sind. Es muß auch ein weiterer Gesichtspunkt berücksichtigt werden. Gezüchtet wird derzeit auf SO_2-Resistenz. In den Schadgebieten liegt jedoch nicht nur SO_2, sondern ein Gemisch von Schadstoffen, ein Immissionstyp vor, der sich sogar noch ständig verändert. Eine Züchtung auf bestimmte Immissionstypen ist jedoch nicht möglich. Es bleibt deshalb der Resistenzzüchtung nur unter dem Aspekt für die Zukunft Berechtigung, daß es nie eine völlig abgasfreie Industrie geben wird und daß man für die Umgebungsbepflanzung solcher Anlagen mit spezifischen Emissionen widerstandsfähige Holzarten zur Hand haben muß.

Sollen nun die genannten Bemühungen und Maßnahmen zur Stabilisierung der forstlichen Produktion in belasteten Gebieten von nachhaltigem Erfolg gekrönt sein, ist eine merkbare Senkung der Emissionen von Seiten der Industrie Voraussetzung und mit Nachdruck zu fordern. Technische Möglichkeiten hierfür sind in ausreichendem Maße vorhanden. Sie müssen nur in vollem Umfang genutzt werden.

Zweifellos ist eine durchgreifende Emissionssenkung mit erheblichem finanziellen und technischem Aufwand verbunden und wird eine größere Zeitspanne in Anspruch nehmen. Soll jedoch ein landeskulturell und leistungsmäßig den Anforderungen künftiger Generationen entsprechender Wald erhalten bleiben, sind derartige Anstrengungen und Aufwendungen unumgänglich.

Prof. Dr. habil. Hans-Günther Dässler
TU Dresden, Sektion Forstwirtschaft Tharandt
Bereich Pflanzenchemie
Pienner Straße 8
PSF 10
Tharandt
8223

UFERGEHÖLZE ALS POLYFUNKTIONALES LANDSCHAFTSELEMENT – ÖKOLOGIE UND ANWENDUNG

EBERHARD NIEMANN

1. Einleitung

Unter „Landschaftselement" wollen wir Grundeinheiten der genutzten Landschaft verstehen, also z B. bewirtschaftete Typen von Wald, Wiese, See, Fluß, Flurgehölzen usw. Sie sind jeweils durch ein charakteristisches Inventar von Standorts- und Nutzungsmerkmalen gekennzeichnet, also keine rein naturwissenschaftliche Kategorie.

Von ihnen gehen immer gleichzeitig mehrere gesellschaftlich interessierende Wirkungen aus — „Polyfunktionalität" — was kein Widerspruch zu der Tatsache ist, daß aus der Sicht des wirtschaftenden Menschen bald die eine, bald die andere Wirkung im Vordergrund steht (Vorrangnutzung): Die Mehrfach*funktion* kann in verschiedener Weise durch Mehrfach*nutzung* abgeschöpft werden.

Als ein solches Landschaftselement ausgesprochen polyfunktionalen Charakters können auch die gewässernahen Wälder angesehen werden. Im folgenden soll nur von einer Gruppe dieser Gewässerwälder die Rede sein — von den Ufergehölzen an Fließgewässern.

Nach ihrer topographischen Lage fügen sie sich als schmale Säume an Flußufern („Galeriewälder") in die Kulturlandschaft ein und geben ihr oft maßgeblich das Gepräge. Ihre ökologische Position ist durch den auf kurze Entfernung im Uferprofil sich vollziehenden Übergang zwischen dem limnischen und dem terrestrischen Bereich gekennzeichnet. Diese Situation erfordert spezielle Anpassungen und Eigenschaften, die sowohl die Funktionen der Ufergehölze bestimmen als auch für ihre Behandlung maßgeblich sind.

2. Funktionen der Fluß-Ufergehölze

Eine gekürzte Übersicht über die Gesamtpalette gesellschaftlich relevanter Wirkungen und Leistungen von Fluß-Ufergehölzen vermittelt Tabelle 1. Aus dieser Gesamtheit wollen wir im folgenden nur die Funktionen Ufererosionsschutz, Einstrahlungsminderung, Stoffbarrierewirkung sowie ganz kurz Rohholzproduktion und Eigenwasserverbrauch behandeln. Dabei ist zu bedenken, daß diese potentiellen Funktionen sowohl in ihrer realen Leistung (Dargebot) als auch hinsichtlich ihrer gesellschaftlichen Bedeutung (Anforderungen) starke standörtliche und regionale Unterschiede aufweisen.

2.1: Uferstabilisierung, Ufererosionsschutz

Bedeutung:

Durch Ufererosionsschutz werden Nutzflächenverluste vermieden. Ihr potentielles Ausmaß schwankt in sehr weiten Grenzen und ist von der Struktur des Ufersubstrats sowie von der Belastungsart abhängig. Die größten Verluste an landwirtschaftlicher

Tabelle 1

Überblick über die wichtigsten Wirkungen von Fluß-Ufergehölzen

1. Unmittelbar produktionsbezogene Wirkungen

! — Rohholzproduktion

— Niederwildproduktion u. a. Nebenproduktionen (Bienentracht ...)

2. Meteorologische Wirkungen

! — Einstrahlungsminderung

- Beschattung: Hemmung von Sohl- und Böschungsverkrautung
- Verminderte Erwärmung

— Windbremsung; ferner Absorption von Staub und Aerosolen, Abdriftschutz, u. U. gehemmter Kaltluftabfluß in engen Tälern

3. Hydrologische Wirkungen

! — Eigenwasserverbrauch

— Gehemmte Evaporation von der Wasseroberfläche

— Strömungsretention; Rauhigkeitserhöhung

4. Wirkungen auf Substrat und Fläche

! — Ufererosionsschutz; Ufer- und Sohlenstabilisation

! — Stoffbarrierewirkung

— Nachbarschafts-Flächenbeeinflussung durch Wurzelbrut, Laubfall, Nährstoffentzug ...

— Abschirmung gegenüber Uferbetritt

5. Ethische und ästhetische Wirkungen

— Beherbergung von Pflanzen- und Tierarten

— Landschaftsästhetische Wirkung

6. Humanökologische Wirkungen

(Die mit ! bezeichneten Wirkungen werden im folgenden erläutert)

Nutzfläche entstehen durch Beweidung bis in den Uferbereich bei Zweischichtprofilen mit Auelehm über Schotter (NIEMANN 1970).

Verminderte Ufererosion bedeutet weiterhin verminderten Feststoffeintrag. Letzterer führt durch Auflandung und herabgesetzte Schleppkraft zur Leistungseinschränkung in der Vorflutfunktion des Fließgewässers selbst und zu rascher Verringerung des Stauraumes vorgelagerter Speicher oder Talsperren. So wurde das Stauvolumen der Talsperre Windischleuba (Bez. Leipzig) in den ca. 30 Jahren ihres Bestehens um über 50% vermindert; die Regeneration durch Räumung würde die Kosten des damaligen Baues um ein Mehrfaches übersteigen. Bei dieser Belastung ist zwar die Ufererosion nur mitbeteiligt; der Hauptanteil geht auf Abtrag von landwirtschaftlichen Nutzflächen im Einzugsbereich zurück. Dennoch machen Werterhaltungs- und Ausbaumaßnahmen an den zentralen wasserwirtschaftlichen Vorflutern der DDR jährlich annähernd $200 \cdot 10^6$ M aus.

Schließlich ist bei Ufererosion eine zusätzliche Eutrophierung zu verzeichnen, die im einzelnen sehr unterschiedlich verläuft und beachtliche Werte erreichen kann. In einem Beispielsfall streckenhafter Ufererosion nach zu starker Begradigung und massivem, gehölzlosem Ausbau im Einzugsgebiet der Trinkwassertalsperre Zeulenroda (Bez. Gera) betrugen die aus Ufererosion stammenden Anteile an der mittleren Jahresfracht bei Stickstoff 30% und bei Phosphor 11% (WEGENER 1979).

Wirkungsweise:

Die unterschiedliche Wirkungsweise verschiedener Uferbestigungstechnologien einschließlich Uferdauerbestockungen sind in Tabelle 2 zusammengestellt.

Die spezifischen Vorteile der biologischen Verfahren (II) liegen darin, daß sie das Ufer von innen (Wurzelbereich: Bodenstabilisation) und von außen (oberirdische Teile: Auffangen von Wasserenergie) festigen, daß sie tote Elemente (Steine, auch Bauelemente) zusätzlich festlegen und den Übergang zwischen flüssigem und festem Medium kontinuierlich, d. h. dynamisch günstiger gestalten. Für die Ufer-Dauerbestockungen (C) sind von entscheidender Bedeutung: ihre mit zunehmendem Alter wachsende Schutzwirkung und Eigenstabilität, ihr geringes Pflegebedürfnis, ihre Regenerationsfähigkeit, ihre Fähigkeit, auch die Flußsohle zu konsolidieren, und ihre vielfältigen positiven Nebenwirkungen.

Diese Wirkungsweise wird an einer Auswahl von 5 Flußquerprofilen erläutert (Abb. 1): Das natürliche, asymmetrische Profil (A) stellt sich $\pm$ steil ein; die Ufergehölze besetzen auch den oberen Teil des Hochwasserabflußprofils, ohne daß dadurch bei geeignetem Aufbau Hochwasserschäden entstehen; ihre Wurzelentwicklung erfolgt landseitig, wasserseitig und in Fließrichtung. Der konventionelle Ausbau sieht meist ein flaches Trapezprofil vor, in dem Gehölze, wenn überhaupt vorhanden, nicht innerhalb

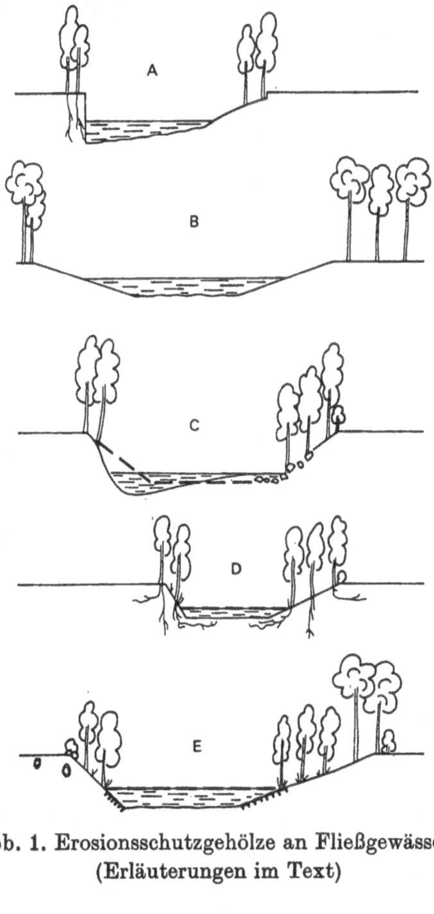

Abb. 1. Erosionsschutzgehölze an Fließgewässern (Erläuterungen im Text)

Tabelle 2

Verfahrensgruppen der Uferstabilisierung bei Fließgewässern

Grundrichtung:	I Technischer Uferschutz		II Biologischer Uferschutz
Charakteristik:	• passive Wirkung • starre Bauelemente • Trennung Wasser/Hinterland • Alterung		• aktive Wirkung • flexible Bauelemente • Verbindung Wasser/Hinterland • selbständige Regeneration
Verfahrensgruppe:	A Konstruktiv-technische Verfahren mit toten Bauelementen	B Kombination aus toten und lebenden Bauelementen; ingenieurbiologische Bauweisen	C Dauerbestockungen Die Hauptwirkung wird von lebenden Elementen übernommen
Eigenschaften:	s. o.	• Primärphasen • pflegeintensiv • ohne wesentliche Regionaldifferenzierung • mit zunehmendem Alter — sinkende Eigenstabilität — steigender Pflegeaufwand — hydraulisch ungünstigere Struktur	• reifere Phasen • pflegearm bis -frei • stark ausgeprägte Regionaldifferenzierung • mit zunehmendem Alter — steigende Eigenstabilität — sinkender Pflegeaufwand — hydraulisch gleichbleibend oder wenig ungünstiger werdend
Anwendung:	(A und B:) • Primärsicherung an Ausbaustrecken und zur Behebung von Schäden; • sofort wirksam • Wirksamkeit zeitlich begrenzt • vor allem therapeutisch einzusetzen		• an nicht regulierten sowohl wie an Neuausbaustrecken einsetzbar • nicht sofort wirksam • Wirksamkeit zeitlich unbegrenzt • vor allem prophylaktisch einsetzbar (aber nicht ausschließlich)

Bei entsprechenden Kombinationen können primäre Sofortwirkungen konstruktiver (A) und ingenieurbiologischer (B) Verbaue allmählich durch Dauerbestockungen (C) übernommen werden!

des Uferprofils stehen und nur Dekorationsfunktion haben (B). Der Flußlauf steilt sich in dieses Flachprofil allmählich von selbst wieder ein, wobei sich spontan eine ungeregelte Stauden-Gehölz-Phase oft ungünstiger Wirkung entwickelt. An vielen alten Ausbaustrecken kann man andererseits beobachten, daß Ufergehölze von selbst in zerfallende mechanische Befestigungen eindringen, deren Zerfall zwar fördern, ihre Schutzfunktion aber voll übernehmen können (C). Aus A—C und vielen anderen Beobachtungen wurde nun eine Palette von Uferschutzgehölztypen entwickelt, die auf dem in D (einzonige Bestockung für kleinere Wasserläufe) und E (zweizonige Bestockung für größere Wasserläufe) veranschaulichten Grundmodell beruhen. Bei E unterscheidet man eine wasserseitige Innenzone mit vorwiegender Erosionsschutzfunktion von einer landseitigen Außenzone, die Träger auch anderer Funktionen einschließlich Holzproduktion sein kann. Die weitere Untergliederung erfolgt nach Flußbreite, Gefälle, Regionalklima und natürlichem Ufermaterial (NIEMANN 1970; TGL 28 039/06).

Die Erarbeitung dieser standardisierten Bestockungszieltypen geht von biologisch-ökologischen Eigenschaften der Gehölzarten aus, die sich auf die Besonderheiten des Uferstandortes beziehen: Wurzeltracht; vegetative und generative Regeneration; phänologische und genotypische Wuchsform in Beziehung zu Licht und Schwerkraft; Verträglichkeit gegenüber Wasserstandsschwankung, mechanischer Beanspruchung des fließenden Wassers, zeitweisem Sauerstoffmangel; Wachstumsdynamik und Alterungsgeschwindigkeit u. a. (Einzelheiten vgl. NIEMANN 1984). Die Zieltypen wurden an Versuchsstrecken des VEB Kombinat Wassertechnik und -projektierung hydraulisch getestet und in die Praxis eingeführt (Richtlinie ... 1981).

Ökonomische Gesichtspunkte:

Durch Verwendung von Uferdauerbestockungen können die Anlagekosten gegenüber konstruktiven Bauweisen erheblich gesenkt werden. Die Kosten (in M) betragen je m^{-2} befestigter Uferfläche bei Betongitterplatten 45, bei Steinschüttung 35, bei Uferschutzgehölz 5...12. Im Bereich zweier Wasserwirtschaftsdirektionen wurden so die Kosten um ca. 35% (in Einzelfällen bis zu 75%) gesenkt. In den ersten fünf Jahren der Zieltypenanwendung wurden in der DDR. ca. $2{,}5 \cdot 10^6$ M eingespart (weiteres vgl. REGLER 1981). Hinzu kommt die Einsparung von laufenden Rasenpflegekosten, vor allem aber von Energie- und Transportkosten. Dadurch wird die betriebswirtschaftlich entscheidende Kennziffer für Grundmaterialkosten wesentlich positiv beeinflußt.

Dabei ist nur *eine* Funktion der Flußufer-Dauerbestockungen — ihre Erosionsschutzfunktion — in Betracht gezogen. In gesamtgesellschaftlicher Sicht kommen die vielfältigen übrigen Wirkungen hinzu, von denen nachfolgend nur einige behandelt werden können.

2.2. Einstrahlungsminderung

Bedeutung:

Durch verminderte Sonnenbestrahlung des Fließgewässers wird dessen „Sohlverkrautung" reduziert. Sohlverkrautung wirkt bei Überschreitung eines ziemlich niedrig liegenden Schwellenwertes negativ auf die Fließgewässerfunktionen Grundwasservorflut (es kommt zu Grundwasserrückstau), Feststofftransport (es kommt zu Sedimentation und Auflandung) und Uferstabilität (es kommt zu reduzierter Eigenstabilität von Ufergehölzen und bei Ausuferung zu Erosion an der Böschungsoberkante).

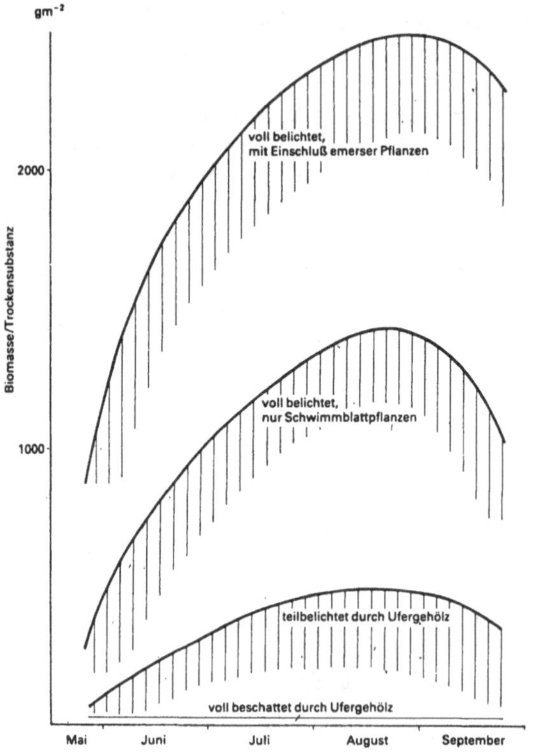

Abb. 2. Saisonale Entwicklung der Biomasse in Fließgewässern der DDR in Abhängigkeit von Licht und Fließgeschwindigkeit. Die Schraffuren deuten den Streubereich an.

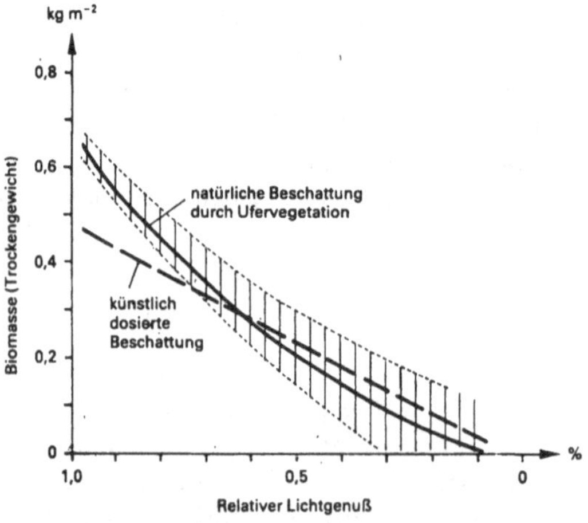

Abb. 3. Biomasseentwicklung in Fließgewässern in Abhängigkeit vom Licht. — Nach DAWSON u. KERN-HANSEN 1978, vereinfacht.

Gleichzeitig wird durch verminderte Einstrahlung auch die Gras- und Krautentwicklung an der *Ufer*böschung drastisch reduziert. Damit wird ein sich selbst verstärkender Regelkreis durchbrochen, der darin besteht, daß die zum besseren Einsatz der Entkrautungs- bzw. Böschungspflegetechnik vorgenommene Beseitigung der Ufergehölze selbst verstärkend auf eben diese Verkrautung, „Verwilderung" und Auflandung zurückwirkt und den notwendigen Pflegeaufwand kontinuierlich erhöht.

Eine weitere Wirkung besteht darin, daß die unproduktive Verdunstung von der freien Wasseroberfläche herabgesetzt wird. Dieser Effekt wird aber wiederum durch die starke Evapotranspiration der Gehölze selbst kompensiert und spielt unter unseren Klimaverhältnissen höchstens bei sehr langsam fließenden und bei flachen stehenden Gewässern eine Rolle. In ariden Gebieten kann der Evapotranspirationseffekt als negativer Bilanzfaktor sogar bei weitem überwiegen.

Fernerhin kommt es durch den Schattenwurf auch zu einem verminderten Temperaturanstieg im Wasser. Dadurch wird der Sauerstoffgehalt und damit die Selbstreinigungskraft erhöht. Ist flußabwärts ein Speicher oder eine Talsperre vorgeschaltet, so kommt es außerdem zu einer größeren Einschichtungstiefe des Zuflußwassers. Diese wirkt im Verein mit dem erhöhten Sauerstoffgehalt in bestimmten Jahreszeiten der Eutrophierung entgegen.

Wirkungsweise:

Die für die pflanzliche Biomasseproduktion entscheidende Lichtzufuhr kann durch Ufergehölze bis auf unbedeutende Mengen vermindert werden. Eine völlige Ausschaltung der Pflanzenentwicklung ist indes gar nicht erwünscht, da die Vegetation auch sohlenstabilisierend wirkt. Abb. 2 und 3 vermitteln eine Vorstellung von dem Ausmaß der Verkrautung und der verkrautungsmindernden Funktion von Ufergehölzen. In Tabelle 3 sind Beispiele auch für die analoge Wirkung im Uferböschungsbereich zusammengestellt. Alle diese Beispiele können zwar nicht ohne weiteres verallgemeinert werden, zeigen aber deutlich die Tendenz. Die Ergebnisse begründen die Entwicklung neuer, biologisch-technischer Varianten der Gewässerpflege bei der Lösung des Verkrautungsproblems, die den Energieaufwand in Gestalt von Maschinen- und Chemikalieneinsatz mit ihren negativen landeskulturellen Begleiterscheinungen wesentlich zu reduzieren vermögen.

Beim Aufbau entsprechender Zieltypen kommt es wiederum darauf an, ganz bestimmte biologisch-ökologische Eigenschaften von Ufergehölzen mit geringem Steuer-

Tabelle 3

Pflanzenmasse an der Uferböschung: Frischmasse in $g\ m^{-2}$ bzw. $dt\ ha^{-1}$ an vergleichbaren Hügellandstandorten im Süden der DDR

		Licht	Teilschatten	Vollschatten
Lichtvariante Rasen	$g\ m^{-2}$	2000...4000	200...300	10...50 (1000)
	$dt\ ha^{-1}$	200–400	20...30	$g\ m^{-2}$
				bzw.
Lichtvariante Stauden	$g\ m^{-2}$	4000...8000	400...1000	1...5 (100)
	$dt\ ha^{-1}$	400...800	40...100	$dt\ ha^{-1}$

aufwand, z. B. durch richtige Artenwahl, zur Geltung zu bringen. Es sind dies: artspezifische Belaubungsdichte und -dauer; Schattenerträgnis; Wuchsform bei Seitenlicht; Wachstumsgang und biologische Alterung; Kronenmorphologie; Bestockungsdichteparameter sowie mögliche Straucharten (HAUPT 1984). Die Differenzierung der Zieltypen erfolgt nach Gewässerdimension (ein- und zweiseitige Gehölze), Fließgeschwindigkeit, Klimaregion und Trophie, wobei die Zahl der Typen durch Korrelation einiger Faktoren überschaubar bleibt.

Ökonomische Gesichtspunkte:

Bei jährlich einmal erforderlicher Entkrautung kann der Aufwand um 30...60% vermindert werden. Meist sind jedoch im Flachland der DDR 4... maximal 7 Entkrautungen pro Jahr erforderlich, so daß hier der Effekt entsprechend größer wird.

Wenn man davon ausgeht, daß 25% der zentralen Vorfluter durch Ufergehölz nahezu entkrautungsfrei gehalten werden, könnten jährlich ca. $6 \cdot 10^6$ M eingespart werden. Rechnet man die zahlreichen kommunalen Vorfluter hinzu, so käme man auf etwa $24 \cdot 10^6\ \mathrm{M} \cdot \mathrm{a}^{-1}$. Ein Teil der Flußläufe ist bereits mit übernahmewürdigen, pflegearmen Gehölzen bestanden.

Nach Erfahrungen in Wasserwirtschaftsdirektionen der DDR betrugen die jährlichen Aufwendungen für

Böschungspflege	$700\ \mathrm{M} \cdot \mathrm{ha}^{-1}$
Sohlentkrautung	$850\ \mathrm{M} \cdot \mathrm{ha}^{-1}$

Diese Beträge zuzüglich des DK-Verbrauchs (von ca. 300 l) könnten durch Besatz mit zieltypengerechtem Ufergehölz nahezu völlig eingespart werden.

Weitere Wirkungen, wie Einsparung von Energie und chemischen Mitteln, Vermeidung unerwünschter Nebenwirkungen des Technik- und Chemieeinsatzes sowie zusätzliche positive „Nebenwirkungen“ der Verkrautungsschutzgehölze, die sich bisher schwer in Zahlen fassen lassen, sind beträchtlich und werden an Bedeutung noch zunehmen. Andererseits sind Ufergehölz-Dauerbestockungen nicht nur in der Anlage billiger, sondern nach einer fünfjährigen Anlaufphase auch jahrzehntelang äußerst pflegearm, zeitweise pflegefrei.

2.3. Barrierewirkung

Darunter wird der stoffliche Rückhaltprozeß verstanden, im Unterschied zur Abschirmung gegen Uferbetritt durch Mensch und Tier. Ist letzterer vor allem auf die Talsperrenufer konzentriert, so muß die Barrierewirkung an den kleinen Gewässern im gesamten Einzugsgebiet ansetzen.

Bedeutung:

Angesichts der starken Eutrophierung in der gesamten Landschaft spielen Pufferflächen und Recyclingprozesse eine zunehmende Rolle. Die Ufervegetation ist ein in begrenztem Maße beeinflußbarer Eutrophierungspuffer im Übergangsbereich zwischen Agrar- und Gewässerökosystemen. Die menschliche Zielsetzung besteht darin, den ersteren Quantität in Gestalt höchster Biomasseproduktion (Eutrophie, Produktivität), den letzteren Qualität (in diesem Falle Oligotrophie, Stabilität) abzugewinnen.

Wirkungsweise:

Die Wirkung besteht einmal in einem mechanischen Ausfiltern und Zurückhalten fester und flüssiger Stoffpartikel (Bodenmaterial aus Erosion, technogene Stäube, Abdrift von mineralischem und organischem Dünger usw.), zum anderen in einer physiologischen Inkorporation und Umsetzung von Stoffen im Pflanzenkörper selbst. Die Inkorporation kann bei Talsperren vor allem als zusätzlicher Vorsperreneffekt, bei Fließgewässern als Puffersaumeffekt nutzbar gemacht werden. Nach ersten Ermittlungen können mit Schwarzerlenbestockungen 30...100 kg N · $ha^{-1} \cdot a^{-1}$ zurückgehalten werden (WEGENER 1981), doch ist andererseits die zusätzliche Akkumulation durch Aktinomycetensymbiose und die Beeinflussung der Gesamtbilanz durch die Laubzersetzung noch nicht genügend bekannt. Wesentlich für die Senkung des Abschöpfprozesses durch die Nutzung ist aber die Tatsache, daß der Akkumulationsprozeß bei den einzelnen Baumarten in Abhängigkeit vom Alter sehr verschieden verläuft. Während der Stickstoffgehalt in den verholzten Zweigen und Ästen bei Pappel, Weide und auch Birke niedrig liegt und früh kulminiert, steigt er bei Roterle mit zunehmendem Alter noch lange an, wodurch sich die Roterle im Vergleich zu den Pionierbaumarten auch hier im Sinne des Ökosukzessionskonzepts als einem späteren, dauerhafteren Stadium zugehörig erweist (Abb. 4). Das ist für die Berücksichtigung der Barrierefunktion beim Aufbau von Bestockungszieltypen von Bedeutung.

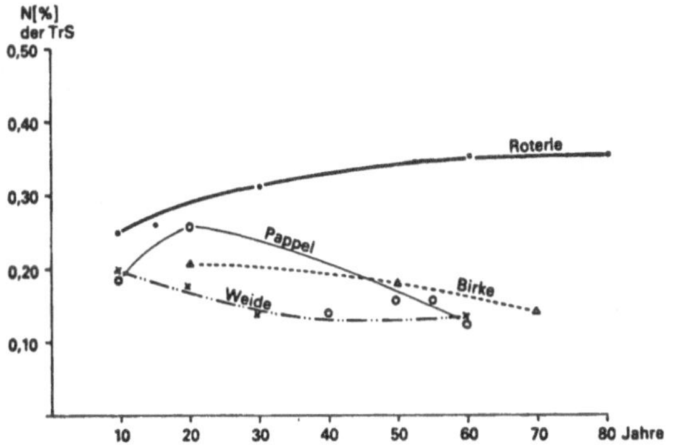

Abb. 4. Stickstoffgehalt in verholzenden Teilen verschiedener Baumarten in Abhängigkeit vom Bestandesalter. — Nach WEGENER 1981, vereinfacht.

Ökonomische Gesichtspunkte:

Die stoffrückhaltende Wirkung darf nicht überschätzt werden, obwohl hier nur die physiologische Komponente in Betracht gezogen wurde. Ihre Vorteile liegen darin, daß sie als „Gratiswirkung" in Kalkulationen einbezogen werden kann und beim Aufbau von Zieltypen gut mit anderen Zielfunktionen kombinierbar ist. Im Verein mit diesen und den übrigen landeskulturellen Nebenwirkungen verdient auch die Stoffbarrierefunktion der Ufergehölze größere Beachtung als bisher.

2.4. Eigenwasserverbrauch

Ufergehölze können vom Blickpunkt menschlicher Zielsetzung neben positiven auch negative Wirkungen im Landschaftshaushalt haben. Insgesamt treten sie aber stark in den Hintergrund. Zu ihnen gehört in Mitteleuropa allenfalls die Flächenzerschneidung, die der agrarischen Großflächenwirtschaft und der infrastrukturellen Erschließung entgegensteht. Eine große Rolle kann in subtropisch-ariden Gebieten aber der Eigenwasserverbrauch spielen. Das hat in manchen Gebieten zur Beseitigung von Uferwäldern im Interesse des Gebietswasserhaushalts geführt (RYCROFT 1955). Diese Wirkung wird hier nur genannt, um Einseitigkeiten in der Beurteilung vorzubeugen.

2.5. Holzproduktion

Die bei Gehölzen gewöhnlich an erster Stelle bedachte Rohholzproduktionsfunktion wird hier bewußt an letzter Stelle genannt, weil sie vom Blickpunkt der gesellschaftlichen Anforderungen an die Wirkung von Ufergehölzen so einzuordnen ist. Daß sie dennoch eine beachtliche Rolle durch ihre Leistung spielen kann, zeigen folgende zwei Aspekte:

Als Seitenlichtbestände können Ufersaumgehölze geeigneter Zusammensetzung hochproduktiv sein. Aufnahmen an Roterlen-Eschen-Ufersäumen im Bezirk Suhl ergaben in geschlossenen, ca. 70- bis 80jährigen Beständen auf 100 m Uferlänge bei 2 m Breite > 40 m³ Derbholz mit Wertholzanteil. Die Umrechnung auf Hektar würde 2000 m³ ergeben. Dieser Wert hat nur formalvergleichende Bedeutung; ökologisch ist eine Umrechnung auf Flächenwerte nicht tragbar, da es sich um Seitenlichtbestockungen handelt, die ihre Leistung dieser Randsituation (Seitenlicht, Übergang zwischen Land und Wasser, ganzjährig volle Wasserversorgung) verdanken.

Nach überschlägigen Ermittlungen in einer Wasserwirtschaftsdirektion sind die ca. 7500 km Flußlauf (= 15000 km Uferlänge) zu etwa 60% mit Ufergehölzen bestockt. Trotz teilweise sehr schlechter, umwandlungsbedürftiger Bestockung beträgt die derzeitige Holzmasse mindestens 100000 Vorratsfestmeter (vfm). Wenn von den 60% Uferlänge nur die Hälfte entsprechend den TGL-Zieltypen bestockt wäre, könnte die potentielle Masse bei älteren Bestockungen ca. $2 \ldots 4 \cdot 10^6$ vfm, bei Berücksichtigung einer annähernd normalen Altersdifferenzierung insgesamt $1 \ldots 2 \cdot 10^6$ vfm betragen. Begrenzend ist hier die Zugänglichkeit. Zu diesem Betrag käme aber ein weit größerer für die kommunalen Vorfluter hinzu, insbesondere im Norden der DDR! Zusätzlich zu berücksichtigen sind: ein möglicher Wertholzanteil bei Esche und auch Roterle sowie die Palette der gut kombinierbaren landeskulturellen Haupt- und Nebenwirkungen.

3. Aufbau pflegearmer Dauerbestockungen, Zieltypen

Der stärkere Einsatz von Ufergehölz-Dauerbestockungen setzt voraus, daß diese nicht nur in der Anlage billiger und einfach zu handhaben, sondern vor allen auch in der laufenden Unterhaltung und Pflege aufwandarm sind. Analysen des Uferzustandes an vielen Flußsystemen, vergleichende Untersuchungen der Bestockungsentwicklung natürlicher und künstlich aufgebauter Ufergehölze ergaben u. a., daß die Leistung der Bestockungen in hohem Maße a) von der Kenntnis und Nutzung spezifischer ökologischer Eigenschaften der Uferstandorte und der Pflanzenarten und vor allem b) von ihrem stadialen Entwicklungsgang abhängig ist. Die ungenügende Berücksichtigung der Ökosukzession, die letzterem zugrunde liegt, ist Ursache für ungenügende Wirkungen und erhöhte Pflegeaufwendungen bei vielen auf natürlichem oder künstlichem Wege entstandenen Weidenbestockungen. Faßt man diese als Primärsicherungsphase auf und verfolgt die Sukzessionsabläufe, so kommt man zu folgendem Bild (Abb. 5):

Die natürliche Sukzession (Linie A) verläuft über längere Zeiträume von schnell wachsenden, raumgreifenden, polycormen, aber früh alternden Arten mit heliotropem Wuchs zu immer langsamer wüchsigen, aber stabileren Bestockungen aus schattenertragenden monocormen Arten mit geotropischem Wuchs, hoher Eigenregulation, langsamer Entwicklung und Alterung. Dieser Weg ist für die meisten praktischen Anforderungen zu zeitaufwendig. Weidenbestockungen am Ufer, die entweder durch periodisches Abschlagen der Gehölze (falsch verstandener Hochwasserschutz) oder durch Herausnahme der ergiebigen Nutzholzarten oder zur Primärsicherung auf „künstlichem" Wege zur Sofortsicherung von Böschungen an Neuausbaustrecken entstehen, sind Primärphasen der Sukzession A. Im letzteren Falle, bei den ingenieurbiologischen Ver-

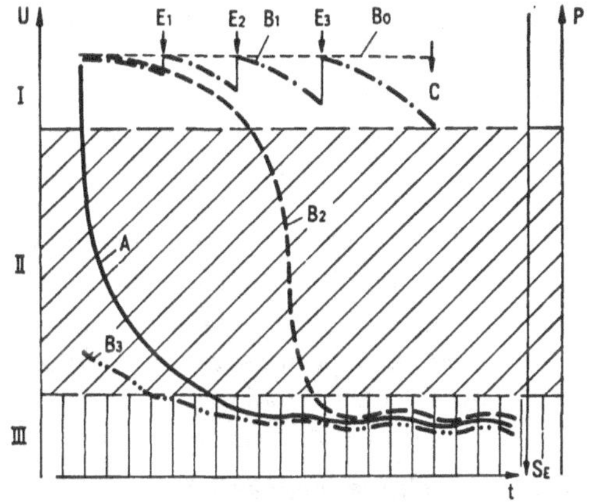

Abb. 5. Anwendung des Ökosukzessionskonzepts auf Ufergehölze: Aufbau von Dauerbestockungen U = Biomasseproduktion pro Zeiteinheit; S_E = Standortsadaptation und Stabilität (Eigenstabilität + Stabilisierungswirkung auf das Flußufer); t = Zeit; P = Intensität strukturdynamischer Vorgänge. I = Initialphase; II = Stabilisierungsphase; III = Dauerphase. — A = autogene (natürliche) Sukzession; B_1 = Entwicklung ingenieurbiologischer Strauchweidensäume. B_2 = Strauchweidensäume mit künstlicher Überleitung in Dauerphasen; B_3 = Dauerbestockungen. $E_1 \ldots E_3$ = Eingriffe in Strauchweidensäume.

fahren, will man die zur schnellen, raumgreifenden Primärsicherung hervorragenden Eigenschaften dieser Phasen nutzen. Ihre Erhaltung in Permanenz (B_1) muß aber der natürlichen Sukzession periodisch durch Pflegeeingriffe entgegenarbeiten (Sägezahnform der Linie B_1), so daß sie im Fortgang der physikalischen Zeit immer aufwendiger wird und schließlich infolge der frühen biologischen Alterung dort zum Zerfall führt (C). Der naheliegende Gedanke einer frühen künstlichen Überführung von B_1 in A (Linie B_2) läßt sich praktisch deshalb schwer realisieren, weil er längere Zeit diffizile Pflegeeingriffe, insbesondere an der Wasserseite, erfordert. Deshalb wurden Dauerbestockungen konzipiert, die von vornherein stadial ältere Strukturen aufbauen und die Primärphasen überspringen (Linie B_3). Dem Nachteil einer kurzen labilen Anlaufzeit stehen viele Vorteile gegenüber; vor allem sind dies eine nach etwa 5 Jahren einsetzende, jahrzehntelang anhaltende nahezu pflegeaufwandfreie Zeit, eine mit zunehmendem Alter steigende Eigenstabilität und uferstabilisierende Wirkung und ein hoher Grad von Mehrfachfunktion und Mehrfachnutzbarkeit (vgl. Tab. 2).

Auf der Grundlage dieses Konzepts wurden Zieltypen entwickelt, die auf den beiden Grundprinzipien der Polyfunktionalität und der Eigenregulation beruhen. Ihre Erarbeitung geht davon aus, daß die verschiedenen standortsbedingten Anforderungen des Uferraumes an den Gehölzaufbau mit den funktionsbestimmenden Anforderungen an Eigenschaften der Gehölzarten in Einklang gebracht werden. Es entstand so eine Palette verschiedener Zieltypen und Behandlungsformen, die zum Zwecke leichterer praktischer Handhabbarkeit zu wenigen standardisierten Einheiten zusammengefaßt wurde (TGL 28039/06; „Richtlinie..." 1981). Nach ihrer hydraulischen Erprobung erfolgt nunmehr seit einigen Jahren ihr praktischer Einsatz (REGLER 1981; NIEMANN 1982a).

4. Abschließende Bemerkungen

So ist die Behandlung von Flußufergehölzen mit ihren vielfältigen Funktionen in der Landschaft ein Beispiel dafür, wie man durch Nutzbarmachen eigenregulativer Prozesse und ökologischer Gesetzmäßigkeiten den ökonomischen Aufwand zur Anlage und Pflege minimieren kann. Ausnutzung der Selbstregulation bedeutet keineswegs, daß man eine Entwicklung dem Selbstlauf überläßt. Während bei der konventionellen Gewässerinstandhaltung, die eine Beseitigung der Gehölze zur Voraussetzung hat, ein sich selbst verstärkender Prozeß mit ständig steigenden ökonomischen Aufwendungen zustande kommt, bedeutet die Anwendung ökologisch begründeter Gehölztechnologien nicht nur eine Unterbrechnung dieser kumulativen Rückkopplung, sondern die Aufrechterhaltung bestimmter Zielniveaus. Dabei sind zwei Aspekte maßgeblich:

1. gleichzeitige Gewährleistung mehrerer gesellschaftlich relevanter Gehölzfunktionen
2. Pflegearmut der Dauerbestockungen.

Ebenso wie hier für die Ufergehölze dargelegt, können und sollten auch alle anderen Landschaftselemente in ihrer Vielfachfunktion gesehen und behandelt werden (NIEMANN 1982). Von zentraler Bedeutung ist dabei die gezielte Nutzung eigenregulativer Prozesse zur Minimierung des ökonomischen Aufwandes (NIEMANN 1984a). Ökologie und Ökonomie sind nicht nur wort-, sondern auch inhaltsverwandt. Sie sind nicht nur keine Widersprüche: Legt man entsprechende Zeithorizonte zugrunde, so werden sie deckungsgleich: langfristig gesehen sind die ökologisch günstigsten Lösungen gewöhnlich auch die ökonomischsten.

Literatur

Amt für Standardisierung: DDR-Standard TGL 28039/06: Flurholzwirtschaft: Gehölzpflanzungen an Wasserläufen. Berlin 1979

DAWSON, F. M. u. U. KERN-HANSEN: Aquatic weed management in natural streams. The effect of shade by marginal vegetation. Verh. Internat. Vereinig. f. Theoret. u. Angew. Limnologie **20**, Teil 2, 1451—1456. Stuttgart 1978

HAUPT, R.: Verminderung der Einstrahlung an Wasserläufen. In: JOACHIM, H.-F. (Hrsg.): Gehölze in der Agrarlandschaft. Mskr. 1984

NIEMANN, E. u. Mitarb.: Zieltypen und Behandlungsrichtlinien für die Uferzustandsformen der rechten Werra-Zuflüsse. Mskr. Jena 1970, 96 S., Anl.

NIEMANN, E.: Methodik zur Bestimmung der Eignung, Leistung und Belastbarkeit von Landschaftselementen und Landschaftseinheiten. Wissenschaftl. Mitt. d. Inst. f. Geographie u. Geoökologie d. AdW, Sonderheft 2, Leipzig 1982

NIEMANN, E.: Hochwasser und Uferschutzgehölze. Wasserwirtschaft-Wassertechnik **32** (1982a) S. 358–359

NIEMANN, E.: Ökologische Lösungswege landeskultureller Probleme. Stabilität und Produktivität in genutzten Ökosystemen. Mskr. Jena 1984a

NIEMANN, E.: Verminderung der Ufererosion durch Dauerbestockungen. In: JOACHIM, H.-F. (Hrsg.): Gehölze in der Agrarlandschaft. VEB Deutscher Landwirtschaftsverlag Berlin. Mskr. 1984

REGLER, W.: Der Ausbau von Uferschutzgehölzen — ein Beitrag zur Rationalisierung der Instandhaltung an Fließgewässern und zur Landeskultur. Melioration und Landwirtschaftsbau **15** (1981) 4, S. 163–167

RYCROFT, H. B.: The effect of riparian vegetation on water loss from irrigation furrow at Jonkershoek. (Die Wirkung der Ufervegetation auf den Wasserverlust in Bewässerungsgräben bei Jonkershoek). J. South Afric. Forestry Assoc. **26** (1955) S. 2–9

VEB Projektierung Wasserwirtschaft Halle im VEB Kombinat Wassertechnik und Projektierung Wasserwirtschaft: Richtlinie 3.1-102-03 Gewässerausbau. Anwendung von Uferschutzgehölzen am Wasserlauf. Halle/S. 1981

WEGENER, U.: Die Auswirkungen landwirtschaftlicher Meliorationen auf die Phosphor- und Stickstoffbelastung von Gewässern in Einzugsgebieten von Trinkwassertalsperren. Acta hydrochim. hydrobiol. **7** (1979) 1, S. 87–105

WEGENER, U.: Abschöpfung von Stickstoff-Eintrag in Ufersäume von Standgewässern (1500 km Uferstrecke). Mskr. Potsdam 1981

Dr. rer. silv. habil. Eberhard NIEMANN
Akademie der Wissenschaften der DDR
Institut für Geographie und Geoökologie
Georgi-Dimitroff-Platz 1
Leipzig
7010

ZUM SICKERWASSERGEBUNDENEN STOFFUMSATZ IN AGROÖKOSYSTEMEN AM BEISPIEL ZWEIER GEDRAINTER ACKERFLÄCHEN IN MITTELSACHSEN

Wolfgang Gerds

Der hohe Stand der Intensivierung der landwirtschaftlichen Pflanzenproduktion, insbesondere durch den Einsatz von mineralischen Düngemitteln führte durch die im Sickerwasser gelösten Nährstoffe zu einer Belastung der Gewässer. Die Untersuchung dieses großflächigen „Abwassereintrages" ist daher eine notwendige Voraussetzung, um Maßnahmen für den Schutz der Gewässer durchzuführen.

Für die meßtechnische Erfassung des Sickerwassers eignen sich in diesem Problemkreis besonders gedrainte landwirtschaftliche Nutzflächen. Entscheidende Aspekte für diese Eignung sind exakte Abgrenzungskriterien, insbesondere durch weitgehend dichten geologischen Untergrund. Die Wahl von Drainagemeßflächen wird entscheidend durch die Einheitlichkeit von Bodensubstrat und Nutzung geprägt. Die Drainabflußmessungen gestatten somit *an einem Meßpunkt* die Nährstoffauswaschung einer *realen* landwirtschaftlichen Produktionsfläche mit ihren natürlichen und agrotechnischen Inhomogenitäten zu erfassen. Die Drainagemeßfläche ist größenordnungsmäßig zwischen Versuchsparzelle und hydrologisches Kleineinzugsgebiet der traditionellen landwirtschaftlichen und wasserwirtschaftlichen Untersuchungen einzuordnen.

Vom Institut für Geographie und Geoökologie der AdW in Leipzig wurden zwei Drainagemeßfelder in den Kreisen Döbeln und Oschatz ausgewählt und seit 1979 betrieben. Es handelt sich hierbei um einen 30 ha großen Standort auf tiefgründigem Löß und einen 18 ha großen Sandlößstandort über Geschiebelehm. Beide Untersuchungsobjekte lassen sich exakt abgrenzen.

Die Meßergebnisse von 5 Jahren gestatten die Analyse der zeitlichen Variabilität der Drainabflüsse sowie die Bestimmung deren Abhängigkeit von Witterungseinflüssen. Die jährlichen Nährstofffrachten sind wesentlich stärker von der Sickerwassermenge als von der Bewirtschaftung abhängig. Die hohe Sorptionskapazität, insbesondere die des Lößstandortes ist hierbei ausschlaggebend. Dies wird auch durch die hydrochemische Klassifizierung der Drainagegewässer im PIPER-Diagramm belegt. Die Betrachtung der jährlichen Nährstoffauswaschungen führt eindeutig zu dem Schluß, daß ihre Steuerung nur langfristig über eine Verbesserung der Bodenfruchtbarkeit möglich sein wird. Dies gilt mit gewissen Einschränkungen auch für die saisonal sich sehr kurzfristig auswirkende N-Düngung.

Eine Bilanzierung der Stoffeinträge durch Düngung und atmosphärischen Niederschlag sowie der Stoffausträge durch Auswaschung und Ernteprodukte zeigte, daß für Na und Mg beträchtliche Defizite innerhalb von 5 Meß- und Beobachtungsjahren entstanden. Für Cl muß demgegenüber eine erhebliche Akkumulation im Bodenspeicher angenommen werden.

Die Messungen zeigen, daß die ermittelten Sickerwasserfrachten im Sinne einer Kontrolle der nährstoffbedingten Umweltbelastung von großem Nutzen sein können.

Dr. rer. nat. Wolfgang Gerds
Akademie der Wissenschaften der DDR
Institut für Geographie und Geoökologie
Georgi-Dimitroff-Platz 1
Leipzig
7010

DER EINFLUSS DER KALIINDUSTRIE AUF DEN WASSERHAUSHALT IM REGIONALEN MASSSTAB

Hanspeter Jordan, Arnold Schwandt

Die Kaliindustrie der DDR, Bergbau und Aufbereitung, stellt einen volkswirtschaftlich bedeutsamen Zweig dar; immerhin ist sie drittgrößter Produzent von Kalisalzen in der Welt und größter Netto-Exporteur innerhalb des DDR-Außenhandels. Hochmoderne Einrichtungen und Technologien sorgen für einen verlustarmen, hocheffektiven Abbau und eine Aufbereitung der Rohsalze, die das Produkt auch auf dem internationalen Markt attraktiv machen. Das Ziel moderner Technologien ist in der sozialistischen Gesellschaft, ein Optimum zwischen Produktion und Umwelt zu garantieren, so auch bei der Kalisalzproduktion. Der „Stoffwechsel Mensch—Natur", wie ihn Marx bezeichnete, ist ein außerordentlich dynamisches System von Wechselbeziehungen und Wechselwirkungen; man kann es als höchste Form eines Ökosystems bezeichnen. Neben physikalischen, chemischen, biologischen Gesetzmäßigkeiten wirken soziale im Sinne der Regulierung, Organisation, Reproduktion. Besondere Bedeutung haben in diesem Zusammenhang der Wasserkreislauf und der Wasserhaushalt, die die Geosphären, nämlich Atmosphäre, Lithosphäre, Hydrosphäre und Biosphäre dynamisch untereinander verbinden.

Das Wasser hat als unentbehrlicher und nicht substituierbarer Rohstoff eine Sonderstellung; in der DDR ist dieser Rohstoff wegen des angespannten Wasserhaushalts, dem hohen Wasserbedarf und dem geringen Dargebot (ca. 850 $m^3/E \cdot a$) von besonderem Stellenwert. Deshalb wird im Rahmen des Umweltschutzes dem Gewässerschutz große Aufmerksamkeit gewidmet. Ein umfangreiches Steuerungs- und Kontrollsystem wurde eingerichtet, um den Anforderungen an eine hohe Produktivität einerseits und dem Umweltschutz andererseits gerecht zu werden. Die Maßnahmen, die der Optimierung der Teilprozesse dienen, müssen gewährleisten, daß keine unzulässigen Belastungen hinsichtlich der Bergbausicherheit, denn das Wasser ist der gefährlichste Feind des Kali- und Steinsalzbergbaus, hinsichtlich der Wasserwirtschaft und des Umweltschutzes resultieren. Das heißt im einzelnen:

- Laugenzuflüsse müssen vom Bergbau ferngehalten werden.
- Dem Bergbau zusitzende Laugen müssen „gestapelt" oder entfernt werden.
- Endlaugen der Kalisalzaufbereitung müssen als Sekundärrohstoffe genutzt oder auf eine Weise beseitigt werden, die für Wasserwirtschaft und Umweltschutz unkritisch ist.

Das Territorium der DDR wird zu etwa 60% in großen zusammenhängenden Verbreitungsgebieten von Zechsteinkalisalzen unterlagert [1]. Nur der SE-Teil ist kalisalzfrei. Die weiträumige Verbreitung der Kali-und Steinsalzvorkommen führt auch ohne Einwirkung der Kaliindustrie durch geogene Einflüsse zu einer vielfältigen Beeinflussung des Wasserhaushaltes.

Betrachtet man lediglich die Einwirkung der Kaliindustrie auf den Wasserhaushalt, so ist zunächst davon auszugehen, daß der Abbau der Kalisalze territorial begrenzt in den im West- und Südwestteil der DDR gelegenen Kalirevieren Werra, Südharz und der Scholle von Calförde erfolgt. Hier werden in insgesamt 10 Kaliwerken pro Jahr mehr als 30 Mio t Kalisalze gefördert und verarbeitet.

Für die Produktion der Kalidüngemittel einschließlich der Gewinnung der Kalirohsalze benötigt die Kaliindustrie weniger als 1% des Grundwasserdargebotes der DDR. Die Wasserentnahme erfolgt aus dem örtlichen Dargebot planmäßig und bei ständiger äußerer Kontrolle. Alte Grundwässer mit einem hohen Geschütztheitsgrad aus sich nicht erneuernden Grundwasserlagerstättenteilen werden von der Kaliindustrie grundsätzlich nicht genutzt. Im Vergleich zur Braunkohlenindustrie ist die Beeinflussung des Grundwasserhaushaltes durch die Kaliindustrie gering.

Bei der Gewinnung und Verarbeitung der Kalirohsalze fallen objektiv bedingt Salzlösungen im wesentlichen in Gruben- und Fabrikbetrieben an. Bei den im Grubenbetrieb anfallenden Salzlösungen handelt es sich um Schachtwässer, technische Lösungen sowie natürliche Wässer und Salzlösungen. Sie weisen sehr unterschiedliche Gesamtkonzentrationen auf.

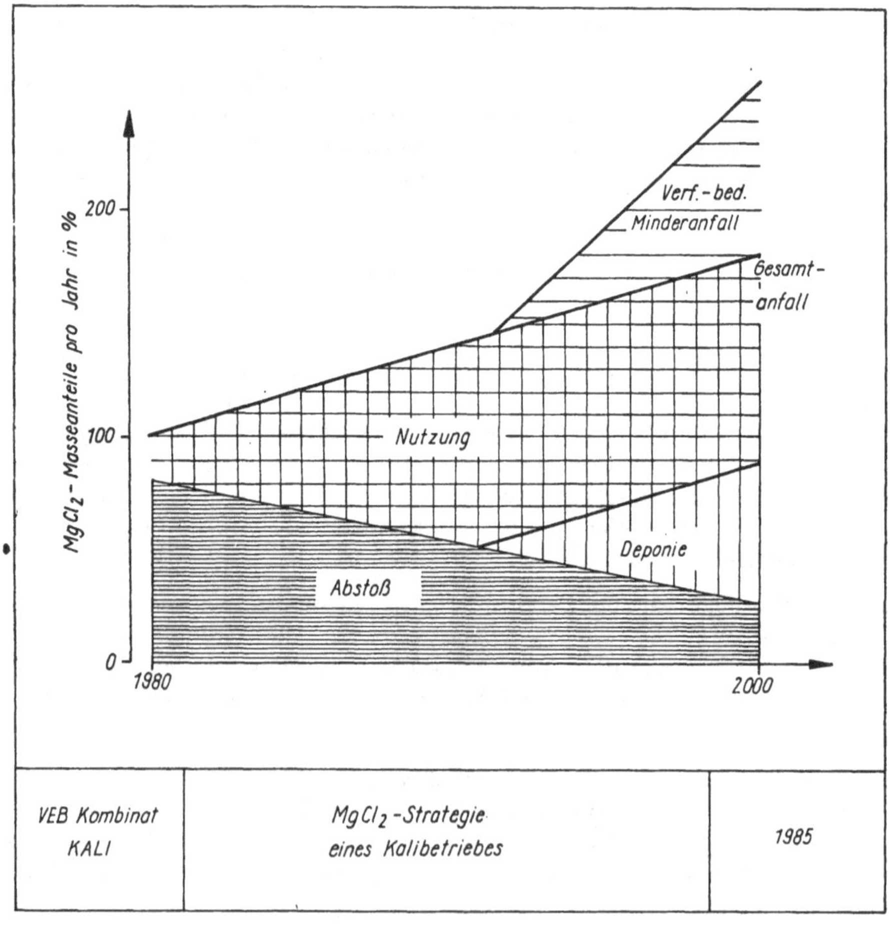

Abb. 1

Zu den Fabrikwässern gehören schwerpunktmäßig die Sielwässer sowie die Abstoßlösungen der Kali- und Rückstandsverarbeitung. Gegenüber den Grubenwässern ist die Schwankungsbreite der Gesamtkonzentration bei den Fabrikwässern geringer. Die Trennung der Abwässer bzw. Sekundärwässer nach qualitativen Kriterien ist in allen Kaliwerken teils partiell, teils vollständig realisiert. Sie ist eine Voraussetzung für die Abstoßsteuerung, die Mehrfachnutzung (recycling) und die zentrale Abwasserbehandlung.

Die Gesamtzuflüsse in den Grubenbetrieben waren besonders um die Jahrhundertwende beträchtlich und führten zur Aufgabe einer größeren Anzahl von Grubenbetrieben [2].

Durch umfangreiche wissenschaftliche und praktische Arbeiten ist es dem VEB Kombinat Kali gelungen, den Anteil der Grubenwässer in den letzten 15 Jahren entscheidend zu reduzieren (Abb. 1). Dabei konnten gleichzeitig die Abbauverluste in Hartsalz- und Sylvinitabbaugebieten beachtenswert gesenkt und zusätzlich die Gewinnung auf in der Vergangenheit hydrologisch gefährdete Gebiete ausgedehnt werden. Die Grubenzuflüsse sind gegenwärtig an den Gesamtabwässern mit weniger als 1% beteiligt.

Von den weniger als 1% Bedarf der Kaliindustrie am Grundwasserhaushalt der DDR wird der Hauptteil bei der Verarbeitung der Kalirohsalze benötigt. Der durchschnittliche spezifische Wasserbedarf beträgt rd. 60 m^3/TM IWP und liegt damit vergleichsweise in der Größenordnung der chemischen Kombinate. Die Kaliindustrie zählt zu den wasserintensiven Industriezweigen. Der spezifische Wasserbedarf und der Einfluß auf den Wasserhaushalt ist von Werk zu Werk differenziert.

Er ist primär durch die mineralogische Beschaffenheit der Lagerstätten und die darauf aufbauenden Technologien sowie sekundär durch das standortbedingte Wasserdargebot und historische Gegebenheiten begründet.

Der Hauptweg der rationellen Wasserverwendung in den Fabrikbetrieben ist die ständige Senkung des spezifischen Wasserbedarfs, d. h. die Intensivierung der innerbetrieblichen Wassernutzung. Zur Reduzierung der Menge der Abstoßlösungen bzw. salzhaltiger Abwässer wurden in der Kaliindustrie folgende Maßnahmen durchgeführt:

- Die Begrenzung des Abbaus carnallitithaltiger Rohsalze, die Einstellung der Verarbeitung von Carnallititrohsalz in den Carnallititwerken.
- Die Erhöhung des Anteils an Sylvinit und Hartsalz im Förderrohsalz durch Inbetriebnahme eines Sylvinitwerkes und zusätzliche Einführung von verlustarmen Abbauverfahren in Hartsalz- und Sylvinitgruben.
- Die Verwertung von $MgCl_2$-Lösungen durch Herstellung von Edelsole aus der Endlauge der Mischsalzverarbeitung zum direkten Verkauf oder zur Herstellung von Sintermagnesit [3].
- Einführung einer Laugendeponie in stillgelegten Gruben oder in Feldesteilen von in Betrieb befindlichen Gruben.
  Damit erfolgte auch gleichzeitig eine Verwahrung von Grubenbauen.

Mit der Realisierung dieser Maßnahmen konnte der spezifische Wasserverbrauch im Zeitraum 1981–85 planmäßig um 15% bei gleichzeitiger geringfügiger Senkung der absoluten Wasserentnahme reduziert werden. Als Anerkennung für diese vorbildliche Leistung wurde über die Hälfte der Kaliwerke als wasserwirtschaftlich vorbildlich arbeitender Betrieb ausgezeichnet.

Die Ableitung der Salzlösungen in die Vorfluter erfolgt durch die Kaliindustrie kontrolliert und nach staatlichen Vorgaben.

Eine besondere Rolle nimmt dabei die Salzlaststeuerung des Flußsystems Wipper/Unstrut/Saale ein (Abb. 2).

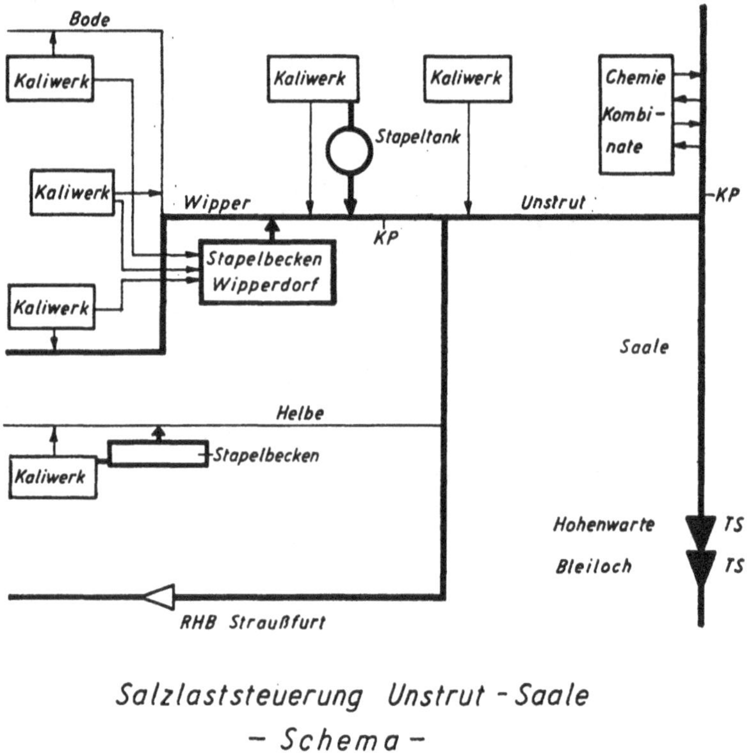

Abb. 2

Das Ziel der seit 1963 praktizierten Steuerung ist, die ständige Gewährleistung einer ausreichenden Wasserbeschaffenheit für die Hauptwassernutzer an der mittleren Saale bei gleichzeitiger Sicherung der Kaliproduktion. Als Grenzwert sind 40° dH im Tagesmittel einzuhalten. Dieses Ziel wird durch die Vorgabe eines aus hydrologischen und hydrochemischen Zustandsdaten des Flußsystems berechneten Salzwasserabstoßes und die entsprechende Einsteuerung einer Talsperrenabgabe in die Saale erreicht. Aus der Vermischung der Unstrut, die die abgestoßene Salzlast führt, und der geringer belasteten Saale resultiert die angesteuerte Wasserqualität.

Durch die aufgeführten Maßnahmen wird ein kontinuierlicher abgestimmter und kontrollierbarer Abstoß von Salzlösungen und Wässern in die Vorflut realisiert. Gleichzeitig wird damit aber auch der Abbau von Kalisalzen einseitig in Richtung Hartsalz/Sylvinit beeinflußt. Aus vorliegenden Erkundungsergebnissen muß erwartet werden, daß die Kalisalze auf dem Territorium der DDR mindestens zu 80% aus Carnallitit bestehen.

Zur besseren Ausnutzung des Lagerstättenangebots ist deshalb durch die Kaliindustrie in der Perspektive einer verstärkte Nutzung von Carnallititen konzipiert.

Der höhere Anfall von $MgCl_2$-Lösungen soll durch verstärktes "recycling", höheren Nutzungsgrad, die Einführung einer planmäßigen Laugendeponie und verfahrenstechnische Reduzierung des $MgCl_2$-Anteils und damit auch des Abstoßes erreicht werden (Abb. 1). Insgesamt ist festzustellen, daß durch die Kaliindustrie ständig und kontinuierlich durch prophylaktische Maßnahmen im Abbauprozeß sowie durch verfahrenstechnische an der Reduzierung des Abstoßes von Salzlösungen in die Vorflut erfolgreich gearbeitet wird. Diese Arbeiten werden planmäßig fortgesetzt.

Bei montanhydrogeologischen Betrachtungen ist stets neben der Erhöhung der Bergbausicherheit ein wesentlicher Aspekt, die Beeinträchtigungen des Wasserhaushalts so gering wie möglich zu halten; im Falle des Kalibergbaus und der Verarbeitung von Kalisalzen bedeutet das, neben dem „recycling" und der umfassenden Nutzung *aller* Rohstoffe weitere umweltfreundliche Technologien und eine möglichst salzlösungsfreie Abbauführung zu realisieren. Die salzlösungsarme Abbauführung ist seit jeher das erklärte Ziel des Salinarbergbaus.

Literatur

[1] Duchrow, G.; Fulda, D.; Schwandt, A.: Zur Klassifikation spezifischer Abbaubedingungen und Abbaulösungen im Kalibergbau der DDR. — Vortrag. X. Weltbergbaukongreß Istanbul/Türkei, Sept. 1979

[2] Schilder, Ch.; Schwandt, A.; Winter, U.: Vorratsgewinn durch Laugenerkundung im Salzbergbau der DDR. — Neue Bergbautechnik **12**, 7, S. 388—393, 1983

[3] Taubert, H.: Nicht nur unter Tage arbeiten die Kalikumpel heute als Schatzsucher. — Interview Neues Deutschland vom 17. 7. 1985, S. 3

[4] Schilder, Ch.: Bisherige Ergebnisse bei der Entwicklung verlustarmer Abbauverfahren im Kalibergbau. — Kali — Steinsalz — Spat Reihe A 11/80, S. 219—228

Prof. Dr. rer. nat. habil. Hanspeter Jordan
Bergakademie Freiberg
Sektion Geowissenschaften
Wissenschaftsbereich Hydrogeologie
Gustav-Zeuner-Straße 12
Freiberg
9200
DDR

Dr. rer. nat. Arnold Schwandt
VEB Kombinat Kali
Direktionsbereich Forschung
Schacht 2
Sondershausen
5400
DDR

ZUR ABLEITUNG VON EMPFEHLUNGEN FÜR DIE LANDSCHAFTSPLANUNG AUS EINEM LANDSCHAFTSÖKOLOGISCHEN REGIONALBEISPIEL

KARL MANNSFELD

Als ein besonders aktueller Beitrag der geographischen Landschaftsforschung erweist sich die Erkundung und Kennzeichnung der natürlichen Ressourcenstruktur des Territoriums, da eine rationelle und langfristig gesehen störungsarme Nutzung des Naturdargebotes immer mehr das Wechselverhältnis von Gesellschaft und Natur bestimmt. Dazu müssen u. a. solche Formen der Ergebnisvermittelung entwickelt werden, die eine Anwendung geowissenschaftlicher Grundlagenforschung in der Praxis gestatten. Während auf Seiten der Wirtschafts- und Sozialwissenschaften dieses „Transformationsproblem" (NEEF, 1967) noch kaum beachtet wird, haben sich zahlreiche Beispielsbearbeitungen zur Naturraumstruktur intensiv mit der Verbindung und Überführung geowissenschaftlicher Erkundungs- und Meßergebnisse in ökonomische Kenngrößen oder überleitungsreife Kennziffern beschäftigt. Auch das Kartierungsbeispiel zur Naturraumstruktur verschiedener Ordnungsstufen eines 300 km² großen Testgebietes im Norden und Nordosten von Dresden setzt sich mit diesem Problem auseinander (MANNSFELD, 1983). Die Anwendbarkeit der Kartierungsergebnisse konnte vor allem durch die Charakteristik von Naturpotentialen (HAASE, 1978) erreicht werden. Dafür liegen großmaßstäbige, thematische landschaftskundliche Karten vor, deren veranschaulichte Ergebnisse vom jeweils von der Potentialkennzeichnung berührten Wirtschaftszweig (Land- und Forstwirtschaft, Bauwesen, Wasserwirtschaft) oder den Organen des Umweltschutzes und der Hygiene durch eine entsprechende Legendengestaltung direkt ausgewertet werden können.

Zugleich erlaubt ein systematischer Vergleich der Kartierungsergebnisse in den Eignungsstufen von sehr gut bis sehr gering und seiner Orientierung auf die konkrete Territorialstruktur des Beispielsraumes eine weiterführende Interpretation für Planungszwecke.

Dieser Arbeitsschritt eröffnet Möglichkeiten, Problem- und Konfliktgebiete, Gebiete mit Reserven zur Intensivierung gegenwärtiger Nutzungsformen oder Gebiete mit günstigen Voraussetzungen zur Mehrfachnutzung aufzuzeigen. Aus der Ableitung von geoökologisch begründeten aber auf die Landschaftsplanung bezogenen Raumeinheiten, lassen sich im Verhältnis zur naturräumlichen Potentialstruktur planungsbezogene Kategorien wie: disponible Gebiete oder solche mit ausgesprochenem Konkurrenzverhalten für die Flächennutzung unterscheiden.

Damit wird zusätzlich der Blick auf geoökologisch einschätzbare Wirkungsfelder aus den Interferenzen des Nutzungsgeschehens gelenkt, deren weitere Interpretation auch Aussagen über erkennbare Tendenzen der Landschaftsentwicklung erlaubt.

In Anbetracht des noch nicht ausreichend realisierten Planungskonzepts der Territorialplanung für Landschaften oder Landschaftsteile, verdeutlichen derartige komplex angelegte Untersuchungen in Beispielsgebieten mögliche Beiträge der geographischen Landschaftsforschung zur Landschaftsplanung. Dabei sieht der geographische Beitrag sein Ziel besonders in der Unterstützung anspruchsvoller staatlicher Aufgabenstellungen bei der Verwirklichung einer noch intensiveren Nutzung unserer Naturressourcen. Langfristige Konzeptionen zur Landschaftsentwicklung können sich folglich sowohl mit der Erhaltung und Steigerung produktiver Funktionen der Natur auf der Grundlage geoökologischen Datenmaterials, besonders aber der Kennzeichnung von Nutzungspotentialen im Beispielsraum auseinandersetzen, als sie auch zugleich die notwendigen Schlußfolgerungen für eine effektive und umweltschonende Nutzung enthalten müssen.

Hierzu erhalten sie, wie im Beispielsfall, Entscheidungshilfen zur Lösung solcher Fragen wie der Festlegung von Vorrangnutzungen, der Belastbarkeit von Territorien, der Standortverteilung der Produktivkräfte im Verhältnis zum Natürlichkeitsgrad oder der Schutzwürdigkeit von Landschaften u. ä.

Für die Ausarbeitung von landschaftsbezogenen Behandlungsrichtlinien sind die Ableitung solcher Beurteilungen um so bedeutsamer, weil die Sicherung der natürlichen Ressourcenstruktur, einschließlich der landschaftlichen Schönheiten und Vielfalt in unseren Territorien, für zukünftige, teilweise noch nicht vorhersehbare gesellschaftliche Bedürfnisse, einem dringenden gesamtgesellschaftlichen Anliegen entspricht.

Literatur

HAASE, G.: Zur Ableitung und Kennzeichnung von Naturpotentialen. Peterm. Geogr. Mitt. **122** (1978) H. 2, S. 113–125

MANNSFELD, K.: Landschaftsanalyse und Ableitung von Naturraumpotentialen. Abhandlungen d. Sächs. Akad. d. Wiss. zu Leipzig, Math.-nat. Klasse, Bd. **55** (Berlin 1983) H. 3

NEEF, E.: Anwendung und Theorie in der Geographie. Peterm. Geogr. Mitt. **111** (1967) H. 3, S. 200–206

Dr. sc. nat. Karl MANNSFELD
Sächsische Akademie der Wissenschaften zu Leipzig
Arbeitsgruppe „Naturhaushalt und Gebietscharakter“
Zellescher Weg 19
Dresden
8027
DDR

SCHLUSSWORT

Klaus Dörter

Die im Jahre 1774 gebildete Fürstlich Jablonowskische Gesellschaft, deren Mitglieder 1846 die Sächsische Gesellschaft der Wissenschaften, ab 1919 „Sächsische Akademie der Wissenschaften zu Leipzig", ins Leben riefen, hob die Beförderung der wissenschaftlichen Forschung zur Verbesserung der Landeskultur als eine ihrer Aufgaben hervor, doch konnte noch niemand wissen, welcher hohe Rang über 200 Jahre später der Behandlung landeskultureller Probleme im Rahmen der vielseitigen wissenschaftlichen Aufgaben der Akademie beigemessen wird. Auf diesem langen Weg bis zur Gegenwart hat sich die Sächsische Akademie der Wissenschaften zu Leipzig in zunehmendem Maße dem Menschen und seiner Umwelt sowohl mit ihrer philologisch-historischen Klasse als auch insbesondere mit ihrer mathematisch-naturwissenschaftlichen Klasse gewidmet, so daß sie heute mit wissenschaftlichen Arbeiten zur Umweltgestaltung und zum Umweltschutz in der DDR mit an führender Stelle steht.

Am 8. Dezember 1948, auf Grund eines Dekretes der sowjetischen Militäradministration wiedereröffnet und in den folgenden Jahren in großzügiger Weise von der Regierung der DDR gefördert, war und ist es unter der Präsidentschaft von Theodor Frings, Kurz Schwabe und Werner Bahner immer ein Anliegen der Akademie, entsprechend ihrem Charakter als Gelehrtengesellschaft den in ihrem vom Ministerrat der DDR bestätigten Statut festgelegten Aufgaben gerecht zu werden, d. h.

„Neue wissenschaftliche Fragestellungen und Ideen, insbesondere interdisziplinären Charakters, im wissenschaftlichen Meinungsstreit zu erörtern und zu prüfen sowie den schöpferischen Gedankenaustausch zu entfalten, um dadurch zur breiten Anwendung neuester wissenschaftlicher Erkenntnisse beizutragen und die vielseitigen Bildungsbestrebungen in der sozialistischen Gesellschaft zu fördern.

Die Arbeiten des Plenums, der Klassen und der Kommissionen vornehmlich auf wissenschaftliche Querschnittsaufgaben der sozialistischen Praxis und die Entwicklung neuer wissenschaftlicher Arbeitsmethoden zu orientieren sowie im Interesse der Erhöhung des Niveaus von Wissenschaft, Technik, Bildung und Kultur, staatlichen Organen, insbesondere dem Ministerium für Wissenschaft und Technik sowie gesellschaftlichen Organisationen der DDR Gutachten, Stellungnahmen und Analysen zu grundlegenden wissenschaftlichen Problemen und zu allgemeinen Fragen der Wissenschaftsentwicklung zu unterbreiten."

Ziehen wir das Fazit aus unserer Tagung, so darf festgestellt werden, daß sie mit den Vorträgen sowie vorbereiteten und freien Diskussionsbeiträgen diesem Anliegen voll gerecht geworden ist. Die durch das Statut festgelegte Möglichkeit der Bildung von Kommissionen zur Bearbeitung wissenschaftlicher Aufgaben nützend, wurde im Jahre 1982 eine Kommission für spezielle Umweltprobleme gegründet mit dem Ziel, die Umweltforschung an der Akademie durch wissenschaftliche Streitgespräche und durch entsprechende Forschungsarbeiten ihrer Mitglieder bzw. der von ihnen geleiteten Arbeitsgruppen zu intensivieren sowie Veranstaltungen der Sächsischen Akademie der Wissenschaften zum Umweltschutz vorzubereiten.

Da die Fragen der Ökologie und der Landeskultur deutlich wie ein roter Faden durch unsere Veranstaltung liefen, war es ohne Zweifel richtig gewesen, die Vorbereitung und Durchführung der 3tägigen Tagung mit den Schwerpunkten Wasser, Boden und Landschaft dieser Kommission zu übertragen.

Wir haben zur Thematik sowohl aus dem Kreis unserer Gäte als auch aus den Forschungsgruppen der Kommission hervorragende Beiträge zur Kenntnis nehmen dürfen. Sie sind dem Wunsche nach Denkanstößen für langfristige Maßnahmen und interdisziplinäre Zusammenarbeit sowie dem Finden von Lösungsansätzen für zukünftige Forschungsaufgaben gerade jetzt im Vorfeld des XI. Parteitages der SED und vor dem Eintreten in die Forschungsvorhaben des neuen Fünfjahrplanes, aber auch in Verbindung mit den Überlegungen der wissenschaftlichen Einrichtungen der DDR zur Prognose der Entwicklung der einzelnen Wissenschaftszweige bis zum Jahre 2000 und darüber hinaus in hohem Maße entgegengekommen.

Ausgehend von einem farbigen Bild philosophischen Herangehens an die weiteren Aufgaben zur Entwicklung des sozialistischen Umweltbewußtseins bei den Bürgern unseres Landes, das Herr Hegewald in trefflicher Weise aufgezeigt hat, konnten wir in einem freimütigen Meinungsaustausch, der sich auch bis zu wertvollen Pausengesprächen fortsetzte, in vielseitiger Weise unsere Kenntnisse vor allem im Bereich der Nachbardisziplinen gegenseitig bereichern.

Wir haben uns sowohl mit Fragen des wissenschaftlichen Nachholebedarfes bei Entscheidungsfindungen wissenschaftlicher und staatlicher Institutionen, wie z. B. im Bereich der Wasserwirtschaft, als auch mit der Frage der Praxiswirksamkeit und Realisierbarkeit wissenschaftlicher Ergebnisse in regionalen Bereichen unserer Volkswirtschaft und im Territorium befaßt. Die zunehmende Bedeutung und Rolle von Nebenwirkungen der gesellschaftlichen Produktion und Reproduktion im Territorium wurde in einer Reihe von Beiträgen an allen 3 Tagen sichtbar.

Es war uns von ganz besonderem Wert, von Herrn Graf Denkanstöße und Hinweise zur Ökonomie im Rahmen landeskultureller Aufgaben der Gegenwart und Zukunft zu erhalten. Die Signalisierung einer Reihe von Widersprüchen zwischen Ökonomie und Ökologie sowie die Ausführungen zur Notwendigkeit, Naturressourcen und Ökosysteme unbedingt und stets als essentielle Bestandteile des Systems der Produktivkräfte und der materiell-technischen Basis in unserem Lande zu betrachten, sind hervorzuheben. Wir brauchen im Rahmen diesbezüglicher naturwissenschaftlicher Forschungs- und Entwicklungsarbeiten Kriterien bzw. Parameter, die einer ökonomischen Beurteilung zugängig sind.

Die speziellen Hinweise u. a. zur Trinkwasserproblematik und in Verbindung damit zum Grundwasser, die Hinweise zum Nitratproblem, zu möglichen Schwermetallkontaminationen, zur Bodenbiologie, zur Situation der landwirtschaftlich genutzten Böden in bezug auf deren Kennzeichnung, auf Humusbilanzen, auf Strukturfragen, auf den Bodenwasserhaushalt, die Erosionssituation und die Abproduktverwertung in der Landwirtschaft, zur Bedeutung des Flurholzes usw. machten immer wieder deutlich, wie unumgänglich notwendig nicht nur ein solcher, von uns geführter Meinungsaustausch, sondern eine kontinuierliche interdisziplinäre Zusammenarbeit geworden ist.

Der dritte Tag hat unter der Teilthematik „landschaftsökologische Erforschung von regionalen Einheiten“ letztlich die genannten Notwendigkeiten nochmals besonders deutlich vor Augen geführt, wobei sich — beispielhaft — folgende, insbesondere von Herrn Haase formulierte, Schlußfolgerungen ergeben:

- „Die Orientierung auf eine umfassende und konsequente Intensivierung der Volkswirtschaft der DDR erfordert die harmonische Einordnung der gesamten Naturnutzung in diese Strategie. Dazu ist ein möglichst einheitliches Herangehen in den einzelnen Zweigen der Naturnutzung anzustreben, um eine Ausgewogenheit in der Nutzung sowie die langfristige Stabilität des nutzbaren Naturdargebotes, dessen Erhaltung und — soweit möglich — dessen Leistungssteigerung zu sichern.
  Notwendige Voraussetzungen dafür sind die naturwissenschaftlich-technische Erkundung des Naturdargebotes, die Bewertung und Bilanzierung des Gesamtdargebotes und die Kontrolle der Nutzungsformen.
- Eine Voraussetzung für die Entwicklung eines gesamtstaatlichen Naturressourcen-Katasters ist die komplexe Erkundung und Kartierung von Naturraumtypen sowie deren Dokumentation und Bewertung nach verschiedenen gesellschaftlichen Nutzungsanforderungen. Die Vorschläge für eine Zusammenführung von landschaftsökologischen Kartierungen, der forstlichen Standorterkundung und der Mittelmaßstäbigen Landwirtschaftlichen Standortkartierung in einem einheitlichen Verfahren stellen einen erfolgversprechenden Lösungsweg dar.
  Es zeigt sich, daß aufeinander voll abgestimmte Naturraumerkundungen auf drei Ebenen notwendig sind:

  Grobmaßstäbige, projekt- und prozeßorientierte Erkundungen zur Landschaftssteuerung und -gestaltung auf lokaler Ebene, mittelmaßstäbige, auf der Erfassung der stabilen Geofaktoren aufbauende und prozeßnahe Bedingungsfelder absteckende Erkundungen, die die Toleranzgrenzen bei Nutzungsformen angeben und eine DDR-weite Erfassung der Naturressourcen und Naturbedingungen für Reproduktionsprozesse, die in Datenbanken zur operativen Information von Partei- und Staatsführung sowie zentraler Organe und für die Entscheidungsvorbereitung gespeichert sind.
- Von besonderem Gewicht für den Umweltschutz und die langfristige Sicherung der Produktivität der Biosphäre ist die Verminderung und Überwindung der Waldschädigungen. Dazu sind integrative Forschungsarbeiten verschiedener geo- und biowissenschaftlicher Disziplinen notwendig, die durch technische und hygienische Arbeiten ergänzt werden müssen.
- Die Nutzung von geo- und bioökologischen Wirkungsketten und Gestaltungsprinzipien ist für die Lösung von landeskulturellen Problemen von hochrangiger Bedeutung. Damit kann die Nutzung von „Gratisleistungen der Natur“ in außerordentlich effektiven Formen vorgenommen werden.“

Als ein weiteres Beispiel in bezug auf die Entgegennahme von Empfehlungen aus dem Teilnehmerkreis unserer Veranstaltung erlaube ich mir noch einen Vorschlag von Herrn Lauterbach zu verlesen, der sich auf die Thematik der Wassernutzung bezieht und in ersten Formulierungen wie folgt lautet:
„Erarbeitung einer wissenschaftlich fundierten Konzeption für ein Informationssystem zur verbesserten Informationsgewinnung über den Einfluß diffuser Belastungen von Boden und Wasser sowie dessen Quantifizierung“.

Die Tagung der Sächsischen Akademie der Wissenschaften verdeutlichte das große Bemühen der verschiedenen Bereiche und Institutionen zu einer gesamtvolkswirtschaftlich optimalen Nutzung der Naturressourcen im Sinne einer Interessenübereinstimmung. Die dazu derzeit noch unzureichende Primärdatenbasis zeigt in allen Bereichen verstärkte Anstrengungen zur Schließung der bestehenden Lücken.

Die Aufwendungen dafür sind z. T. erheblich und erfordern einen hohen personellen und materiell-technischen Aufwand. Es kann nicht als sicher gelten, daß das differenziert über Jahre hinweg zu gewinnende Datenmaterial später einer einheitlichen, vergleichbaren und verallgemeinerungsfähigen Interpretation im Regional- und Landesmaßstab zugrunde gelegt werden kann.

Daher ist eine wissenschaftlich fundierte Gesamtkonzeption unter Federführung der Grundlagenforschung und unter Mitarbeit der betroffenen Bereiche zu erarbeiten, von der ausgehend in den Bereichen die Realisierung vorzunehmen ist. Dabei müssen

— Anforderungen verschiedener Nutzer befriedigt werden;
— eine paßfähige Zuführung zur modernen EDV-gerechten Informationsverarbeitung sollte erfolgen;
— die Sicherung der Vergleichbarkeit der gewonnenen Daten ist notwendig.
— Es sind Empfehlungen notwendig zu den Fragen
  • was ist konkret zu messen (welche Parameter)?
  • wo ist zu messen (räumliche Dichte)?
  • wie oft und wie lange ist zu messen (Zeitfrequenz und Mindestdauer)?
  • wie ist zu messen (Meßgeräte, Meßmethoden)?
— Weitere interessierende Fragen sind:
  • was ist beim Verursacher und was beim Betroffenen mit geringem Aufwand zu messen?
  • was ist in situ und was im Labor zu bestimmen?
  • wie weit kann automatisiert werden (im Feld, im Labor)?
  • eine Vereinheitlichung der Bestimmungsmethoden einschl. eines effektiven Vorschlages für Laborausstattung, Probentransport, — konservierung usw. ist anzustreben;
  • für welche Belastung müssen welche Einflußfaktoren mit ermittelt werden?
  • für welche schwer direkt zu bestimmenden Größen könnten andere „Indikatorparameter" leichter bestimmt werden?"

In Verbindung mit unserem Meinungsaustausch ist zusammenfassend folgendes beabsichtigt:

— In den nächsten Wochen wird sich eine Arbeitsgruppe, zu der Vertreter der Tagungsleitung und der Kommission für spezielle Umweltprobleme gehören, mit der Erarbeitung einer Reihe von aus der Tagung abzuleitenden Empfehlungen und Vorschlägen, wie von mir an zwei Beispielen dargestellt, beschäftigen, die sich beziehen
  • auf die zukünftigen diesbezüglichen Arbeiten der Sächsischen Akademie der Wissenschaften,
  • auf die interdisziplinäre Zusammenarbeit zwischen der Sächsischen Akademie der Wissenschaften und anderen Wissenschaftsinstitutionen und Bereichen der Praxis,
  • auf Empfehlungen zur Thematik u. a. für die Ministerien für Umweltschutz und Wasserwirtschaft sowie Wissenschaft und Technik.

— Die Vorbereitung der Publikation einer Reihe, in Abstimmung mit den Referenten, ausgewählter Beiträge der Tagung in den Sitzungsberichten der mathematisch-naturwissenschaftlichen Klasse der Sächsischen Akademie der Wissenschaften.
— Zu beiden Vorhaben wird die Unterstützung durch die hierzu in der nächsten Zeit nochmals anzusprechenden Tagungsteilnehmer erbeten.

Erlauben Sie mir, abschließend ein Wort unseres im Jahre 1983 verstorbenen Altpräsidenten Kurt Schwabe zu zitieren:
„Ein ebenso umfassendes wie dringliches Problem, das nur im Zusammenwirken naturwissenschaftlich-technischer und gesellschaftswissenschaftlicher Disziplinen bearbeitet werden kann und dessen Bedeutung und Dringlichkeit mit der weiteren Entwicklung von Wissenschaft und Technik rapide wächst, sind die Beziehungen zwischen Mensch und Umwelt unter den Bedingungen der wissenschaftlich-technischen Revolution.“ Ein Beitrag zur Unterstützung der Lösung dieses Problems sollte unsere gemeinsame Beratung sein.

Wir danken Ihnen allen — auch im Namen des Herrn Präsidenten — für die Teilnahme an der Tagung sowie für Ihre engagierte und konstruktive Mitwirkung. Aber auch allen denjenigen, die in mühsamer Kleinarbeit bei der Vorbereitung und der Durchführung der Veranstaltung organisatorisch mitgewirkt haben, sei ein herzlicher Dank ausgesprochen. Ich wünsche den Teilnehmern der heutigen Abschlußexkursion in die LPG (P) Großbreitenbach und das landeskulturell aufschlußreiche „Rößtal“ einen nochmals für die eigene Arbeit anregenden Meinungsaustausch über die Nutzung einer polyfunktionalen Landschaft sowie allen Tagungsteilnehmern eine gute Heimreise.

Prof. Dr. Klaus Dörter
Leiter der Kommission für spezielle Umweltprobleme
der Sächsischen Akademie der Wissenschaften zu Leipzig
Goethestraße 3—5
Leipzig
7010
DDR

Heft 3 Felix Lampadius, **Beitrag zum Nachweis der Wertminderung des Waldes als Folge von Immissionseinwirkung**
1974. 27 Seiten — 4 Abbildungen — 8 Tabellen — 4° — M 6,50

Heft 4 Dr. Manfred Klose, **Beiträge zur D- und V-Struktur von Wasser und speziellen wäßrigen Elektrolytlösungen**
1974. 63 Seiten — 22 Abbildungen — 21 Tabellen — 4° — M 16,—

Heft 5 Prof. Dr. med. Horst Hanson, **Eiweißumsatz und Differenzierungsvorgänge tierischer Zellen**
1974. 26 Seiten — 13 Abbildungen — 9 Tabellen — 4° — M 6,—

Band 53

Heft 1 **3. Internationales Symposium über Probleme der Passivität von Metallen**
(Technische Universität Dresden, 29.—31. 5. 1975)
1979. 171 Seiten — 150 Abbildungen, davon 26 auf 10 Tafeln — 27 Tabellen — 4° — M 42,—

Heft 2 Prof. Dr. Lothar Jentsch, **Zur Existenz von regulären Lösungen der Elastostatik stückweise homogener Körper mit neuen Kontaktbedingungen an den Trennflächen zwischen zwei homogenen Teilen**
1977. 45 Seiten — 4° — M 18,—

Heft 3 Prof. Dr.-Ing. Dr. h. c. mult. Kurt Schwabe und Dr. Christian Queck, **Freie Überführungsenthalpien von Einzelionen aus Wasser in organische Solventien. Eine kritische Übersicht**
1979. 104 Seiten — 38 Abbildungen — 47 Tabellen — 4° — M 22,—

Heft 4 Dr. Karl Strehmel, **Näherungsmethoden zur Ermittlung von transsonischen Profilströmungen mit Verdichtungsstößen**
1978. 78 Seiten — 25 Abbildungen — 4° — M 23,—

Band 54

Heft 1 Prof. Dr. phil. Ernst Neef, **Analyse und Prognose von Nebenwirkungen gesellschaftlicher Aktivitäten im Naturraum**
Mit Beiträgen von A. Bernhardt, K. D. Jäger und K. Mannsfeld
1979. 70 Seiten — 7 Abbildungen — 1 Falttafel — 2 Tabellen — 8° — M 13,50

Heft 2 Dr. Gunter Kabisch, **Schwingungsspektroskopische und Kernresonanzuntersuchungen an Tetraalkylammoniumsalzlösungen**
1979. 71 Seiten — 29 Abbildungen — 11 Tabellen — 8° — M 14,—

Heft 3 Prof. Dr. Dietrich Uhlmann, **Künstliche Ökosysteme**
1980. 34 Seiten — 17 Abbildungen — 2 Tabellen — 8° — M 5,50

Heft 4 Prof. Dr. Hermann, Berg, **Der Formenwandel einer DNA-Doppelhelix in Lösung, an der Elektrode und seine molekularbiologische Bedeutung**
1981. 45 Seiten — 40 Abbildungen — 3 Tabellen — 8° — M 8,50

Heft 5 Prof. Dr. Manfred Gersch, **Zur Evolution des Hormonsystems im Tierreich**
1982. 33 Seiten — 6 Abbildungen — 12 Tabellen — 8° — M 5,50

Band 55

Heft 1 Prof. Dr. Herbert Jordan, **Aug' um Ohr: Goethes Zugang zur Musik**
1982. 39 Seiten — 4 Abbildungen — 8° — M 7,50

Heft 2 Prof. Dr. Wilhelm Oelssner, **Computertomographie,** Eine Übersicht
1983. 36 Seiten — 41 Abbildungen — 8° — M 7,50

Heft 3 Prof. Dr. Karl Mannsfeld, **Landschaftsanalyse und Ableitung von Naturraumpotentialen**
1983. 109 Seiten — 6 Abbildungen — 9 Karten — 22 Tabellen — 8° — M 40,—

Heft 4 Prof. Dr. Dietrich Uhlmann, **Ökologische Probleme der Trinkwassergewinnung aus Talsperren**
1983. 24 Seiten — 15 Abbildungen — 8° — M 5,—

Heft 5 Prof. Dr. Wolfgang Buchheim, **Beiträge zur Komplementarität**
1983. 63 Seiten — 6 Abbildungen — 8° — M 10,—

Band 56

Heft 1 Dr. H.-G. Egerter, Dr. G. Plötner, Dr. J. Dvořak, Prof. Dr. med. Herbert Jordan, **Geochemische Beziehungen in vogtländisch-westböhmischen Mineralwässern**
1984. 60 Seiten — 12 Abbildungen — 11 Tabellen — 8° — M 10,—

Heft 2 Dr. Wolfgang Horlbeck, Prof. Dr. Dr. Hans-Heinz Emons, **Spektroskopische Methoden zur Charakterisierung geschmolzener Salze**
1985. 66 Seiten — 26 Abbildungen — 24 Tabellen — 8° — M 12,—

Heft 3 Dr. s. c. nat. Kirsten Pollmer, Prof. Dr. Dr. Hans-Heinz Emons, **Ein Beitrag zur Koordinationschemie konzentrierter Elektrolytlösungen**
1986. 107 Seiten — 28 Abbildungen — 28 Tabellen — 8° — M 18,—

Heft 4 Prof. Dr. Klaus Dörter, Prof. Dr. h. c. Karl-Franz Busch, **Probleme der pedologisch-hydrologischen Regionalforschung und ihre Umsetzung in die Praxis**
Vorliegendes Heft

Band 57

Heft 1 Prof. Dr. Herbert Jordan, **„Radontherapie heute“** *In Vorbereitung*

Bis Band 48 vom Zentralantiquariat der Deutschen Demokratischen Republik, Leipzig, ab Band 49 durch die Universitätsbuchhandlung, 7010 Leipzig, zum Teil noch lieferbar

Bestellungen einzeln oder zur Fortsetzung durch eine Buchhandlung erbeten

AKADEMIE-VERLAG BERLIN

Leipziger Straße 3—4, Berlin, DDR-1086

ISBN 3-05-500507-4
ISSN 0365-6470

FSC
www.fsc.org
MIX
Papier | Fördert gute Waldnutzung
FSC® C083411

Kolibri 360 GmbH
Ferdinand-Jühlke-Straße 7
99095 Erfurt, Deutschland
produktsicherheit@kolibri360.de